普通高等职业教育计算机系列教材

Java EE（SSH 框架）软件项目开发案例教程

牛德雄　杨玉蓓　主　编

熊君丽　刘晓林　陈华政　副主编

電子工業出版社

Publishing House of Electronics Industry

北京 • BEIJING

内 容 简 介

本书以项目导向的形式，介绍了 Java EE 及 Struts 2、Hibernate、Spring 三大经典框架的相关知识、技术及编程方法；同时介绍了 SSH 集成框架下采用 MVC 模式进行综合 Web 应用程序开发的过程。

全书以案例为先导组织各单元的内容。全书共分 8 章，第 1 章介绍 Java EE Web 软件开发简介，第 2 章介绍使用 Struts 2 框架搭建项目的 MVC 结构，第 3 章介绍使用 Struts 2 框架提高开发效率，第 4 章介绍使用 Hibernate 框架实现数据处理，第 5 章介绍使用 Hibernate 实现数据库关联操作，第 6 章介绍使用 Spring 框架实现对象管理，第 7 章介绍 SSH 集成开发实战，第 8 章通过一个完整的案例介绍基于 SSH 进行项目开发的过程及文档编写。另外，本书还介绍了一些目前较流行的软件开发框架及其应用，如 MyBatis、Spring MVC 等。

本书实用性强，操作思路明晰，可以作为高等院校计算机软件专业学生学习的教材，也可以作为 Java EE 开发的培训教材，还可以作为从事 Java EE 软件开发技术人员的参考用书。

图书在版编目（CIP）数据

Java EE（SSH 框架）软件项目开发案例教程 / 牛德雄，杨玉蓓主编. —北京：电子工业出版社，2016.4
普通高等职业教育计算机系列规划教材
ISBN 978-7-121-28482-3

Ⅰ. ①J… Ⅱ. ①牛… ②杨… Ⅲ. ①JAVA 语言－程序设计－高等职业教育－教材 Ⅳ. ①TP312

中国版本图书馆 CIP 数据核字（2016）第 063439 号

策划编辑：徐建军（xujj@phei.com.cn）
责任编辑：徐建军　　特约编辑：方红琴　俞凌娣
印　　刷：北京七彩京通数码快印有限公司
装　　订：北京七彩京通数码快印有限公司
出版发行：电子工业出版社
　　　　　北京市海淀区万寿路 173 信箱　邮编 100036
开　　本：787×1 092　1/16　印张：17.5　字数：448 千字
版　　次：2016 年 4 月第 1 版
印　　次：2022 年 8 月第 6 次印刷
定　　价：39.00 元

凡所购买电子工业出版社图书有缺损问题，请向购买书店调换。若书店售缺，请与本社发行部联系，联系及邮购电话：（010）88254888，88258888。

质量投诉请发邮件至 zlts@phei.com.cn，盗版侵权举报请发邮件至 dbqq@phei.com.cn。

本书咨询联系方式：（010）88254570。

前 言

本书介绍使用 SSH 框架技术开发基于 Java EE 的 Web 应用程序。Java EE 又称 J2EE，即 Java 2 企业版（Java 2 Enterprise Edition），用于开发企业级 Web 应用。Java EE 通过提供中间层集成框架来满足各种应用需求。Java EE 架构具有高可用性、高可靠性、高扩展性，并且成本低，是企业构建 Web 应用平台的首选。而 Java EE 架构通常选用 SSH 框架作为其开发框架。

SSH 为 Struts+Spring+Hibernate 的一个集成框架，是目前较流行的一种 Web 应用程序开源框架。若把 Struts 2、Spring、Hibernate 三个框架合理结合，不仅可以大幅度提高系统的开发效率，而且能提高系统的稳定性、健壮性与安全性。

本书介绍了 Java EE 开发使用的三大开发框架 Struts 2、Hibernate 与 Spring 及其整合使用。

● Struts 2 开发。

围绕 Struts 2 开发 Action 和 Struts 2 标签的应用，介绍使用 Action 构建 MVC 程序结构，以实现属性驱动与模型驱动的项目开发；使用 Struts 2 标签实现丰富的交互界面以及方便地实现与其他层的数据交互。

● Hibernate 开发。

主要介绍了使用 Hibernate 框架实现 ORM 封装，以对 MySQL 数据库进行操作，从而实现数据处理层 DAO。通过案例着重介绍了使用 Hibernate 对常见的双向一对多级联操作方法及其技术要点；通过实例详细介绍了 HQL 语言的应用、Hibernate 注解方式操作、MyBatis 持久层框架。

● Spring 开发。

主要以 AOP 和 IoC 的知识作为切入点，遵循实用的原则，以案例实现的方式介绍了 Spring 对对象管理的作用，以及在 SSH 整合开发中的重要功能。熟练掌握 Spring 的应用之后，读者可以利用 SSH 整合的优势，将有限的精力用在业务逻辑处理实现的“刀刃”上。

本书采用项目案例为导向（以案例实现进行内容组织），逐步介绍基于 SSH 框架实现 Web 应用系统。本书主要介绍在 Tomcat、MyEclipse、MySQL 等工具环境下采用 MVC 模式进行 Java Web 应用编程。首先介绍使用 Struts 2 框架技术搭建 MVC 应用程序结构，并进行交互式视图层编程；然后介绍 Hibernate 框架的使用与配置，分别介绍了采用 XML 方式和注解方式进行 ORM 映射关系的配置与编程；接着介绍采用 Spring 框架技术对对象进行管理，分别对 Spring 核心技术 IoC 和 AOP 及其应用进行详细介绍；最后，本书通过一个完整的 SSH 实现案例，展示通过综合应用 SSH 框架实现一个项目的技术与过程。

本书试图突破传统的侧重 Java EE 技术细节介绍的形式，以“项目驱动、任务导向”的方式进行内容组织。首先以项目案例的实现为先导，让读者了解某项技术的应用，引导读者对这些技术实现感兴趣，激起其探索该技术实现原理与理论知识的愿望。然后通过有目的的学习，消化并掌握书中介绍的知识点及实现技术。

本书介绍的相关技术具有连贯性，从介绍 Java EE 体系出发，首先介绍基于 MVC 的 Web 应用程序的实现，然后分别介绍使用 Struts 2 实现 MVC 程序架构以及视图层编程、使用 Hibernate 实现数据处理（DAO）层、使用 Spring 的 IoC 与 AOP 技术对对象进行管理。最后，介绍综合应用这些技术进行 SSH 集成技术下的应用程序开发。

本书适合具有一定的 Java、JSP 编程基础及数据库基本知识的读者学习。本书配有 29 个系列案例源代码，这些案例代码均经过调试可以运行。书中介绍了这些案例的实现过程，读者可以按照书中介绍的案例实现步骤自行实现。读者可借助这些案例引导，逐步掌握使用 SSH 框架进行综合应用软件项目的开发。书中最后一章介绍了一个综合案例的设计与实现，以便读者掌握 SSH 框架的综合项目开发。

本书由牛德雄和杨玉蓓担任主编，熊君丽承担了第 6 章、第 7 章的编写；刘晓林、陈华政、陈清雨承担了部分章节的编写，并对该书的完成提出了大量有益的建议。广州迈峰网络科技有限公司的彭靖翔工程师参与了本书教学案例的设计及教学内容的设计，魏云柯设计了本书部分图形，在此一并表示感谢。

为了方便教师教学，本书配有电子教学课件及相关资源，请有此需要的教师登录华信教育资源网（www.hxedu.com.cn）免费注册后下载，如有问题，可以在网站留言板留言或与电子工业出版社联系（E-mail：hxedu@phei.com.cn）。也可以通过 178074603@qq.com 与编者联系，或者进入 QQ 交流群（375571590）获取更多学习资源。

由于时间仓促，书中难免存在疏漏和不足，恳请同行专家和读者给予批评和指正。

编　者

目录
Contents

Java EE Web 软件开发简介

本章学习目标

- 了解 Java EE 和 SSH 框架的基本概念及其相互关系。
- 了解 Java EE Web 程序开发及环境搭建。
- 掌握 MVC 模式的程序开发概念以及通过 JSP、Servlet、JavaBean、MySQL 开发基于 MVC 的 Web 应用程序。
- 基本了解 SSH 各框架在 MVC 模式应用程序中的作用。

Java EE 是基于 Java 平台的适合大型软件开发的技术，它继承了 Java 面向对象等优点，并且提供了多种组件，以快速地进行大型软件的开发。目前，Java EE 技术的应用越来越广泛。Struts、Spring、Hibernate 框架技术（简称 SSH 框架）是基于 Java EE 架构的 MVC 模式实现技术，利用它们可以快速地搭建基于 Java EE 的 Web 应用程序。

本章介绍了 Java EE、SSH 框架、MVC 设计模式等概念以及这些概念之间的关系，介绍了 Java EE Web 程序开发及环境搭建。并通过案例介绍了如何使用 JSP、Servlet、JavaBean、MySQL 开发 MVC 模式的 Web 应用程序及数据应用程序。

最后，介绍了 SSH 各框架的基本内容以及它们在 MVC 模式应用程序中的作用，为后续章节的学习奠定基础。

1.1 概述

1.1.1 Java EE 简介

Java EE（Java Platform Enterprise Edition）是 SUN 公司推出的企业级应用程序开发工具，

是一套设计、开发、汇编和部署企业应用程序的规范，它的目的与核心是提供一些相应的服务，帮助我们开发和部署可移植、健壮、可伸缩且安全的企业级的 Java Web 应用程序。Java EE 是用 Java 2 开发企业级应用的工具，以前它被称为 J2EE。在软件构成方面，Java EE 5 是 J2EE 的一个新的版本，该版本在以前的基础上做了很多改动，也增加了很多内容。

Java EE 在 Java SE（Java Platform Standard Edition，即 Java 开发工具标准版，是 Java 的核心）基础上构建而成，它创建了自己的架构体系，主要包括 Java Web 应用开发技术组件。这些技术包括表示层技术、中间层技术、数据层技术。Java EE 还涉及系统集成的一些技术。所有这些技术组件构成了 Java EE 架构体系。

Java EE 的组件均是一些具有独立功能的单元，它们通过相关的类和文件组装成 Java EE 应用程序，并与其他组件交互。Java EE 所包含的一系列技术有 EJB、JDBC、Servlet、JSP、JNDI、JSF、JavaBean、JMS 等，对于 Web 开发人员来说，关键是掌握 Web 组件技术、JDBC 编程以及常用框架（例如 Struts、Hibernate、Spring 框架）等。

1.1.2 SSH 框架

所谓框架（Framework），就是已经开发好的一组软件组件，程序员可以利用它来快速地搭建自己的应用软件。软件框架就好像建筑物的骨架和大的构件，由它们来构建应用软件系统，要比通过一条一条语句进行编程快很多。

从技术角度看，框架是整个或部分系统的可重用设计，表现为一组抽象构件及构件实例间交互的方法。

通过框架技术不仅能快速地构建自己的软件项目，而且能克服自编软件某些质量属性的缺陷问题。因为在设计软件架构时，设计者已经对其进行了充分的考虑（如负载均衡等）。所以，目前采用框架技术进行软件开发是程序员的首选。

所谓 SSH 框架就是 Struts、Spring、Hibernate 三个框架的简称，它们是在 Java EE 基础上创建的用于快速构建用户应用系统的软件框架。Struts、Spring、Hibernate 三个框架与 Java EE 的关系如图 1-1 所示。

应用程序		
Struts	Hibernate	Spring
Java EE		
Java SE		

图 1-1　SSH 框架、Java EE 及应用程序的关系

图 1-1 显示，在 Java 家族中，SSH 三大框架以 Java EE 为基础环境。而 Java EE 又是以 Java SE 为基础，也可以说是 Java SE 的延伸。上节已述，Java EE 提供了大量的组件，这些技术提供了 SSH 框架的基础环境，在此环境中使用 SSH 框架能为程序员进行应用程序开发带来极大的便利。另外，SSH 三大框架集成在一起，能为 Java 程序员提供更为便利的开发环境。

1.1.3 MVC 模式软件开发

为了清楚地了解 SSH 框架的作用，我们先要了解应用程序的三层结构及其作用。

1. 三层结构应用程序的开发

当然，我们不利用所谓的三层结构也能编写应用软件，但由软件工程介绍的软件设计原则可知，这样的软件具有高度耦合性及弱内聚性，这样的软件不利于进行维护与修改，也不利于任务分工与团队开发。

其实，一个典型的应用软件可以包括这些部分：展现给用户界面的编码、业务处理模块编码、数据访问处理编码几个部分。如果这些部分放在一起编程，则应用软件内部各元素耦合性非常高。现在人们常将它们分开来开发，然后再将它们集成、组装成一个整体软件。

应用程序的三层结构如下。

- 表示层：由用户界面和用户生成界面的代码组成，本书介绍的软件表示层主要是以 JSP 网页形式表示的 Web 页面。
- 业务逻辑层（也称中间层）：主要是针对具体问题的操作处理代码，包含系统的业务和功能代码。
- 数据访问层：主要是由原始数据（如数据库或数据文件）的操作代码组成，负责完成存取原始数据和对数据进行封装。也就是说，是对数据的操作，而不是数据库，它为业务逻辑层或表示层提供数据服务。

2. MVC 模式应用程序开发

MVC 是一种设计模式。所谓的设计模式是对一套被反复使用、成功设计的总结与提炼，从而形成的固定开发方式。而 MVC 设计模式是将软件的代码分为 M、V、C 三层来实现的一种设计方案，是上述三层程序结构的一种具体实现。

MVC 是 Model-View-Controller 的缩写，表示模型（Model）－视图（View）－控制器（Controller）。它将业务逻辑和数据显示代码分离，将业务逻辑处理放到一个部件里面，而将界面及用户围绕数据展开的操作单独分离出来。

MVC 是一种常用的设计模式，它强制性地使模块中的输入、处理和输出分开，它们各自处理自己的任务。MVC 减弱了业务逻辑接口和数据接口之间的耦合，并可以让视图层更富于变化。

（1）模型（Model）。

模型表示业务数据和业务规则。在 MVC 的 3 个部件中，模型拥有最多的处理任务。例如，它可能封装数据库连接、业务数据库处理等构件，这样一个模型能为多个视图提供数据。由于应用于模型的代码只需写一次就可以被多个视图重用，所以能提高代码的重用性。模型一般用 JavaBean 技术实现。

JavaBean 是一种用 Java 语言写成的可重用组件。为写成 JavaBean，类必须按照一定规范进行编写，它通过提供符合一致性设计模式的公共方法在内部域暴露成员属性。换句话说，JavaBean 就是一个 Java 的类，只不过这个类要按一些规则来写，如类必须是公共的、有无参构造器，要求属性是 private 且需通过 setter/getter 方法取值等。按这些规则写了之后，这个 Java 类就是一个 JavaBean，它可以在程序里被方便地复用，从而提高开发效率。

MVC 的模型层就是由这些 JavaBean 构成的模型组成，它们在服务器端承担了软件大部分复杂计算，其结果的使用需要由控制器控制及在视图中展现。

（2）视图（View）。

视图是用户看到并与之交互的界面。对旧式的 Web 应用程序来说，视图就是由 HTML 元素组成的界面，在新式的 Web 应用程序中，HTML 依旧在视图中扮演着重要的角色，但一些新的技术层出不穷，如 Adobe Flash 以及包括 XHTML、XML、WML 在内的一些标识语言。JSP 作为动态网页常常充当 Web 应用的视图层。

MVC 的好处是它能为应用程序处理很多不同的视图。在视图中其实没有真正的处理发生，不管这些数据是联机存储在哪里，作为视图来讲，它只是作为一种输出数据并允许用户操纵的方式。

（3）控制器（Controller）。

控制器接收用户的输入并调用模型和视图去完成用户的需求，所以当单击 Web 页面中的超链接和发送 HTML 表单时，控制器本身不输出任何东西和做任何处理。它只是接收请求并决定调用哪个模型构件去处理请求，然后再确定用哪个视图来显示返回的数据。

典型的 MVC 设计模式有基于 JSP + JavaBean +Servlet 技术实现的 Java Web 程序。Struts、Spring、Hibernate 框架是一种基于 MVC 模式不同层的实现技术，也即通过 SSH 框架可以方便地实现 MVC 模式应用程序的开发。

另外，比较好的 MVC 还有 Webwork、Tapestry、JSF、Dinamica、VRaptor 等，这些框架都提供了较好的层次分隔能力，它们是在良好的 MVC 分隔的基础上通过提供一些现成的辅助类库，可促进生产效率的提高。

3. MVC 设计模式的优缺点

作为一种设计模式，MVC 既有很多优点，也有一些缺点。

MVC 的优点表现在耦合性低、重用性高、利于分工开发、可维护性高、有利于软件工程化管理等。

（1）耦合性低。

视图层和业务层分离，这样就允许更改视图层代码而不用重新编译模型和控制器代码。同样，一个应用的业务流程或者业务规则的改变只需要改动 MVC 的模型层即可。

模型和控制器与视图相分离，所以很容易改变应用程序的数据层和业务规则。例如，把数据库从 MySQL 移植到 Oracle 只需改变模型即可。由于运用 MVC 的应用程序的 3 个部件相互独立，改变其中一个不会影响其他两个，所以依据这种设计构造的软件具有良好的松散耦合性。

（2）重用性高。

MVC 模式允许使用各种不同样式的视图来访问同一个服务器端的代码，因为多个视图能共享一个模型，包括 Web 浏览器或无线浏览器。例如，用户可以通过计算机订购某件产品，也可以通过手机来订购此产品。虽然订购的方式不一样，但处理订购商品的方式是一样的，所以对应的模型可以是一样的。

由于模型返回的数据没有进行格式化，所以同样的构件能被不同的界面使用。而这些视图只需要改变视图层的实现方式，而控制层和模型层无须做任何改变，所以可以最大化地重用代码。

（3）利于分工开发。

使用 MVC 模式有利于团队协作开发，从而可使开发时间得到相当大的缩减。它使程序员（Java 开发人员）集中精力于业务逻辑，界面程序员（HTML 和 JSP 开发人员、界面美工人员）集中精力于表现形式上。

（4）可维护性高。

由于 MVC 模式的软件开发具有松散耦合性，它分离视图层和业务逻辑层，从而使得应用程序更易于维护和修改。

（5）有利于软件工程化管理。

由于不同的层各司其职，每一层不同的应用具有某些相同的特征，有利于通过工程化、工具化管理程序代码。控制器也提供了一个好处，就是可以使用控制器连接不同的模型和视图来完成用户的需求，这样控制器可以为构造应用程序提供强有力的手段。给定一些可重用的模型和视图，控制器可以根据用户的需求选择模型进行处理，然后选择视图将处理结果显示给用户。

另外，由于 MVC 内部原理比较复杂，理解起来并不很容易。所以，在使用 MVC 时需要精心地计划，需要花费一些时间去思考。MVC 有调试较困难、不利于中小型软件的开发、增加系统结构和实现的复杂性等缺点。

（1）调试较困难。

由于模型和视图分离，这样会给调试应用程序带来一定的困难，所以每个构件在使用之前都需要经过彻底的测试。

（2）不利于中小型软件的开发。

由于花费大量时间将 MVC 应用到规模并不很大的应用程序，在工作量、成本、时间等方面常常得不偿失，所以开发中小型软件时，可以不选择 MVC 模式。

（3）增加系统结构和实现的复杂性。

对于简单的界面，严格遵循 MVC，使模型、视图与控制器分离，会增加结构的复杂性，并可能产生过多的更新操作，降低运行的效率。

（4）视图与控制器间的连接过于紧密。

视图与控制器是相互分离的，但这两个部件之间联系紧密。视图没有控制器的存在，其应用是很有限的，反之亦然，这样就妨碍了它们的独立重用。

（5）视图对模型数据的访问效率低。

依据模型操作接口的不同，视图可能需要多次调用才能获得足够的显示数据。频繁访问未变化数据是不必要的，也将损害操作性能。

虽然如此，但设计模式为某一类问题提供解决方案，同时又是优化了的代码。它可以使代码更容易被人理解，提高代码的复用性，并保证代码的可靠性。

1.2 Java EE Web 程序开发环境

下面介绍基于 Java EE 5 开发 Web 应用程序的环境搭建。搭建 Java EE 5 的方法有很多，本书采用的 Java EE 5 Web 应用程序开发环境主要需要安装 JDK、Tomcat、Eclipse 或 MyEclipse 以及 MySQL 数据库系统（这些工具的安装及操作介绍请参考本书后面的附录 A）。

1.2.1 JDK 的安装

同其他 Java 程序开发一样，Java EE 的开发与运行也离不开 JDK（Java Development Kit，Java 开发工具包）。如果一台计算机上需要开发与运行 Java EE 程序，首先要安装某个版本的

JDK。图 1-2 所示是一个 JDK 安装程序。

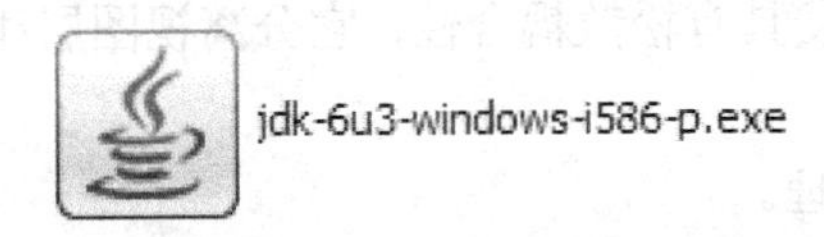

图 1-2　JDK 安装程序

安装 JDK 时，如果选择默认文件夹 C:\Program Files\Java，则安装后的结果如图 1-3 所示。

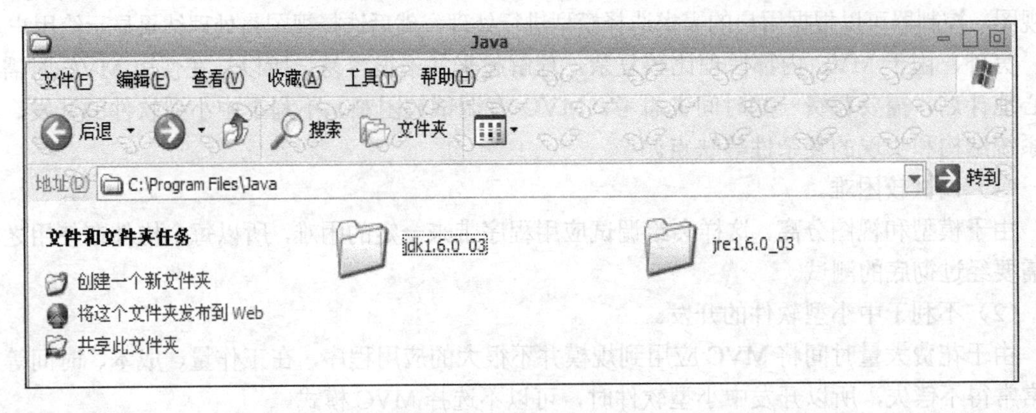

图 1-3　JDK 安装目录

这就是 Java 程序的开发与运行环境，在 Java 安装目录下有两个文件夹：jdk 和 jre，后面跟的数字是版本号。jdk 文件夹是一些 Java 工具（如，编译工具 javac.exe，运行工具 java.exe 等）；而 jre 文件夹是 Java 运行时环境（Java Runtime Environment），包含 Java 运行所必需的一些基础类库（以 jar 文件形式提供）。

JDK 是 Java EE 开发的基础环境，后面介绍的 Web 服务器 Tomcat 及 Java EE 组件，均要以此为基础。JDK 的具体安装见本书附录 A 中的介绍。

1.2.2　Web 服务器 Tomcat 的安装与配置

简单地说，Web 程序是指通过浏览器（如 IE 等）查看的页面（或称网页）程序，包括静态网页与动态网页。而任何一个 Web 程序的运行均需要 Web 服务器的支持。常见的 Web 服务器有 MS IIS、IBM WebSphere、BEA WebLogic、Apache 和 Tomcat 等。

与使用 Java 开发 Web 程序一样，使用 Java EE 进行 Web 开发常选择 Tomcat 作为 Web 服务器。因为 Java EE 以 Java 为基础，是在 Java Web 基础上构建了企业级软件开发组件。Tomcat 全名为 Jakarta Tomcat，是 Apache 软件基金会（Apache Software Foundation）Jakarta 项目中的一个核心项目，由 Apache、Sun 和其他一些公司及个人共同开发而成。Tomcat 技术先进、性能稳定，而且免费，因而深受 Java 爱好者的喜爱，并得到了部分软件开发商的认可，成为目前比较流行的 Web 应用服务器。

本书后面的案例均采用 Tomcat 作为 Java EE 开发的 Web 服务器。Tomcat 安装程序可以从 http://tomcat.apache.org/免费下载获取。Tomcat 的具体安装与配置见本书附录 A 中的介绍。

1.2.3　Eclipse 集成开发环境

Java EE 的开发环境（IDE）有很多，例如 Netbeans、JBuilder、IntelliJ、Eclipse 和 MyEclipse 等。Netbeans 是 Sun 公司自主开发的 Java 编程 IDE 工具（Integrated Development Environment，集成开发环境）；JBuilder 是 Borland 公司开发的针对 Java 的开发工具；IntelliJ IDEA 是 JetBrains 公司的产品；而 Eclipse 最初是由 IBM 公司开发的替代商业软件 Visual Age for Java 的下一代 IDE 开发环境。这些工具均可作为 Java EE 的开发工具。

Eclipse 是一款优秀的集成开发环境。它不仅仅是开发 Java 的 IDE，而且还是 C、Python 等的 IDE。只要开发出相应语言的插件，Eclipse 就可以成为任何语言的 IDE。

Eclipse 是一个开放、免费的软件，具有强大的可扩展插件功能，它从编写、查错、编译、帮助等方面支持 Java 语言开发。目前，Eclipse 是 Java 软件开发的主流开发工具。在 Eclipse 中可以安装一个 MyEclipse 插件来进行 Java EE 的开发，也可以直接使用 Eclipse JEE 版本进行 Java EE 开发。

这些软件可以在 http://www.eclipse.org/downloads 网站上进行免费下载。Eclipse 直接解压就可以运行，用 Eclipse 开发 Java Web 应用程序还需要配置 JDK 与 Tomcat，具体操作见本书附录 A 中的介绍。

另外，可以使用收费软件 MyEclipse 开发 Java EE。MyEclipse 集成了完整的 Java EE 的组件，并且提供了许多可视化的操作与配置功能界面。安装 MyEclipse 时需要购买其注册号，安装好 MyEclipse 后再输入该注册号就可以进行 Java EE 开发了。

其实，开发 Java EE 需要 Java EE 组件包的支持，上述各种工具中有的提供了 Java EE 组件包，有的需要下载 Java EE 插件包并在 IDE 中安装。某种 IDE 只能提高软件开发效率，但对于学习者来说最好还是要先了解其基本原理。

1.2.4　MyEclipse 集成开发环境

MyEclipse（MyEclipse Enterprise Workbench，MyEclipse 企业级工作平台）是 Eclipse 的插件，即是对 Eclipse IDE 的扩展。利用 MyEclipse 可以在 Java EE 应用软件开发、发布以及应用服务器的整合方面大幅度地提高效率。MyEclipse 是一个优秀的 Java、Java Web、Java EE 开发工具。MyEclipse 是付费软件，它提供功能丰富的 Java EE 集成开发环境，包括完备的编码、调试、测试和发布功能，完全支持 JSP、Struts、Spring、Hibernate 等的开发。

本书以常见的 MyEclipse 8.5 作为 Java EE 案例的 IDE。不同版本的 MyEclipse 在功能上有一定的差异，但本书中 SSH 案例是基本操作功能的实现，所以不同版本的 MyEclipse 对本书案例的开发与运行影响不大。

利用 MyEclipse 开发 Java EE Web 程序，需要配置前面安装的 JDK 及 Tomcat。

在 MyEclipse 中配置 JDK 操作时，选择 Windows→Preferences→MyEclipse→Java→Installed JREs 命令，则出现图 1-4 所示的对话框。单击“Add”按钮，并从对话框中选择前面已经安装的 Java/JRE 目录，单击“Finish”按钮，则出现图 1-4 所示的界面，表明添加 JDK 成功，它主要配置了 Java 运行的虚拟机（JVM）及 Java 运行环境（JRE）。然后在其前面的复选框中打钩就可以在 MyEclipse 中使用该 Java 运行环境了，如图 1-4 所示。

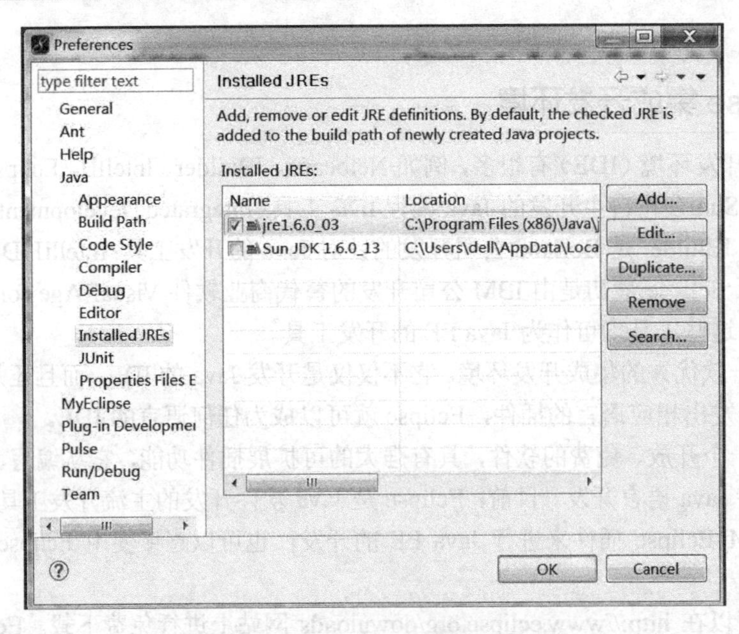

图 1-4　在 MyEclipse 中配置 JRE 对话框

下面需要配置 Tomcat 服务器，虽然 MyEclipse 中有一个内置的可使用的 Java 运行时环境 JRE 和 Tomcat 服务器，但为了说明问题，还是简单介绍一下在 MyEclipse 中如何进行 Tomcat 配置。

在 MyEclipse 的操作界面中，选择 Windows→Preferences→MyEclipse→Servers→Tomcat→Tomcat 6.x（假设你的 Tomcat 是第 6 版）命令，出现图 1-5 所示的对话框。

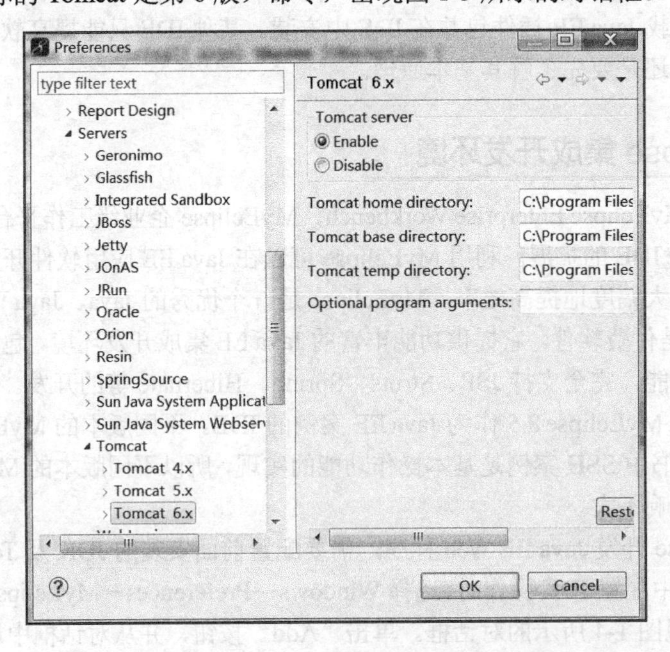

图 1-5　在 MyEclipse 中配置 Tomcat 对话框

在图 1-5 所示的对话框中，找到 Tomcat 的安装目录，再选中“Enable”单选按钮，单击“OK”按钮，就配置好 Tomcat 了。现在就可以在这些已经配置好的 MyEclipse 环境下进行 Java

EE 应用程序的开发了。

为了进行 Java EE 应用程序的开发，还要用到数据库。本书中的案例采用 MySQL 数据库，下面就简单介绍 MySQL 数据库的安装与操作。

1.2.5　MySQL 数据库环境搭建

1. MySQL 数据库系统

Java EE 应用程序中常有对数据库的操作，即需要将处理的业务数据存放在数据库中，然后通过程序对其进行操作与处理。Java 程序设计一般采用 JDBC 方式连接数据库，并通过该连接实现对数据库的操作。为了减少用 SQL 语言对数据库操作的复杂性，Java EE 中 Hibernate 框架则是基于 JDBC 方式，并进行抽象后创建的对数据库进行处理的框架。本书介绍的案例使用的是免费的 MySQL 数据库。MySQL 有很多优点，适合中小型应用软件开发。

MySQL 是一个开放源码的小型关系型数据库管理系统，其开发者为瑞典 MySQL AB 公司。由于企业运作的原因，目前 MySQL 已成为 Oracle 公司的另一个数据库项目。MySQL 的官方网站为 http://dev.mysql.com/，通过此网站可以直接下载最新版本的 MySQL 数据库软件。

由于 MySQL 体积小、速度快、总体拥有成本低，尤其是开放源码这一特点，许多中小型网站为了降低网站总体拥有成本而选择了 MySQL 作为网站数据库。所以，MySQL 被广泛地应用在 Internet 上的中小型网站中。

与其他的大型数据库（例如 Oracle、DB2、SQL Server 等）相比，MySQL 虽然有它的不足，但对于一般的个人使用者和中小型企业来说，MySQL 提供的功能已经绰绰有余，而且由于 MySQL 是开放源码软件，因此可以大大降低总体拥有成本。MySQL 数据库系统的安装与操作见本书附录 A。

MySQL 系统具有以下一些特性。

（1）支持 AIX、FreeBSD、Linux、Mac OS、OS/2 Wrap、Solaris、Windows 等多种操作系统。

（2）为多种编程语言提供了应用程序接口（API），如 C、C++、Python、Java、Perl、PHP 等。

（3）提供多语言支持，常见的编码有中文的 GB 2312、BIG5、日文的 Shift_JIS 等。

（4）提供用于管理、检查、优化数据库操作的管理工具。

本书虽然采用 MySQL 作为数据库环境，但对于大型数据库，如 Oracle、DB2、SQL Server 等，用 Java EE 进行访问的原理与方法类似。

2. MySQL 数据库的操作

在 MySQL 安装之后，可以通过类似于 Oracle 的 SQL-Plus 命令行工具来使用它。但是，如果这样，我们就必须熟练掌握大量的命令。对于大多数的用户来说，GUI（图形用户界面）总是比较受欢迎。Navicat、MySQL-Front 等 MySQL 客户端管理软件可以解决这个问题。

Navicat 软件操作简单，是一款非常不错的 MySQL 管理软件，它非常容易上手，其他 MySQL 的 GUI 使用方法类似。

本书采用 Navicat-for-MySQL 作为 MySQL 数据库客户端软件。该软件的安装与操作见本书附录 A 中的介绍。

3. Java EE 应用开发的数据库环境

如前所述，本书介绍 Java EE 应用开发采用 MySQL 作为数据库环境。除了安装 MySQL 系统、Navicat-for-MySQL 客户端软件外，还需要 MySQL 驱动程序。该驱动程序随 MySQL 系统提供，读者也可以从网上免费下载。本书后面采用的 MySQL 驱动程序为 mysql-connector-java-5.1.5-bin.jar。

总结本书采用的数据库开发环境如下。

（1）采用 MySQL 数据库管理系统作为数据库服务器。

（2）采用 Navicat-for-MySQL 作为 MySQL 数据库客户端软件。

（3）MySQL 驱动程序为 mysql-connector-java-5.1.5-bin.jar。

由于书中介绍使用 SSH 框架开发基于 Java EE 的 Web 应用程序，需要配置数据库系统，所以遵循以上介绍的 MySQL 环境进行搭建，为后面的学习准备条件。本书将逐步介绍基于 MySQL 进行 Java EE Web 项目开发的方法。

1.3　基于 Java EE 进行 MVC 程序开发案例

下面通过一个简单的“用户登录”案例介绍基于 Java EE 进行 MVC 程序开发的过程。该案例要求利用 Java EE 中的 Servlet 作为控制器进行实现。Servlet 是 Java Web 的基础，也是 Java EE 架构的基础。它既有 Java 类的优点，又具有在服务器端运行并与客户端进行交互的特点，所以常利用 Servlet 开发 Web 应用程序的“控制器”。

1.3.1　项目需求介绍

【案例 1-1】 用 Servlet 作为“控制器”编写用户登录程序。

用户登录程序的运行结果如图 1-6（a）和图 1-6（b）所示。在图 1-6（a）中，用户输入自己的用户名与密码，如果输入正确则显示图 1-6（b）所示的欢迎界面，否则回到图 1-6（a）所示的界面重新进行登录输入。

（a）用户登录界面

（b）验证输入结果正确的欢迎界面

图 1-6　用户登录程序演示

1.3.2　项目实现过程

这是一个简单的 Java Web 程序，包括输入界面、验证用户名与密码、验证正确后的欢迎界面 3 个部分。创建该案例 MVC 程序的结构如图 1-7 所示，该项目是在 MyEclipse 中创建，具体创建过程如下。

在 MyEclipse 中选择执行 File→New→Web Project 命令，然后在出现的对话框中输入项目名“userLogin”，并选中 Java EE 5.0，单击 Finish 按钮就创建成功了。然后分别在根包 src 下创建相应的子包及类程序；在 WebRoot 根文件夹中创建 JSP 程序，如图 1-7 所示。

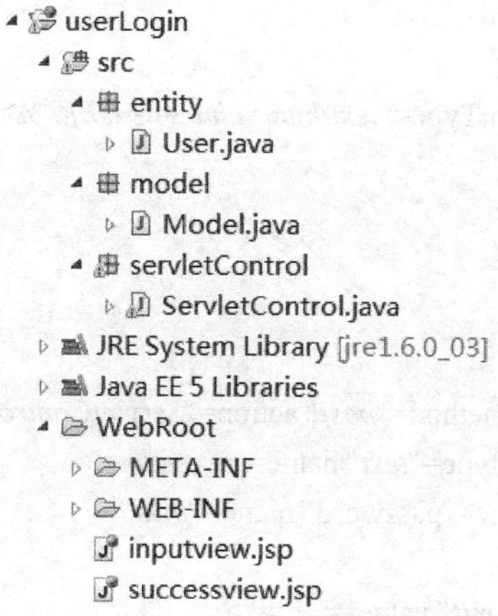

```
userLogin
  src
    entity
      User.java
    model
      Model.java
    servletControl
      ServletControl.java
  JRE System Library [jre1.6.0_03]
  Java EE 5 Libraries
  WebRoot
    META-INF
    WEB-INF
    inputview.jsp
    successview.jsp
```

图 1-7　案例 1-1 项目结构

首先创建该项目的各个程序，包括实体类 entity.User.java，业务模型 model.Model.java，控制器 servletControl.ServletControl.java，然后在 web.xml 中进行配置，最后创建用户登录输入及登录成功显示的 JSP 页面文件，这样就完成了程序的开发。

完成程序开发后，部署该项目、启动 Tomcat 服务器，在 IE 浏览器中输入首页地址 http://localhost:8080/userLogin/inputview.jsp，就出现图 1-6（a）所示的登录界面。

1.3.3　项目各层的程序概况

图 1-7 所示的程序结构是基于 MVC 设计模式进行设计的，其中包括如下几个部分。

（1）JSP 页面，属于视图层，包括以下两个界面。

- 登录界面：inputview.jsp。
- 登录成功显示界面：successview.jsp。

（2）实体类 User.java（在 entity 包中），用于处理数据，属于数据层（模型层）。这里用于存放用户名与密码的数据对象。

（3）业务模型类 Model.java（在 model 包中），属于模型层 M，存放处理具体业务的程序。这里只有一个获取数据对象存放的用户名与密码，并对其进行比较的方法（boolean checkUser(String username, String password)）供控制器调用。

（4）控制器是一个 Servlet：ServletControl.java（它其实也是一个类，存放在 servletControl 包中）是控制器。该 Servlet 需要在 web.xml 中进行配置。

上述代码是 Java 面向对象程序设计与 Java Web 程序设计基础领域，希望读者先熟练掌握这些基础知识及操作，以利于今后基于 Java EE 的 MVC 程序设计及 SSH 框架的学习。

1.3.4 项目程序代码介绍

1. JSP 页面

该项目只有两个 JSP 程序文件：inputview.jsp 和 successview.jsp，它们构成了项目的视图层。

inputview.jsp 是用于用户登录的界面文件，该 JSP 程序的功能通过表单（form）接收用户输入的用户名与密码，然后跳转到 Servlet 控制器（通过 action="ServletControl"指定）去处理，其代码如下。

```
<%@ page language="java" contentType="text/html; charset=GBK"%>
<html>
    <head>
        <title>用户登录</title>
    </head>
    <body>
        <form name="form1" method="post" action="ServletControl">
            用户名：<input type="text" name="username">
            密码：<input type="password" name="pwd">
            <br>
            <input type="submit" value="登录">
        </form>
    </body>
</html>
```

successview.jsp 是登录成功显示的 JSP 页面，其代码如下。

```
<%@ page language="java" contentType="text/html; charset=GBK"%>
<html>
    <head>
        <title>登录成功</title>
    </head>
    <body>
        您好，欢迎进入本空间！
    </body>
</html>
```

2. 存放数据的实体类 User.java

该类将产生数据对象，以存放用户的用户名与密码信息（存放在 entity 包中），我们常称其为实体类或值对象（VO，Value Object）。本实体类通过两个属性 name、password 存放了一个用户的用户名“admin”与密码“admin”，并通过它们的 setter/getter 方法进行存取。该实体类的代码如下。

```
package entity;
public class User {
    private int id=1;
```

```
        private String name="admin";//用户名的定义与赋值
        private String password="admin";//密码的定义与赋值
        public String getName() {
                return name;
        }
        public int getId() {
                return id;
        }
        public void setId(int id) {
                this.id = id;
        }
        public void setName(String name) {
                this.name = name;
        }
        public String getPassword() {
                return password;
        }
        public void setPassword(String password) {
                this.password = password;
        }
}
```

实体类 User.java 是一个典型的 JavaBean，它用于存储数据信息，属于模型层中的数据处理层。如果该实体类的数据信息是从数据库等中得到的，则它与通用的数据处理代码均属于数据处理层。

3. 业务模型类 Model.java

业务模型类在 model 包中，是专门进行某个业务处理的类，这些类是一些普通的 Java 类。Model.java 类中仅仅有一个验证用户名与密码的方法，返回验证是否成功的一个逻辑值。

```
package model;
import entity.User;
public class Model {
        User user = new User();
        public boolean checkUser(String username, String password) {
                return (username.equals(user.getName()) && password.equals(user.getPassword()));
        }
}
```

模型层存放的各个处理是需要由其他层进行调用才能运行的，往往提供一些通用处理方法（有参或无参），该方法定义了一个处理模型并返回处理的结果。

4. 控制器 ServletControl.java

控制器 ServletControl.java 是一个 Servlet，是一个特殊的类（存放在 servletControl 包中）。作为控制器，它接收 JSP 页面的数据，并进行处理，包括调用模型层中的类，并将处理的结果返回到另外的 JSP 页面。

Servlet 需要 Java EE 体系的支持，并需要在 web.xml 中进行配置才能正确地运行，该 Servlet 的代码如下。

```
package servletControl;
import java.io.IOException;
import javax.servlet.ServletException;
import javax.servlet.http.HttpServlet;
import javax.servlet.http.HttpServletRequest;
import javax.servlet.http.HttpServletResponse;
import model.Model;
public class ServletControl extends HttpServlet {
	public ServletControl() {
		super();
	}
	public void doPost(HttpServletRequest request, HttpServletResponse response)
			throws ServletException, IOException {
		request.setCharacterEncoding("GBK");
		String name = request.getParameter("username");
		String pwd = request.getParameter("pwd");
		Model model=new Model();
		if(model.checkUser(name, pwd)){
			response.sendRedirect("successview.jsp");	}
		else response.sendRedirect("inputview.jsp");
	}
}
```

配置 Servlet 的 web.xml 代码如下。

```
<?xml version="1.0" encoding="UTF-8"?>
<web-app version="2.5"
	xmlns="http://java.sun.com/xml/ns/javaee"
	xmlns:xsi="http://www.w3.org/2001/XMLSchema-instance"
	xsi:schemaLocation="http://java.sun.com/xml/ns/javaee
	http://java.sun.com/xml/ns/javaee/web-app_2_5.xsd">
  <servlet>
    <servlet-name>ServletControl</servlet-name>
    <servlet-class>servletControl.ServletControl</servlet-class>
  </servlet>
  <servlet-mapping>
    <servlet-name>ServletControl</servlet-name>
    <url-pattern>/ServletControl</url-pattern>
  </servlet-mapping>
</web-app>
```

在 web.xml 中配置 Servlet 时，需要指明存放类的包与程序名，并定义其访问的 URL。

上述代码虽然比较多，但绝大多数代码不需要手工一个一个字母地输入，Java EE 开发环境（IDE），如 Eclipse、MyEclipse 等均会帮你解决（包括 JSP 文件、实体类、控制器的创建与配置等），程序员只要集中精力编写自己的业务代码即可。这些编码技能需要读者在正式学习 SSH 框架前掌握。

1.4 案例项目的拓展

案例 1-1 是一个简单的用户登录 Web 程序开发项目，它基于 Java EE 体系架构，并采用 MVC 模式实现。

在此案例中，用 JSP 页面实现视图层（View），通过 JavaBean 实现模型层（Model），通过 Servlet 实现控制器（Controller），通过实体类实现数据层的数据封装。上述这些技术是 Java EE 基础技术，即 Java EE 基础组件支持其运行；而且其 MVC 的实现体现了 Java EE 多层结构程序设计的思想。

其实，该程序的实用性不强，为了使它能更实用，可以进行扩展。基于 MVC 模式的程序设计可以在不改变其结构的基础上对各层分别进行扩展。例如，可以通过数据库应用开发扩展数据处理层；可以通过 SSH 框架技术使 MVC 各层开发效率更高。

1.4.1 项目的数据库应用拓展

对于案例 1-1，由于将用户名与密码存放在实体类中，不能满足不同的用户要求。一般的做法是将这些用户的信息存放到数据库中，然后通过访问数据库，判断用户输入的用户名、密码是否在数据库中。

【案例 1-2】 将用户名与密码信息存放在数据库中进行用户登录验证。

该案例可以在案例 1-1 的基础上实现，其 JSP 页面、实体类、Servlet 控制器等均可以保留，只需要在模型层增加相应的数据库处理代码。下面介绍该项目的实现步骤。

1. 创建数据库并添加用户数据

首先在 MySQL 数据库中创建数据库及表，可以通过下列 SQL 脚本实现。

```
DROP DATABASE IF EXISTS 'mydatabase';
CREATE DATABASE 'mydatabase' /*!40100 DEFAULT CHARACTER SET gbk */;
USE 'mydatabase';
CREATE TABLE 'user' (
  'Id' int(11) NOT NULL auto_increment,
  'name' varchar(255) default NULL,
  'password' varchar(255) default NULL,
  PRIMARY KEY   ('Id')
) ENGINE=InnoDB AUTO_INCREMENT=4 DEFAULT CHARSET=gbk;
INSERT INTO 'user' VALUES (1,'admin','admin');
INSERT INTO 'user' VALUES (2,'guest','123456');
UNLOCK TABLES;
```

该数据库脚本中同时新增加了两个用户信息，其用户名与密码分别是'admin','admin'和'guest','123456'。案例 1-2 完成后，读者便可以分别用这两个用户信息登录。

具体数据库的创建与操作可参见本书附录 A。

2. 创建 Web 项目并进行程序加载

同案例 1-1，需要在 MyEclipse 中新建一个 Java EE Web 项目，然后添加数据库支持包：mysql-connector-java-5.1.5-bin.jar（添加操作参见附录 A 中在 JSP 中访问数据库的操作介绍）。

项目创建好后，再创建与案例 1-1 相同的 3 个包：entity、model 和 servletControl，并将案例 1-1 中的 JSP 文件、Servlet 控制器、web.xml、实体类 User.java 均复制到相应的位置进行复用（为了说明问题，可以将实体类 User 中封装的用户数据删除）。

其实，对这些文件不需要做任何修改就可以进行复用，这就是 MVC 程序开发的主要优势。

3. 模型层数据库处理代码的编写

该案例的核心就是修改项目的模型层，该模型层需要处理数据库，即从数据库中查询用户输入的“用户名”，如果查询到，则创建一个查询到的 User 数据对象 user，然后使用 checkUser(String name,String password)将该数据对象中的用户名和密码与用户输入的用户名和密码进行比对，如果比对正确则是合法的用户，否则输入错误，需重新输入。

由于该数据对象需要从数据库中查询得到，所以该模型层主要是添加对数据库进行处理的程序代码。

这些处理代码包括两个部分：一是编写根据用户输入的用户名进行数据库查询，并将查询的结果存放在 user 数据对象中；二是创建一个 Java 类封装获取 JDBC 数据库连接，以便复用。

第一部分通过在 Model 类中增加一个 queryByName(String name)方法实现，其代码如下。

```
private PreparedStatement   ps;
private ResultSet rs;
Dbconn s=new Dbconn();
public User queryByName(String name) {
        User user = null;
        String sql = "select * from user where name = ? ";
      try {
        Connection conn=s.getConnection();
        ps = conn.prepareStatement(sql);
        ps.setString(1, name);
           rs = ps.executeQuery();
         if(rs.next()){
                user = new User();
                user.setId(rs.getInt("Id"));
                user.setName(rs.getString("name"));
                user.setPassword(rs.getString("password"));
           }
           s.closeAll(conn,ps,rs);
      } catch (Exception e) {
           e.printStackTrace();
      }
   return user;
  }
```

上述代码定义了一个通过用户名（name）查询数据库，并将结果（User 类型的数据对象）返回的方法 User queryByName(String name)，该方法在 Model.java 类中。queryByName()方法中需要根据 JDBC 获取数据库连接，这些代码通过另外一个类封装，以便共享。

该类在 model.dbutil 包中，程序名为 Dbconn.java，下面就是该类的主要代码。

```
package model.dbutil;
import java.sql.Connection;
```

```
import java.sql.DriverManager;
import java.sql.ResultSet;
import java.sql.SQLException;
import java.sql.PreparedStatement;
public class Dbconn {
    private Connection conn;
    public  Connection getConnection() throws SQLException{
        try {
            Class.forName("com.mysql.jdbc.Driver");
            conn=DriverManager.getConnection("jdbc:mysql://localhost:3306/mydatabase","root","root");
                                                    //配置数据库、用户名与密码
        } catch (ClassNotFoundException e) {
            System.out.println("找不到服务！！");
            e.printStackTrace();
        }
        return conn;
    }
}
```

该类定义了一个方法 Connection getConnection()，它通过配置 MySQL 数据库，以及登录的用户名与密码，获取一个数据库连接（Connection 对象）。通过 Connection 对象，用户可以定义 SQL 语句对数据库进行各种操作。

上述模型层代码编写完成后，项目就可以运行了。但是，由于数据对象是通过 User queryByName(String name)方法获取的，所以在验证方法 checkUser(String name,String password)执行前要指定，即添加如下代码便可：

```
user =this.queryByName(username);
```

该语句是通过调用查询方法获得数据对象，另外为了说明数据对象中的数据是从数据库中得到的，所以将案例 1-1 中 User 类定义的用户名与密码："admin"、"admin"数据的定义删除（当然不删除也不影响项目的运行）。

至此，案例 1-2 便编写成功。与案例 1-1 相同，部署项目、启动 Tomcat 服务器，在浏览器（如 IE）中输入地址：http://localhost:8080/userLogin/inputview.jsp，就出现与图 1-6 相同的界面，并且功能不变。另外，输入数据库中另一个用户信息也能登录成功。

1.4.2 通过 SSH 框架实现 MVC 各层

回顾案例 1-1 和案例 1-2，它们用 JSP、Servlet、JavaBean、JDBC 等 Java EE 基础技术开发 MVC 模式的 Web 应用程序，其中，

（1）实体类：封装数据的 JavaBean，并通过其实例化数据对象。

（2）数据处理层：包括通过 JDBC 获取数据库连接类以及封装数据的实体类。

（3）视图层（View）：JSP 网页及数据（对象）的操作技术。这些技术包括将数据对象存储在 request、session 等内置对象中，在 JSP 中通过 Java 小脚本、EL 表达式、JSP 标准动作等进行访问；JSTL 标签对；处理及数据的表示等。

（4）控制层（Control）：用 Servlet 作为控制器进行程序处理的控制部件。

（5）模型层（Model）：封装业务处理的 JavaBean，包括业务处理模型，以供其他程序调用。

采用上述开发技术，不仅实现了视图、控制器与模型的彻底分离，而且还实现了业务逻辑层与持久层的分离。这样无论前端如何变化，模型层只需很少的改动，并且数据库的变化也不会对前端有所影响，从而提高了系统的可复用性。而且由于不同层之间耦合度小，有利于团队成员并行工作，大大提高了软件开发效率。

但是，如果仅用上述技术进行大型软件的开发，那么软件编码工作量非常大，例如：

- 对于数据库操作要写庞大的 SQL 语句，不但难写而且容易出错，并不利于调试。
- 数据对象的创建及处理需要编写大量的代码，访问数据对象也不方便。
- 数据的表示以及 JSP 中相关标签也不丰富。
- 对于 Servlet 控制器，一个处理需要对应一个 Servlet 控制器，这样 Servlet 数量庞大，管理起来困难。
- 集成各个模块，维护与管理这些模块不方便，不能在程序运行过程中对其进行维护等。

SSH（Struts、Spring、Hibernate 框架的简称）就是针对这些问题进行开发的基于 MVC 模式各层的技术框架。同样，SSH 框架面对的是 MVC 模式的软件开发，根据 SSH 各框架的特点，它们分别从职责上将系统分为表示层、业务逻辑层、数据持久层和域模块层，以帮助开发人员在短期内搭建结构清晰、可复用性好、维护方便的 Web 应用系统。Struts、Hibernate、Spring 均是基于 Java EE 的技术框架，它们以组件包的形式提供给用户进行软件开发与运行，并扩展了 Java EE 软件开发能力。

1. Struts 框架

Struts 作为系统的整体基础架构，负责 MVC 的分离，在 Struts 框架的模型部分，控制业务跳转，负责在表示层展现数据对象中的数据。它提供控制器（Action）、数据对象、操作及视图层中的展现。

Struts 是 Apache 软件组织提供的一项开放源码项目，它也为 Java Web 应用提供了模型—视图—控制器（MVC）框架，尤其适用于开发大型可扩展的 Web 应用。Struts 这个名字来源于在建筑和旧式飞机中使用的支持金属架。Struts 为 Web 应用提供了一个通用的框架，使得开发人员可以把精力集中在如何解决实际业务问题上。

Struts 框架是 MVC 的一种实现，如图 1-8 所示，它继承了 MVC 的各项特性，并根据 J2EE 的特点，做了相应的变化与扩展。此外，Struts 框架提供了许多供扩展和定制的地方，应用程序可以方便地扩展框架，以更好地适应用户的实际需求。

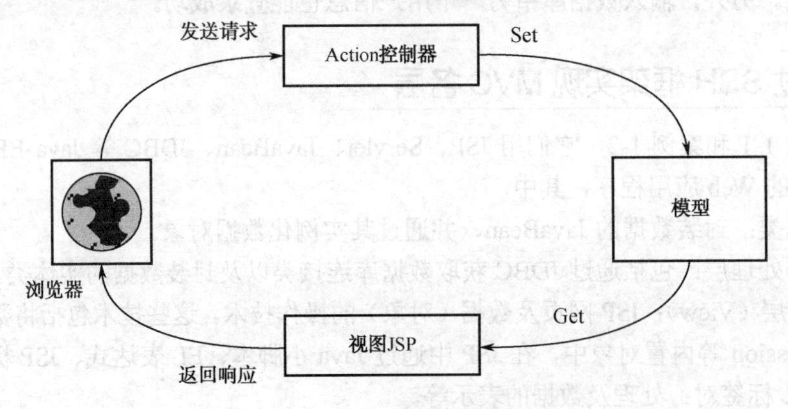

图 1-8　Struts 框架的 MVC 模式示意图

Struts 提供了丰富的标签库，通过标签库可以减少脚本的使用，自定义的标签库可以实现与模型的有效交互，并增加了现实功能。Struts 中 Action 控制器负责处理用户请求，本身不具备处理能力，而是调用模型来完成处理。

Struts 1 是第一个开放源码的框架，用来开发 Java Web 应用，它是使用最早、应用最广的 MVC 架构。而 Struts 2 是 Struts 的下一代产品，是合并了 Struts 1 和 WebWork 技术的全新的 Struts 框架。Struts 2 的体系结构与 Struts 1 的体系结构差别巨大。Struts 2 以 WebWork 为核心，采用拦截器的机制来处理用户的请求，这样的设计也使得业务逻辑控制器能够与 Servlet API 完全脱离开。

Struts 2 框架以 Action 作为控制器，数据存放在数据对象或 Action 属性中；丰富的 Struts 标签提供数据的各种显示；OGNL（Object Graphic Navigation Language，对象图导航语言）提供方便的对数据对象的访问方式。

2. Hibernate 框架

Hibernate 框架对持久层提供支持。它封装了 JDBC，以对象的形式提供对数据库的操作，实现数据对象的持久化。它是数据库处理层的技术框架。

Hibernate 是一个开源的对象关系映射（ORM）框架，采用对对象操作的形式对数据进行数据库操作（持久化操作）；它对 JDBC 进行了非常轻量级的对象封装，使得 Java 程序员可以随心所欲地使用对象编程思维来操纵数据库。Hibernate 可以应用在任何使用 JDBC 的场合，既可以在 Java 的客户端程序使用，也可以在 Servlet、JSP、Struts 的 Web 应用中使用。

Hibernate 框架对数据进行持久化操作。数据存放在数据对象中，一个数据对象只有一个对象名（有若干属性），且只有新增、修改、删除、查询操作。如果用 JDBC 方式进行操作，则需要对这些属性（对应数据库表的字段）编写大量的 SQL 语句，这些 SQL 语句可能有多个表、多个参数、多个条件、多重嵌套等。如果简化成对数据对象的操作，将复杂的针对表和字段的 SQL 语言简化成简单的对对象的操作（HQL 语言），则能大大简化对数据库的操作。Hibernate 框架就是基于该思想而产生的，当然数据对象与数据库表、属性与字段的对应关系及转换，由 Hibernate 框架完成（基于其 ORM 模型），而用户只需要进行简单的配置与编码便可以完成基于 Hibernate 框架的数据处理层及对数据的持久化操作。

3. Spring 框架

Spring 管理 Struts 和 Hibernate 实现的内容，使各软件模块在松散耦合状态下运行。Spring 提供域模块的管理，构成了域模块层的管理。同样，JavaBean 封装了底层的业务逻辑，包括数据库访问等。

Spring 是一个开源框架，是为了解决企业应用开发的复杂性而创建的。最初人们常用 EJB 来开发 J2EE 程序，但 EJB 开始的学习和应用非常困难。EJB 需要严格地继承各种不同类型的接口，存在大量类似的或者重复的代码，配置也是复杂和单调的。总之，学习 EJB 的高昂代价和极低的开发效率，造成了 EJB 的使用困难。而 Spring 出现的初衷就是为了解决类似的这些问题。

Spring 带来了复杂的 J2EE 开发的春天。它的目标是为 J2EE 应用提供了全方位的整合框架，在 Spring 框架下实现多个子框架的组合，这些子框架之间可以彼此独立，也可以使用其他的框架方案加以代替，Spring 希望为企业应用提供一站式的解决方案。Spring 是一个轻量级控制反转（IoC）和面向切面（AOP）的容器框架，而其核心是轻量级的 IoC 容器。所谓轻量的含义是指大小、开销两方面都小（相应地，EJB 被认为是重量级的容器）。完整的 Spring 框架可以在一个大小只有 1MB 多的 JAR 文件里发布。并且 Spring 所需的处理开销也是微不足道的。此外，Spring 是非侵入式的。典型地，Spring 应用中的对象不依赖于 Spring 的特定类。

Spring 框架由 Rod Johnson 创建。它使用基本的 JavaBean 来完成以前只能由 EJB 完成的事情。然而，Spring 的用途不仅限于服务器端的开发。从简单性、可测试性和松耦合的角度而言，任何 Java 应用都可以从 Spring 中受益。Spring 之所以与 Struts、Hibernate 等单层框架不同，是因为 Spring 致力于提供一个以统一的、高效的方式构造整个应用，并且可以将单层框架以最佳的组合糅和在一起建立一个连贯的体系。可以说 Spring 是一个提供了更完善开发环境的框架，可以为 POJO（Plain Old Java Object）对象提供企业级的服务。

控制反转（IoC）——是一种促进松耦合的技术。当应用了 IoC 时，一个对象依赖的其他对象会通过被动的方式传递进来，而不是这个对象自己创建或者查找依赖对象。你可以认为 IoC 与 JNDI 相反——不是对象从容器中查找依赖，而是容器在对象初始化时不等对象请求就主动将依赖传递给它。

面向切面（AOP）——允许通过分离应用的业务逻辑与系统级服务进行内聚性的开发。应用对象只实现它们应该做的——完成业务逻辑——仅此而已。它们并不负责其他系统级关注点，例如日志或事务支持。

Spring 可以将简单的组件配置、组合成为复杂的应用。在 Spring 中，应用对象被声明式地组合，典型的是组合在一个 XML 文件里。Spring 也提供了很多基础功能（事务管理、持久化框架集成等），将应用逻辑的开发留给了程序员。

所有 Spring 的这些特征使你能够编写更干净、更可管理并且更易于测试的代码。它们也为 Spring 中的各种模块提供了基础支持。

4. 利用 SSH 框架开发软件的过程

与 JSP、Servlet、JavaBean 是 MVC 模式的一种实现一样，SSH 框架技术同样也是 MVC 的一种实现，是一种适合大型软件开发的 Java EE 解决方案。

在实际应用 SSH 进行软件开发时，其过程一般是：首先根据面向对象的分析方法提出一些模型，包括数据对象模型、业务领域、软件结构模型等，然后再考虑这些模型的实现。在实现时系统中部件分为业务领域部分与系统通用部分，而通用部分尽量先做出来。

所以，首先，编写基本的数据处理层 DAO（Data Access Objects）接口，并给出 Hibernate 的 DAO 实现，即采用 Hibernate 架构实现的 DAO 类来实现各模块与数据库之间的转换和访问；并配置 Spring 管理对模块进行管理的机制与环境。这些均是应用软件开发的公共部分，所以要先做出来，然后才能对业务处理模块进行开发。

其次，是对业务领域模块的编写与实现。在进行业务领域模块编写时，首先通过 Struts 分别搭建各域模块的 MVC 结构。在表示层中通过 JSP 页面实现交互界面，负责显示和存取数据对象中的数据（Action 属性中或数据对象中）；配置文件（struts.xml），将 Action 接收的数据通过直接访问 Action 属性或模型（数据对象）给相应的 Action 控制器处理。Action 控制器负责调用 JavaBean 实现的模型进行业务逻辑处理，这些模型组件构成了业务模型层。

在业务模块程序中，其业务处理需要调用 Hibernate 实现的 DAO 组件接口以实现数据库的存储，即实现数据的持久化操作及与数据库的数据交互。

Spring 框架相应管理服务组件的 IoC 容器负责向 Action 提供业务模型组件和该组件的协作对象数据处理组件（DAO）完成业务逻辑，并提供事务处理、缓冲池等容器组件以提升系统性能和保证数据的完整性。也就是说，Spring 容器对 Struts 和 Hibernate 的组件进行管理，从而使复杂的对象通过松散耦合的形式组成一个完整的软件整体。

本书后面章节就以项目导向的形式介绍 Struts、Hibernate、Spring 框架在 MVC 模式软件开发中的应用。

小　结

本章介绍了 Java EE、SSH 框架的基本概念以及它们之间的关系；介绍了 Java EE Web 程序开发及环境搭建。并通过案例介绍了如何用 JSP、Servlet、JavaBean、MySQL 开发 MVC 模式的 Web 应用程序及数据应用程序。

Java EE 是基于 Java 平台、适合大型软件开发的技术，本章介绍的内容是 Java EE 软件开发的基础，也是学习 SSH 框架的基础。本章还通过 MVC 结构实现的案例，介绍了 SSH 各框架在 MVC 模式应用程序中的作用，以为后面的学习打下基础。

读者在学习时，若能将案例自己动手实现一遍，就能更容易了解书中介绍的知识内容，有利于后面知识的学习及对操作技能的掌握。

习　题

一、填空题

1. 所谓的框架（Framework），就是已经开发好的一组_______，程序员可以利用它来快速地搭建自己的应用软件。

2. 所谓 SSH 框架就是_______、_______、________三个框架的简称，它们是在_______基础上创建的、用于快速构建用户应用系统的软件框架。

3. 三层结构的应用程序包括_______、________、________。

4. MVC 模式的 M、V、C 分别表示________、________、________。

5. __________包括通过 JDBC 获取数据库连接类以及封装数据的实体类。

二、简答题

1. 什么是 Java EE？它有什么作用？
2. SSH 框架的含义是什么？说明它与 Java EE 的关系。
3. 三层结构的软件开发包括哪几层？MVC 设计模式的软件开发的含义是什么？它有什么优点？
4. 如何基于 Java EE 架构体系开发基于 MVC 的 Web 应用程序？
5. 请说说实体类的作用以及数据处理层是如何实现的。
6. 分别阐述 Struts 框架、Hibernate 框架、Spring 框架的基本内容与作用。

综合实训

实训 1 搭建一个 Java EE Web 程序开发环境，包括 JDK、Tomcat、IDE（如 Eclipse 或

MyEclipse 集成开发环境）、MySQL 数据库等。

实训 2 某仓库有一批货物，用货物清单表进行登记。该表登记的项目有编号、货物名称、产地、规格、单位、数量、价格。在 MySQL 数据库中登记这些货物信息。

实训 3 请在上题数据库的基础上，编写一个 MVC 模式的 Java Web 程序，在 JSP 网页中显示这批货物的信息。

第2章

使用 Struts 2 框架搭建项目的 MVC 结构

本章学习目标

- 了解 Struts 2 框架的作用与工作原理。
- 掌握在 MyEclipse 中使用 Struts 2 开发应用程序。
- 会使用 Action 开发控制器构建 MVC 应用程序。
- 会利用 Struts 2 的属性驱动与模型驱动进行数据库应用程序开发。

第 1 章介绍了基于 Java EE 开发 MVC 模式的应用程序，主要通过 JSP、Servlet、JavaBean、JDBC 等技术进行实现，这些技术也是 Java EE 的基本技术。但是如果一个应用软件采用上述这些技术实现，则代码的编写工作量非常庞大，会给 Java 程序员带来繁重的工作，且代码不容易维护。

人们探索了许多解决方法，其中采用通用框架就是一种比较好的方案。所谓框架（Framework）就是整个或部分系统的可重用设计，表现为一组抽象构件及构件实例间交互的方法。简单地说，框架可以认为是被应用开发者定制的应用骨架，应用开发者通过它可以快速地搭建自己的应用程序。

目前的应用程序多数采用 MVC 设计模式，为了快速地实现 MVC 各层，目前各层均出现了多种实现技术与框架，例如 Struts、Hibernate、Spring 等就是其中典型代表。

2.1 Struts 2 应用项目开发步骤简介

由于目前以 Struts 2 框架为主，所以下面就通过案例的形式介绍 Struts 2 的基本知识、技术与开发步骤。

到目前为止，Struts 2 的最新版本是 Struts 2.3.20，读者可以在网上免费下载。由于本教材讲解 Struts 2 的基本内容与操作，所以本章采用 Struts 2.0.6 版。高版本的操作步骤与原理基本相同，而且有更好的方法进行配置与集成工具（后面会讲到）。所以，本书选择该版本以便先从基础开始进行 Struts 2 操作原理介绍。

2.1.1 基本 Struts 2 应用项目结构配置简介

同其他 Java EE 框架一样，Struts 2 框架是由一些 Jar 包（Java Archive，Java 归档文件）组成的。所谓 Jar 包就是将已经写好的一些类进行编译后打包，程序员可以将这些 Jar 包引入到自己的项目中，然后就可以直接引用这些类中的属性和方法了，这些 Jar 包一般都会放在项目的 lib 目录下。Struts 2 框架的所有功能都是由其 Jar 包提供支持的，这些 Jar 包可以在网上免费下载，也可以通过 MyEclipse 开发平台提供。

对于初学者，下列 Struts 2 框架所需的 5 个 Jar 包就足够用了，如果需要增加其他功能支持，则再添加相应的 Jar 包文件便可。下面所列的 Struts 2 必需的 5 个基本包，可以进行基本的 Struts 2 应用项目开发。

- commons-logging-(版本号).jar。
- freemarker-(版本号).jar。
- Struts 2-core-(版本号).jar。
- xwork-core-(版本号).jar 。
- ognl-(版本号).jar。

如果在 Java EE Web 应用项目中添加 Struts 2 的支持，则需要在该项目的 lib 目录中包含这些基本包。用 MyEclipse 开发过 Java Web 应用项目的读者都知道，Java Web 应用项目源程序结构中，有存放类文件的 src 文件夹，它是所有类源文件（*.java）存放的根包，在其中存放其子包及 java 类文件（*.java）；WebRoot 根文件夹存放各脚本文件，如 JSP 文件（*.jsp），在其中可以创建子文件夹以便对文件分类存放；而 WEB-INF 是 Java Web 项目的保留文件夹，用户一般不进行访问，其中有 classes 与 lib 两个子文件夹，分别存放 src 编译后的类及项目需要的 jar 文件，另外项目的配置文件 web.xml 也存放在此。

Java Web 应用项目源程序组织结构如图 2-1 所示。

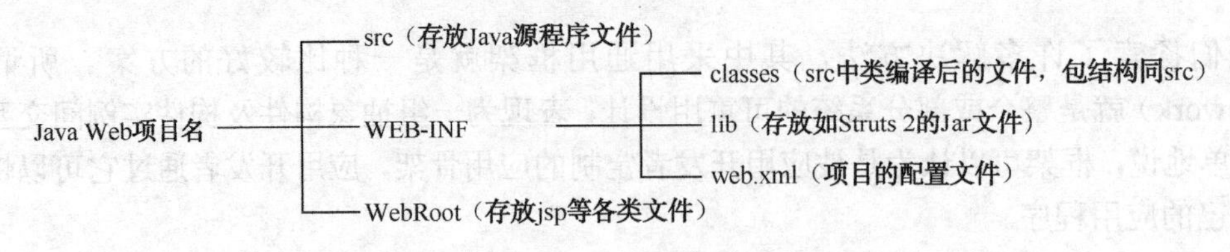

图 2-1　Java Web 应用项目源程序组织结构

在 Java EE 的基础上用 Struts 2 开发 Java Web 应用程序，只需要在图 2-1 的基础上增加一些内容并进行配置便可。具体要增加的内容如下。

- 添加 Struts 2 支持包（如上述 5 个*.jar 文件），可以直接将这些 Jar 包文件复制到图 2-1 所示的 WEB-INF/lib 文件夹中。
- 对 web.xml 文件进行 Struts 2 的配置，主要是配置其核心控制器 FilterDispatcher。
- 在 src 中添加 Struts 2 的配置文件 Struts.xml，该文件可用于后续 Struts 开发时配置用户的 Action 信息。

上述工作完成后，则在用户的项目中添加了 Struts 2 框架的支持，用户就可以在此基础上编写自己的基于 Struts 2 的 Java EE Web 应用程序了。

下面通过案例介绍基于 Struts 2 框架应用程序的开发过程与步骤。

2.1.2　Struts 2 应用程序开发过程与原理

上节已经简单介绍了基于 Struts 2 框架开发 Web 应用项目的配置步骤。当 Struts 2 开发环境配置好后，就可以编写自己的 Web 应用程序了。

所以，开发基于 Struts 框架的应用程序，创建了自己的 Web 应用项目后，先通过如下三个步骤完成项目中 Struts 2 框架开发支持环境的配置。

（1）将上述 Struts 2 的 5 个 Jar 支持包复制到项目的 WEB-INF/lib 中。

（2）在 web.xml 中配置 Struts 2 的核心控制器 FilterDispatcher。

（3）在 src 包中创建 struts.xml 配置文件。

Struts 2 中使用 Action 作为自己的控制器（Controller，相当于前面介绍的 Servlet 的作用），它负责 MVC 程序中对 V 层、M 层的交互控制；它负责执行应用程序中 Web 界面、业务处理部件之间的交互过程。其实，Struts 2 中的 Action 也是普通的 Java 类，它仅仅实现了 Struts 2 中的 Action 接口，通过它的一个 execute()方法实现上述处理流程控制操作。

Struts 2 的 Action 类编写好后，需要在 struts.xml 配置文件中进行配置，然后才能运行。

配置好 Struts 2 开发环境后，就可以编写自己的 Struts 2 应用程序，这些应用程序主要包括以下内容。

（1）控制器 Action 类的创建与编写，通过在 execute()方法中编写控制处理流程程序实现。

（2）各视图层页面的编写。

（3）在 struts.xml 文件中配置各 Action 控制器，以及其转发的各界面文件。

控制器 Action 是 Struts 2 应用程序的核心，它通过实现 FilterDispatcher 核心控制器进行工作。一个简单的基于 Struts 2 框架的 Web 应用程序（用户登录）结构如图 2-2 所示。

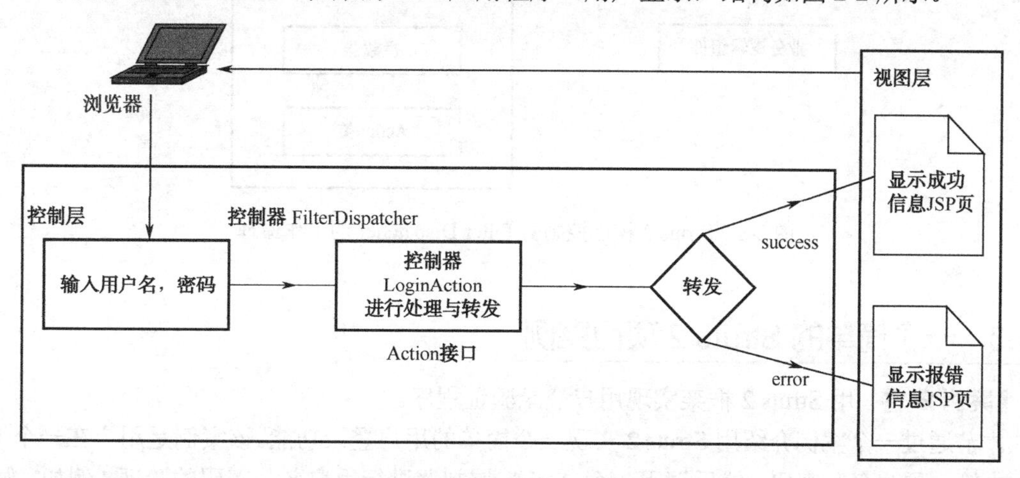

图 2-2　Struts 2 实现的应用程序结构示意图

在图 2-2 中，中间的一块就是一个控制器，它通过获取的用户输入信息（用户名和密码）进行验证操作，并根据验证结果的不同跳转到不同的显示界面。

一个 Action 有自己的 URL 地址（需要在 struts.xml 进行配置），用户可以在浏览器中直接调用，但常常是在程序中进行调用。

自己开发的 Action 控制器是个 Action 类（如图 2-2 中的 LoginAction），它是实现了 Action 的接口。在 Action 接口中，定义了 5 个标准字符串常量：SUCCESS、NONE、INPUT、ERROR、LOGIN，其值是“sucess”、“none”、“input”、“error”、“login”字符串分别用于转发不同结果的界面。

Action 实现类实现程序的业务控制，它是通过一个返回值为 String 的 execute()方法进行处理控制，并将结果返回一个字符串（如上述 5 个之一），用于对应转发的界面。这种简洁模式的 Action 类作为控制器，正是 Struts 2 框架的优点之一。

Struts 2 的实现依赖其核心控制器 FilterDispacher。FilterDispcther 是一种过滤器（Filter），运行在 Web 应用中。它负责拦截用户的所有请求，当用户的请求为“*.action”的形式时，该请求转到 Struts 2 框架进行处理。

通过上述步骤编写好自己的应用程序后，用户对服务器的请求就可以被系统拦截与执行。即如果核心控制器 FilterDispatcher 识别出用户的某个请求是一个 Action（注意：Action 的 URL 地址已在 struts.xml 配置文件中配置），则转到该 Action 类的 execute()去执行，从而实现了用户代码的执行。否则，FilterDispatcher 就过滤该请求不做任何处理。Struts 2 核心控制器 Filter Dispatcher 的工作原理如图 2-3 所示。

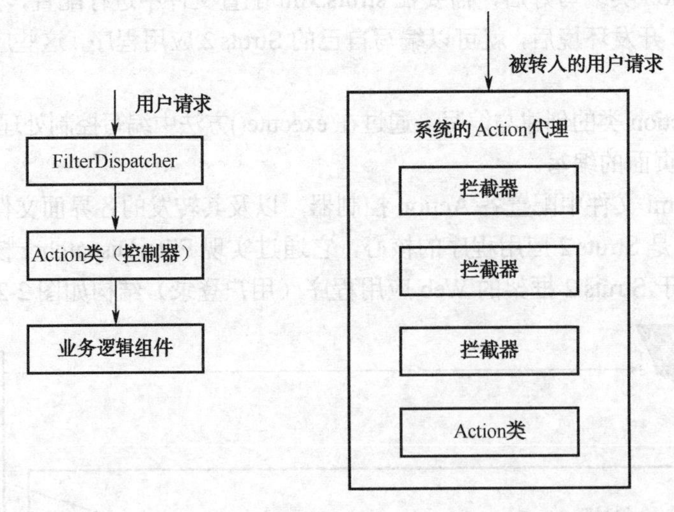

图 2-3　Struts 2 核心控制器 Filter Dispatcher 的工作原理

2.1.3　一个简单的 Struts 2 项目案例

【案例 2-1】 用 Struts 2 框架实现用户登录验证程序。

本节通过一个案例介绍用 Struts 2 实现一个简单的用户登录功能。该案例是用户在一个 JSP 界面中输入用户名和密码，然后调用一个 Action 控制器进行用户名与密码的验证（例如，假设正确的是 scott/tiger），如果用户输入正确则跳转到欢迎界面，否则跳转到报错界面。

1. 案例实现思路

案例 2-1 的运行结果如图 2-4 所示。图 2-4（a）是信息输入界面，用户输入信息后单击“登录”按钮，则调用 Action 进行验证，如果输入正确则跳转到图 2-4（b）所示的界面，显示用户输入的信息，否则跳转到图 2-4（c）所示的界面进行报错。

（a）登录界面

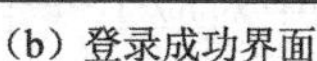

（b）登录成功界面

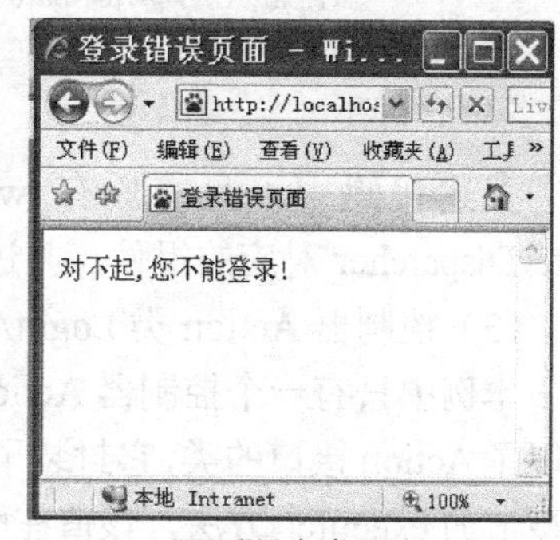

（c）登录失败界面

图 2-4　案例 2-1 运行结果

该案例的实现步骤如下。

首先创建一个 Java EE 的 Web Project 项目（项目名为 chapter21），然后按如下步骤进行实现。

（1）将上述 Struts 2 的 5 个支持包添加到项目的 WEB-INF/lib 中（本教材与案例采用的是 Struts 2.0.6 版）。

（2）在 web.xml 中配置 Struts 2 的核心控制器 FilterDispatcher。

（3）视图层的 3 个页面编写，分别是输入界面、输入正确时显示界面和输入错误时显示界面。

（4）action 控制器的编写，控制处理流程。

（5）创建 struts.xml 文件并配置各 action 及其转发的页面。

2. 案例的实现

首先创建 Java EE Web 项目，项目名为 chapter21，然后在此项目下进行如下操作与编码。

（1）添加 Struts 2 的项目支持。

将 Struts 2 的 5 个开发支持包复制到项目 chapter21 的 WEB-INF/lib 中，这样项目 chapter21 就添加了 Struts 2 框架的支持。

（2）修改 web.xml 配置文件。

修改项目的 WEB-INF/web.xml 配置文件，配置 Struts 2 的核心控制器 FilterDispatcher，修改后的 web.xml 文件的代码如下。

```
<?xml version="1.0" encoding="GBK"?>
<web-app version="2.4" xmlns="http://java.sun.com/xml/ns/j2ee"
      xmlns:xsi="http://www.w3.org/2001/XMLSchema-instance"
      xsi:schemaLocation="http://java.sun.com/xml/ns/j2ee http://java.sun.com/xml/ns/j2ee/web-app_2_4.xsd">
      <!-- 定义 Struts 2 的 FilterDispathcer 的 Filter -->
      <filter>
            <filter-name>Struts 2</filter-name>
<filter-class>org.apache.Struts 2.dispatcher.FilterDispatcher</filter-class>
      </filter>
      <!-- FilterDispatcher 用来初始化 Struts 2 并且处理所有的 WEB 请求。 -->
```

```
    <filter-mapping>
        <filter-name>Struts 2</filter-name>
        <url-pattern>/*</url-pattern>
    </filter-mapping>
</web-app>
```

上述代码中，只在原有 web.xml 代码的基础上添加了通过 Filter 指定 Struts 2 的 FilterDispatcher 对应的组件，并进行相应配置的代码。

（3）控制器 Action 类 LoginAction 的编写。

本例中只有一个控制器 Action 类 LoginAction.java，其代码如下。该 Action 类是个普通的实现了 Action 接口的类，它封装了一些要处理的属性及其 setter/getter 方法，且有一个返回 String 类型值的 execute()方法，该值在配置文件中对应了一个转发的页面。

```
LoginAction.java:
package mypackage;
import com.opensymphony.xwork2.Action;
import com.opensymphony.xwork2.ActionContext;
public class LoginAction implements Action
{
    private String username;
    private String password;
    public String getUsername()
     {
        return username;
    }
    public void setUsername(String username)
     {
        this.username = username;
    }
    public String getPassword()
     {
        return password;
    }
    public void setPassword(String password)
     {
        this.password = password;
    }
     public String execute() throws Exception
     {
        if (getUsername().equals("scott")
                && getPassword().equals("tiger") )
          {
            ActionContext.getContext().getSession().put("user" , getUsername());
            ActionContext.getContext().getSession().put("password" , getPassword());
            return "success";
        }
          else
          {
```

```
                return "error";
            }
        }
    }
```

该 Action 控制器 LoginAction 类是本案例的核心代码，它定义了两个属性 username 和 password，分别获取从 JSP 页传递过来的数据（Struts 2 的属性驱动是直接传递），然后与代码中已经保存的数据进行比较与处理。

该 Action 控制器负责从界面获取数据，然后调用相应的代码进行验证处理，并根据验证的结果不同而进行不同页面的转发。所以，它承接 V 层与 M 层，对整个程序的处理流程进行控制，所以称为控制器。

Action 控制器对应的类及转发的 JSP 文件需要在 struts.xml 中进行配置（如何配置见下一步骤介绍）。该控制器实现了 Action 的接口（implements Action），并重写了 execute()方法，相应的流程控制代码就写在该方法中。

上述代码中还通过访问 Struts 2 的 ActionContext（Action 上下文）类来访问 Servlet API，以实现数据对象的存取。如代码中的语句

```
ActionContext.getContext().getSession().put("user" , getUsername());
```

实现将从页面中获取的用户名存放到 session 中名为“user”的实例中，以备今后其他代码使用。

（4）创建 src/struts.xml 并进行配置。

在 src 根包中创建 struts.xml 配置文件，用于配置该应用项目中的各个 Action 及该 Action 的转发界面。此应用项目有一个 LoginAction 类，该类在 mypackage 包中，在此 struts.xml 文件中要对其进行配置（配置代码如下）。

```
<?xml version="1.0" encoding="GBK"?>
<!DOCTYPE struts PUBLIC
        "-//Apache Software Foundation//DTD Struts Configuration 2.0//EN"
        "http://struts.apache.org/dtds/struts-2.0.dtd">
<struts>
    <package name="mypackage" extends="struts-default">
        <action name="Login" class="mypackage.LoginAction">
            <result name="error">/error.jsp</result>
            <result name="success">/welcome.jsp</result>
        </action>
          </package>
</struts>
```

上述代码还配置了根据控制器 LoginAction 方法 execute()返回的不同值进行不同的 JSP 页面跳转。如"success"对应了 welcome.jsp 页面，而"error"对应了 error.jsp 页面。

（5）视图层的页面代码编写。

通过前面几步介绍，Action 控制器 LoginAction 实现对登录界面（login.jsp）的输入数据进行处理判断，如果是正确的，则转发到成功界面（welcome.jsp）并显示用户信息，否则转发到报错界面（error.jsp）显示报错信息。这几个 JSP 文件均属于 View 层（V 层）代码的开发。

这里涉及了 3 个 JSP 文件，它们分别如下。

- 用户登录界面 login.jsp。

- 验证正确时的界面 welcome.jsp。
- 验证错误时的界面 error.jsp。

下面对这 3 个 JSP 文件的代码分别进行介绍。其中，用户登录界面 login.jsp 的代码如下。

```
<%@ page language="java" contentType="text/html; charset=GBK"%>
<html>
<head>
<title>用户登录页面</title>
</head>
<body>
<form action="Login.action" method="post">
    <table align="center">
    <caption><h3>用户登录</h3></caption>
        <tr>
            <td>用户名：<input type="text" name="username"/></td>
        </tr>
        <tr>
            <td>密  码：<input type="text" name="password"/></td>
        </tr>
        <tr align="center">
            <td colspan="2"><input type="submit" value="登录"/><input type="reset" value="重填" /></td>
        </tr>
    </table>
</form>
</body>
</html>
```

上述代码中的“<form action="Login.action" method="post">”指向调用名为 Login 的 Action，并进行业务处理与转发。该页面的输入数据 username，password 将直接传到 Action 类中的 username 和 password 属性中（其原理见后面的属性驱动介绍）。

登录成功时的界面 welcome.jsp 代码如下。

```
<%@ page language="java" contentType="text/html; charset=GBK"%>
<html>
    <head>
        <title>登录成功页面</title>
    </head>
    <body>
        ${sessionScope.user},您好!<br>
        欢迎您登录!<br>
        您的密码是: ${sessionScope.password}<br>
    </body>
</html>
```

上述代码中，通过 EL 表达式显示 Action 存放在 session 中的“user”和“password”的值，其他就是一些常见的静态内容。登录报错程序 error.jsp 代码如下，它仅仅显示一些简单的静态信息。

```
<%@ page language="java" contentType="text/html; charset=GBK"%>
<html>
    <head>
        <title>登录错误页面</title>
    </head>
    <body>
        对不起,您不能登录!
    </body>
</html>
```

通过上述几步，我们就完成了一个简单的 Struts 2 项目的开发，它的程序结构如图 2-5 所示。

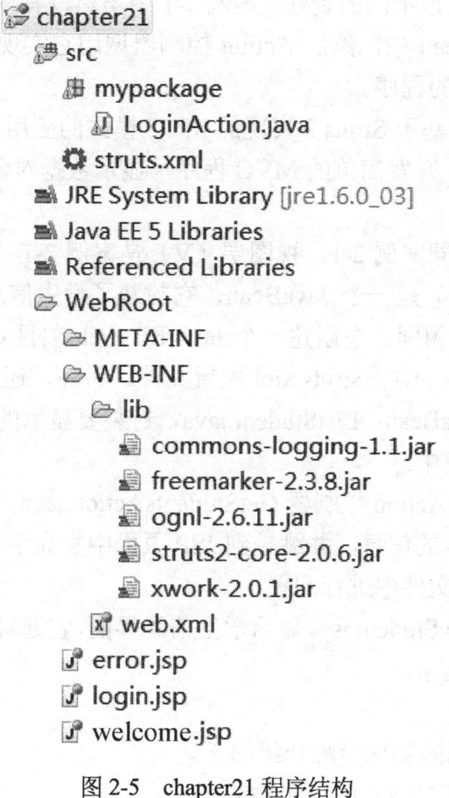

图 2-5　chapter21 程序结构

（6）项目的运行。

通过上述开发步骤完成了案例 2-1 的开发。然后要在 Tomcat 服务器中进行部署，启动 Tomcat 服务器，在浏览器地址栏中输入主界面的地址：

```
http://localhost:8080/chapter21/login.jsp
```

则显示的结果如图 2-4（a）所示。用户分别输入正确的信息、错误的信息，则显示的界面分别如图 2-4（b）和图 2-4（c）所示。

上述步骤是“徒手”配置的 Struts 2 应用项目。通过“徒手”配置，程序员能更容易地理解项目开发的过程。MyEclipse 8 以上版本已经能支持 Struts 2 自动配置。但在学习阶段，应该掌握“徒手”配置以理解其工作原理，而在开发阶段使用开发工具提高效率。

2.2 使用 Struts 2 开发简单的 MVC 应用程序

2.2.1 基于 Struts 2 显示学生信息 MVC 程序的实现

案例 2-1 说明了基于 Struts 2 框架的应用程序是如何实现的，它同样适合一个 MVC 模式的应用程序的实现。如果控制器调用的是一个模型中的程序，由模型层实现某一个具体的操作，则就是典型的 MVC 模式的程序。

下面通过一个案例介绍基于 Struts 2 实现 MVC 模式的应用程序。MVC 模式应用程序的 M、V、C 各层清晰，各自承担不同的责任。案例 2-1 中虽然没有模型层，如果我们将验证用户的操作代码放到一个 JavaBean 中，然后 Action 控制器调用它实现用户登录信息的验证，这样就是一个典型的 MVC 模式的程序。

下面通过一个案例介绍基于 Struts 2 实现的 MVC 模式的应用程序开发。

【案例 2-2】 用 Struts 2 开发简单的 MVC 程序，显示数据对象中的学生信息。

1. 案例实现思路

项目中 Struts 2 的配置同案例 2-1，视图层（V）是案例 2-1 中的 JSP 页面，控制器（C）是一个 Action，模型层（M）是一个 JavaBean，它封装了学生信息及一个访问该信息的方法。

该案例实现与案例 2-1 相同，先创建一个 Java EE Web 项目 chapter22，然后添加 Struts 2 支持包、修改 web.xml 文件，创建 struts.xml 配置文件。另外，还需完成以下几个步骤。

- 创建一个模型层 JavaBean：ListStudent.java，封装要显示的学生及获取该信息的处理方法，存放在 model 包中。
- 创建一个 Struts 2 的 Action 控制器 GetStudentsAction.java，它调用 model 中 JavaBean 中的方法获取需要显示的信息，并跳转到 JSP 页面中去显示。该控制器存放在 control 包中，并在 struts.xml 文件中进行配置。
- 视图层 JSP 页面 showStudent.jsp，显示学生信息界面，它通过调用存放在 struts.valueStack 中的数据对象进行显示。

2. 案例的实现

通过上述分析，该案例的实现步骤介绍如下。

（1）创建 Web 项目并添加 Struts 2 的支持。

创建 Web 项目 chapter22，并添加 Struts 2 的支持（该步骤与案例 2-1 相同，其操作过程介绍略）。

（2）创建模型层的类 model/ListStudent.java。

创建一个 javabean：ListStudent.java，存放在 model 包中，它封装了要显示的数据，并提供了一个获取数据的方法。

```
package model;
public class ListStudent {
	private String[] students =
		new String[]{
		"张国强",
```

```
            "张国红",
            "黄海波"
            };
    public String[] getTheseStudents()
    {
        return students;
    }
}
```

上述 JavaBean 通过 String[] getTheseStudents()方法获取存放的数据。

（3）创建 Action 控制器 control/GetStudentsAction.java，并进行该控制器的配置，该控制器存放在 control 包中。GetStudents.action 的代码如下所示。

```
package control;
import model.ListStudent;
import com.opensymphony.xwork2.Action;
public class GetStudentsAction implements Action
{
    private String[] students;
    public void setStudents(String[] students)
    {
        this.students = students;
    }
    public String[] getStudents()
    {
        return students;
    }
    public String execute() throws Exception
    {
            ListStudent studs = new ListStudent();
            setStudents(studs.getTheseStudents());
            return "success";
    }
}
```

上述 Action 控制器通过 execute()的执行，在 Struts 2 的 ValueStack 对象（是一个栈）中存放 student 对象，后面的 JSP 页面将从该 Struts 2 对象中取该 student 对象并显示其中的数据。获取对象的代码如下。

```
ValueStack vs = (ValueStack)request.getAttribute("struts.valueStack");
String[] s1 = (String[])vs.findValue("students");
```

注意：该控制器中没有明显的存放到 ValueStack 中的语句，只是在 Action 中的 execute()方法中有如下语句。

```
    StudentEntity studs = new ListStudent();
```

这样，setStudents(studs.getTheseStudents()); 就完成了存放数据对象，后面的工作就交给 JSP 页面进行处理了（获取并显示信息）。

另外，还需要在 struts.xml 中进行 Action 的配置。其中 Action 的 name 定义为“GetStudents”，即访问时，URL 为“GetStudents.action”。

```
<?xml version="1.0" encoding="GBK"?>
<!DOCTYPE struts PUBLIC
        "-//Apache Software Foundation//DTD Struts Configuration 2.0//EN"
        "http://struts.apache.org/dtds/struts-2.0.dtd">
<struts>
    <package name="control" extends="struts-default">
        <action name="GetStudents" class="control.GetStudentsAction">
            <result name="success">/showStudent.jsp</result>
        </action>
    </package>
</struts>
```

上述配置文件配置了 Action 控制器对应的类，定义了其名称“GetStudents”，并定义了根据该控制器返回的结果所需要跳转的界面（如：<result name="success">/showStudent.jsp</ result>）。

该控制器可以作为动态页面进行运行，如在浏览器地址栏中输入：

```
http://localhost:8080/chapter22/GetStudents.action
```

则可运行该控制器。上述地址中“GetStudents.action”就是对应控制器定义的名称“GetStudents”。

（4）创建视图层 JSP 页面 showStudent.jsp，用于显示学生信息。

上述控制器的运行需要转到一个 JSP 页面来显示学生信息，该 JSP 页面的代码如下所示。

```
<%@ page language="java" contentType="text/html; charset=GBK" import="java.util.*,com.opensymphony.
xwork2.util.*"%>

<html>
    <head>
        <title>学生信息</title>
    </head>
    <body>
     <table border="1" width="360">
     <caption>学生信息</caption>
     <%
ValueStack vs = (ValueStack)request.getAttribute("struts.valueStack");
     String[] s1 = (String[])vs.findValue("students");
     for (String s2 : s1)
     {
     %>
     <tr>
         <td>姓名：</td>
         <td><%=s2%></td>
     </tr>
     <%}%>
     </table>
    </body>
</html>
```

注意：本案例中 Action 中的属性数据存放在值栈（ValueStack）对象中，视图层 JSP 页面需要显示这些数据时，可以从 ValueStack 中取出再进行处理和显示。但后面读者会见到更简单的 Struts 2 处理数据对象的方式。

通过上述步骤就完成了案例 2-2 的编程工作，案例 2-2 开发成功后，程序的 MVC 结构如图 2-6 所示。

最后，部署项目 chapter22，启动 Tomcat 服务器，并在浏览器地址栏中输入如下地址：

```
http://localhost:8080/chapter22/GetStudents.action
```

则出现图 2-7 所示的结果界面。

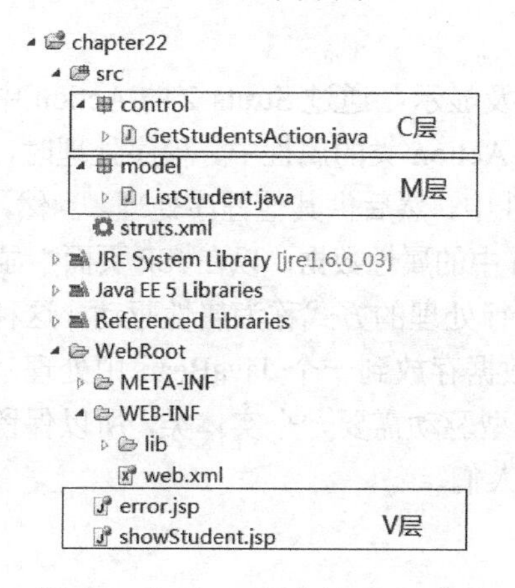

图 2-6　案例 2-2 程序的 MVC 结构

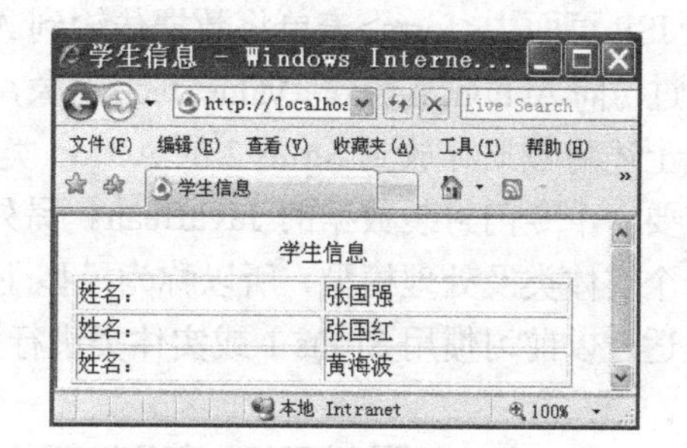

图 2-7　案例 2-2 运行结果

案例 2-2 程序的处理过程如图 2-8 所示。程序先调用 Action 控制器，该控制器调用模型进行业务处理，并根据处理的结果进行相应页面的转发（转发页面的配置见 struts.xml 文件）。

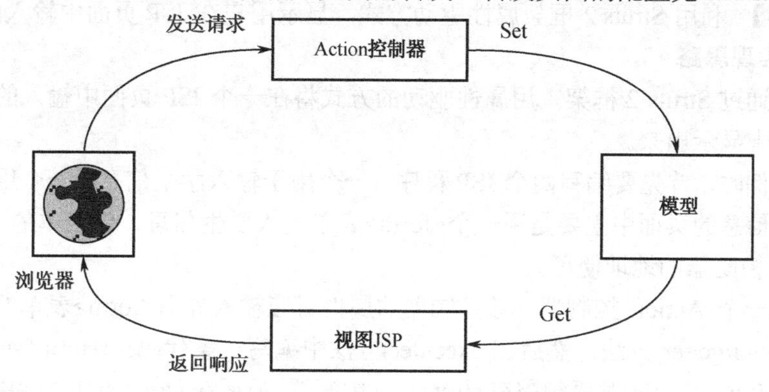

图 2-8　Struts 框架是 MVC 的一种实现

2.2.2　用 Struts 2 开发 MVC 应用程序

案例 2-2 体现了基于 Struts 2 进行 MVC 模式的程序开发。从上述案例实现介绍中可以发现，在 MVC 应用程序开发中，Struts 2 提供了 Action 类作为控制器。其实 Action 的实现也是基于 Servlet 开发而来的，但它比 Servlet 作为控制器具有更大的优点。

另外，如果通过 Struts 2 改造已有的 MVC 应用程序，只需要替换掉 C 层（控制层），M 层

（模型层）与 V 层（视图层）不需要变动。

使用 Struts 2 还有另外一个优点，即控制器不仅仅控制 MVC 各层之间的交互，而且还可以直接通过 Action 类的属性进行 MVC 各层直接数据交互（见 2.3 节）。

Struts 2 提供了丰富的 Struts 2 标签，可以以不同样式显示数据、代替视图层功能编码，所以方便了视图层的开发；而 OGNL 能方便对数据对象的操作，从而简化 MVC 各层数据交互的编程（见第 3 章）。

2.3 属性驱动和模型驱动

从前面案例中已经见过通过 Struts 2 进行数据处理及显示，通过 Struts 2 的 Action 中的属性（类似一个实体类）处理相关数据，即将数据存放在 Action 类的属性中。程序处理时，可以通过 JSP 页面中<form>表单将数据传输到 Action 的属性中，然后供其他程序处理。当然，也可以通过访问 ActionContext、ValueStack 对象，获取 Action 中的属性数据，以在 JSP 页面中显示。

上述将数据存放到 Struts 2 的 Action 类的属性中进行处理的方式称为属性驱动，这种方式不需要一个专门封装数据的 JavaBean。另外，如果将数据存放到一个 JavaBean 中处理，它需要一个实体类及处理模型，所以称为模型驱动。由于模型驱动需要一个实体类，所以保留该方式是适合以前习惯用 Struts 1 或实体类进行数据封装的人们。

2.3.1 Struts 2 属性驱动案例实现

属性驱动是将数据放在 Action 类的属性中进行处理。下面通过一个案例演示 Struts 2 的属性驱动。

【案例 2-3】 利用 Struts 2 框架属性驱动方式，显示用户在 JSP 页面中输入的学生信息。

1. 案例实现思路

该案例是通过 Struts 2 框架，用属性驱动的方式将在一个 JSP 页面中输入的学生信息在另一个 JSP 页面中显示出来。

实现该案例时，首先要编写两个 JSP 程序：一个用于输入学生信息，一个用于显示学生信息。输入学生信息的页面中主要是用一个<form>表单输入学生信息，该表单的 action=" "项指定一个 Action 控制器的地址便可。

接着编写一个 Action 控制器，该控制器的属性对应输入界面<form>表单的输入项，添加这些属性的 setter/getter 方法；然后在 execute()方法中编写一条代码：return "success"; 用于转发到显示的 JSP 页面，该转发语句需在 struts.xml 中配置；最后在 struts.xml 文件中配置该 Action 控制器。

最后还需要编写显示学生信息的 JSP 页面，该 JSP 页面直接访问 Action 控制器属性中的数据并进行显示。

通过上述分析，本案例利用 Struts 2 框架进行开发的过程非常简单，代码量也非常少，这就是 Struts 2 框架的优点所在，下面就介绍案例 2-3 的实现过程。

2. 案例的实现

案例 2-3 的实现步骤介绍如下。

（1）创建一个项目 chapter23，获取并配置 Struts 2 的支持。

步骤同案例 2-1，此处介绍略。

（2）编写输入学生信息的 JSP 文件 input.jsp。

该 JSP 文件的代码如下所示。

```
<%@ page language="java" contentType="text/html; charset=UTF-8"%>
<html>
	<head>
		<title>信息输入页面</title>
	</head>
	<body>
		<form action="ShowStudent.action">
			<p>
				<b>学号:</b>
				<input name="sid"   /><br>
				<b>姓名:</b>
				<input type="text" name="name" /><br>
				<b>性别:</b>
				<input name="sex"   /><br>
				<b>年龄:</b>
				<input name="age" /><br>
			</p>
			<input type="submit" value="确定">
		</form>
	</body>
</html>
```

上述程序是一个普通的 JSP 程序，其中包括语句<form action="ShowStudent.action">，它指明用户输入完成后去执行一个 Action 控制器，该控制器就是下一步要编写的 Action 类。另外，在该<form>表单中有几个<input>输入项，这些输入项的“name”要与 Action 类的属性名对应。

（3）创建一个 Action 并进行配置。

该 Action 控制器是一个类，其名称定义为 ShowStudentAction.java，在 control 包中，其代码如下所示。但是，要注意该 Action 类名的定义与上面<form>中的输入项一致。

```
package control;
import com.opensymphony.xwork2.Action;
import com.opensymphony.xwork2.ActionContext;
public class ShowStudentAction implements Action{
	private int sid=16;
	  private String name="张国强";
	  private String sex="男";
	  private int age=23;
		public int getSid() {
		return sid;
	  }
	  public void setSid(int sid) {
		this.sid = sid;
```

```
        }
        public String getName() {
            return name;
        }
        public void setName(String name) {
            this.name = name;
        }
        public String getSex() {
            return sex;
        }
        public void setSex(String sex) {
            this.sex = sex;
        }
        public int getAge() {
            return age;
        }
        public void setAge(int age) {
            this.age = age;
        }
        public String execute() throws Exception
        {
            return "success";
        }
}
```

该 Action 控制器中的属性被赋了初值，目的是为了看运行时它们是否会显示。另外，该控制器的 execute()方法只有一条语句，仅仅是为了完成转发而已。

下面还需要对该控制器在 struts.xml 中进行配置，其配置代码如下所示。

```
<?xml version="1.0" encoding="GBK"?>
<!DOCTYPE struts PUBLIC
        "-//Apache Software Foundation//DTD Struts Configuration 2.0//EN"
        "http://struts.apache.org/dtds/struts-2.0.dtd">
<struts>
    <package name="control" extends="struts-default">
        <action name="ShowStudent" class="control.ShowStudentAction">
                <result name="success">/studentinfo.jsp</result>
        </action>
          </package>
</struts>
```

在上述配置代码中，配置了 Action 控制器对应的类及其所在的包及名称，并配置了其返回值，以及 Action 返回值对应的转发界面。代码

```
<result name="success">/studentinfo.jsp</result>
```

表示：如果控制器返回的值是"success"，则跳到 studentinfo.jsp 页面去运行，该页面就是显示学生信息的 JSP 页面。

另外，该 Action 控制器的名称定义为"ShowStudent"，通过该名称可以调用该控制器。在

输入文件 input.jsp 中，通过 action="ShowStudent.action"可调用该控制器。在此，该控制器相当于一个动态网页。

（4）编写显示学生信息的 JSP 文件。

最后编写显示学生信息的 JSP 文件，该文件名为 studentinfo.jsp，该文件是通过执行 Action 控制器返回“success”值时跳转的页面。该程序代码如下所示。

```
<%@ page language="java" contentType="text/html; charset=UTF-8"%>
<%@ taglib prefix="s" uri="/struts-tags"%>
<html>
    <head>
        <title>显示学生信息界面</title>
    </head>
    <body>
      学号: <s:property value="sid"/><br>
      姓名: <s:property value="name"/><br>
      性别: <s:property value="sex"/><br>
      年龄: <s:property value="age"/><br>
        </body>
</html>
```

该程序也是一个普通的 JSP 文件，但其中使用 Struts 2 标签显示 Action 控制器中属性数据，该标签的用法如下：

```
<%@ taglib prefix="s" uri="/struts-tags"%>
……
姓名: <s:property value="name"/><br>
```

上面第一句是定义 Struts 2 标签的前缀"s"，而后一句是使用 Struts 标签<s:property>以显示某个属性的值。Struts 2 标签功能非常强大，它是 Struts 2 的优势之一，在第 3 章中将介绍 Struts 2 标签的用法。

（5）案例项目的运行。

通过上述步骤完成了案例的开发，然后项目部署到 Tomcat 服务器，启动该服务器，在浏览器地址栏中输入如下地址：

```
http://localhost:8080/chapter23/input.jsp
```

则运行结果如图 2-9 所示。

（a）输入学生信息

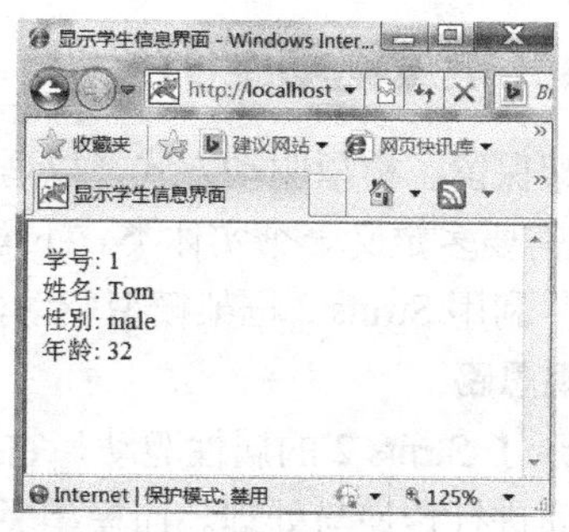

（b）显示学生信息

图 2-9 案例 2-3 运行结果

在图 2-9 中，图 2-9（a）显示输入的学生信息，单击“确定”按钮后，Action 控制器将输入的这些数据传递到自己的属性中，并通过返回“success”值根据配置文件跳转到显示信息的页面，显示的结果如图 2-9（b）所示。

通过该案例，说明了 Struts 2 属性驱动的原理及应用，它通过将输入的信息传递到 Action 的属性中，然后进行显示。由于在定义 Action 控制器时已经给其属性赋了初值，这些初值因被替换掉了而没有被显示。

如果直接调用该 Action 控制器，这些属性值是会被显示的，如输入如下地址直接执行控制器：

```
http://localhost:8080/chapter23/ShowStudent.action
```

则显示的结果是 Action 中属性原来定义的值，如图 2-10 所示。

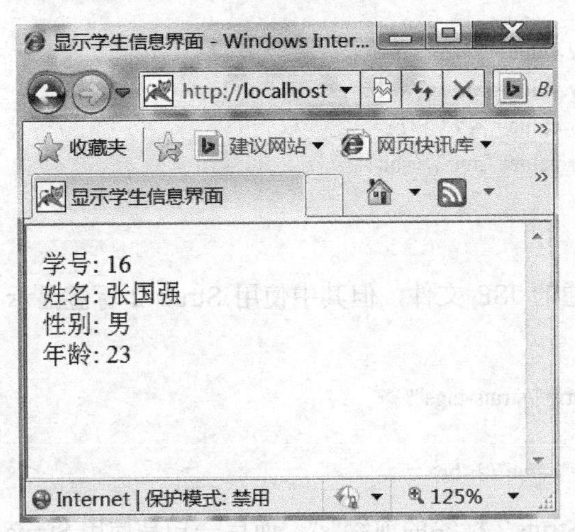

图 2-10　直接调用案例 2-3 控制器的运行结果

图 2-10 中显示的是 Action 控制器类中定义的属性值（参见上述 Action 控制器类 ShowStudentAction.java 中的代码）。

另外，也可以将 Action 控制器封装在属性数据，通过 ActionContext 上下文对象进行操作，如将这些属性值存放在 Session 内置对象中。此后，JSP 通过访问 Session 中的对象进行访问得到这些数据，但这样的编码比较烦琐。类似地，模型驱动方式是将数据对象存放到模型的数据对象中，这样的方式适合以前熟悉用实体类及 Struts 1 框架编程的程序员。

2.3.2　Struts 2 模型驱动案例实现

Struts 2 框架保留了模型驱动方式，以适应那些习惯了用实体类封装数据的程序员。在编程时，模型驱动需要多定义一个实体类。下面通过一个案例介绍 Struts 2 模型驱动的处理。

【案例 2-4】 利用 Struts 2 框架模型驱动，显示封装在数据对象中的学生信息。

1. 案例实现思路

案例 2-3 展示了 Struts 2 的属性驱动，它通过 Action 的属性对数据进行处理，如将数据在 M、V、C 层之间进行传递与处理。而模型驱动则是将数据存放在一个数据对象中，这样就需要创建一个实体类，然后通过“模型驱动”对该数据对象进行操作。

本案例的实现步骤基本同案例 2-3，只是各 JSP 页面访问的是该数据对象的属性，而 Action 控制器需要实例化该数据对象，并通过“模型”对该数据对象进行操作。

实现该案例时，首先要创建一个实体类，然后创建一个 Action 控制器类，并创建一个现实数据的 JSP 文件。

创建 Action 类时，需要实现 Action、ModelDriven 两个接口，并要重写 getModel()方法，它返回该数据对象。在此，Action 控制器的 execute()方法中调用该方法，将数据存放到数据对象中，以在 JSP 页面中进行显示。在其他方面，如关于 Action 控制器的配置及 JSP 页面的跳转定义同案例 2-3。

显示模型中数据对象的 JSP 同案例 2-3，它用到了 Struts 2 标签，只是从数据对象中获取数据（例如，<s:property value="model.name"/>）。

2. 案例的实现

通过上述分析，该案例的实现步骤介绍如下。

（1）创建一个项目 chapter24，获取与配置 Struts 2 的支持（该步操作同案例 2-1，此处介绍略）。

（2）创建实体类。

创建一个实体类 Student.java，将它存放在 entity 包中，定义学生的学号、姓名、性别、年龄4个属性，并创建这4个属性的setter/getter方法。实体类Student.java是一个普通的JavaBean，它的代码如下所示。

```
package entity;
public class Student {
        private int sid;
        private String name;
        private String sex;
        private int age;
    public int getSid() {
        return sid;
    }
    public void setSid(int sid) {
        this.sid = sid;
    }
    public String getName() {
        return name;
    }
    public void setName(String name) {
        this.name = name;
    }
    public String getSex() {
        return sex;
    }
    public void setSex(String sex) {
        this.sex = sex;
    }
    public int getAge() {
        return age;
```

```
		}
		public void setAge(int age) {
			this.age = age;
		}
}
```

（3）创建 Action 控制器并进行配置。

创建本案例的 Action 控制器 ShowStudentAction.java，存放在 control 包中。该控制器要实现模型驱动，所以它不但要实现 Action 接口，而且还需要实现一个 ModelDriven 接口。该控制器的代码如下所示。

```
package control;
import com.opensymphony.xwork2.Action;
import com.opensymphony.xwork2.ModelDriven;
import entity.Student;
public class ShowStudentAction implements Action,ModelDriven<Student>{
	private Student model=new Student();
		public String execute() throws Exception
		{
			getModel().setSid(2);
		getModel().setName("张国强");
			getModel().setAge(23);
			getModel().setSex("男");
		return "success";
		}
		public Student getModel() {
			return model;
		}
}
```

从上述 Action 控制器代码中可以看出，它不但实现了 Action 接口，还实现了 ModelDriven<Student>接口（其中 Student 为实体类名），它仅仅定义了一个数据对象属性。另外，该 Action 控制器还需要重新定义一个 getModel()方法，它仅仅返回一个数据对象便可。

模型驱动方式需要根据实体类创建一个数据对象（model），然后通过操作该数据对象进行数据的存取，例如代码 getModel().setName("张国强");（该语句给数据对象赋值，以便在 JSP 页面中显示，仅仅是供演示用）。

在 struts.xml 中配置该 Action 控制器的代码同案例 2-3（此处略）。同样，当控制器返回“success”值时将跳转到一个 JSP 页面，显示模型中的数据。

（4）编写 JSP 页面显示学生信息。

创建 JSP 页面文件 studentinfo.jsp，它访问模型中的数据并进行显示。该 JSP 程序代码如下所示。

```
<%@ page language="java" contentType="text/html; charset=GBK"%>
<%@taglib prefix="s" uri="/struts-tags"%>
<html>
	<head>
		<title>显示学生信息</title>
```

```
    </head>
    <body>
      学号:<s:property value="model.sid"/><br>
      姓名:<s:property value="model.name"/><br>
      性别:<s:property value="model.sex"/><br>
      年龄:<s:property value="model.age"/><br>
    </body>
</html>
```

上述 JSP 文件中采用 Struts 2 标签显示模型中的数据，如学号：

```
<s:property value="model.sid"/>
```

这里 model.sid 中的“model”是 Action 控制器中的数据对象属性（模型），而“sid”是其属性。JSP 文件可以直接访问存放在其中的数据。

注意：如果 JSP 文件中使用了 Struts 2 标签，需要在 JSP 文件的头部添加以下语句来定义标签的前缀：

```
<%@taglib prefix="s" uri="/struts-tags"%>
```

（5）案例项目的运行。

通过上述步骤完成了案例的开发，然后将项目部署到 Tomcat 服务器，启动该服务器，在浏览器地址栏中输入如下地址：

```
http://localhost:8080/chapter24/ShowStudent.action
```

则运行结果如图 2-11 所示。

图 2-11　案例 2-4 运行结果

图 2-11 中显示了在 Action 控制器中赋给数据对象的数据。案例 2-4 演示了 Struts 2 模型驱动实现数据的处理，它将数据存放到数据对象中，并通过模型驱动进行 M、V、C 层的传递与处理。另外，上述模型驱动要注意以下几点。

（1）要新建一个 Java EE 5.0 Web 项目，J2EE 1.4 则没有提供模型驱动功能。

（2）在 JSP 页面上显示 Struts 2 的 Action 中的数据，可以用到 Struts 2 数据标签，它提供了大量 UI 数据组件，方便我们编程。Struts 2 标签将在后面介绍。

2.4　通过 Struts 2 框架实现数据库中信息的访问

下面通过一个案例介绍用 Struts 2 框架实现数据库信息查询的 MVC 程序现实。属性驱动与模型驱动的原理前面已经介绍，它们实现数据库访问的方法基本相同，所以本节只介绍如何用 Struts 2 属性驱动对数据库中的数据进行显示，模型驱动实现的方法类似。

【案例 2-5】 利用 Struts 2 框架的属性驱动，编写 MVC 程序，在 JSP 中显示数据库中的学生信息。

该案例的实现首先要进行数据库设计与数据的准备，关于数据库设计及操作、连接数据库程序的实现，本书第 1 章案例 1-2 已经介绍过。这里可重用上述代码。

2.4.1　数据库准备

案例 2-5 需要对数据库中学生信息进行访问与显示，在进行程序编码之前首先要进行数据库的设计与创建，并输入模拟数据。假设学生信息包括编号、姓名、性别、班级、年龄、成绩 6 项。表 2-1 是根据这些数据设计的数据库表 student 的逻辑结构。

表 2-1　数据库表 student 的逻辑结构设计

序　号	字段名称	字段说明	类　型	位　数	是否为空
1	id	编号	int		否
2	name	学生姓名	varchar	20	
3	sex	性别	varchar	2	
4	age	年龄	int		
5	grade	班级	varchar	20	
6	score	成绩	Float		

根据上述数据库表的结构创建数据库（创建数据库可根据下列 SQL 脚本进行）。

```
DROP DATABASE IF EXISTS `students`;
CREATE DATABASE `students` /*!40100 DEFAULT CHARACTER SET gbk */;
USE `students`;
CREATE TABLE `student` (
   `id` int(11) NOT NULL auto_increment,
   `name` varchar(20) default NULL,
   `sex` varchar(2) default NULL,
   `age` int(11) default NULL,
   `grade` varchar(20) default NULL,
   `score` decimal(10,2) default NULL,
   PRIMARY KEY   (`id`)
) ENGINE=InnoDB AUTO_INCREMENT=3 DEFAULT CHARSET=gbk;
INSERT INTO `student` VALUES (1,'张国强','男',22,'12 软件 1 班',80);
INSERT INTO `student` VALUES (2,'张国红','女',23,'12 软件 2 班',90);
```

```
/*!40000 ALTER TABLE `student` ENABLE KEYS */;
UNLOCK TABLES;
```

根据上述 SQL 脚本创建数据库后，则数据库管理系统中存在一个 students 的数据库，其中有一个 student 表。此表中还添加了表 2-2 所示的演示数据（读者也可以手工输入这些数据）。

表 2-2　案例 2-5 模拟数据

学　号	姓　名	性　别	班　级	年　龄	学　分
1	张国强	男	12 软件 1 班	22	80
2	张国红	女	12 软件 2 班	23	90

关于 MySQL 数据库的创建操作见本书后面附录 A 中的相关内容。使用 JDBC 连接数据库及访问数据库的实现可参见案例 1-2 的介绍。

2.4.2　案例的程序实现

数据库及其中的数据创建好后，就可以编写程序并对它进行操作了。本案例介绍通过 Struts 2 的属性驱动实现 MVC 模式的数据库操作程序。其实现包括如下几个部分。

（1）创建数据处理层（DAO 层）的编写。

（2）编写模型层（M），它通过传递的学生学号（id）查询数据库，并返回查询到的数据对象。

（3）输入学生学号（id 号）界面，在其中输入学生的 id 号，供查询使用。

（4）Action 控制器的编写，该控制器通过输入的学生 id 号，传递到 Action 属性中，然后调用模型层的模型，获取查询到的数据对象，并存放到控制器的属性中。

（5）显示信息的 JSP 界面，该界面是控制器调用模型查询成功后转发的界面，它在 struts.xml 中配置，并通过 Struts 2 标签显示存放在控制器属性中的数据。

关于案例 2-5 项目的创建、获取 Struts 2 包的支持及配置，以及数据库驱动包的加载等见前面的案例，这里不再赘述。下面分别介绍案例代码的实现。

1. 数据处理 DAO 层的实现

由于需要编写 Java 代码通过 JDBC 访问数据库，而将这些数据处理的代码封装到一个类中，这样便形成了数据处理层（DAO 层）。该类主要通过 JDBC 获取数据库的连接，并返回该数据库连接。

这个类的代码见案例 2-1 中的 Java 程序 Dbconn.java。该类通过 MySQL 数据库 JDBC 驱动程序，配置相关的数据库名、用户名、密码等信息，获取数据库连接，供其他程序对数据库操作使用。Dbconn.java 的代码见案例 2-1，此处略。

2. 模型层的实现

该模型层的类主要封装对数据库进行操作的代码，核心语句是一条 SQL 语句。该 SQL 语句通过传递的学生 id 号进行查询操作，查询的结果是一个学生信息的数据对象。

Java 对数据库的操作代码的编写同案例 2-1，此处则重点介绍实现模型层的逻辑。

首先创建一个存放学生数据的实体类 Student，然后创建一个查询学生信息的处理类 SelectStudent。实体类 Student 包含学生的 6 个属性及对应的 setter/getter 方法，它们对应数据库表 student 的 6 个字段（实体类 Student 的代码介绍略）。处理类 SelectStudent 主要包括一个通过 id 号查询学生信息的 load()方法，该方法的格式如下。

```
Student load(Integer id)
```

该方法的代码如下所示。

```
Student student = new Student();
public Student load(Integer id) {
        try {
            Dbconn s = new Dbconn();
            String sql = "select * from student   where student.id = ? ";
            Connection conn = s.getConnection();
            pstmt = conn.prepareStatement(sql);
            pstmt.setInt(1, id.intValue());
            rs = pstmt.executeQuery();
            if (rs.next()) {
                student.setId(rs.getInt("id"));
                student.setName(rs.getString("name"));
                student.setSex(rs.getString("sex"));
                student.setAge(rs.getInt("age"));
                student.setGrade(rs.getString("grade"));
                student.setScore(rs.getFloat("score"));
            }
            rs.close();
            pstmt.close();
            conn.close();
        } catch (Exception e) {
            e.printStackTrace();
        }
      return student;
  }
```

上述代码中，load()方法通过一个学生号 id 查询数据库，并将结果存放到 Student 类型的对象中。该模型的使用将在介绍 Action 控制器编程时再说明。

3. 输入数据的 JSP 页面实现

编写一个简单的查询 JSP 页面，输入一个学生号 id，然后调用 Action 控制器去执行。该 JSP 文件代码如下所示。

```
<%@ page language="java" contentType="text/html; charset=gbk"%>
<html>
    <head>
        <title>信息输入页面</title>
    </head>
    <body>
        <form action="ShowStudent.action">
            <p>
                请输入要查询学生的学号:
                <input name="id"   /><br>
```

```
            </p>
            <input type="submit" value="确定">
        </form>
    </body>
</html>
```

上述代码中只有一个<form>表单，并且该表单在用户输入完成并单击“确定”按钮后执行一个 Action 控制器。注意，“<input name="id" />”语句中输入变量“id”为该 Action 控制器的属性（该 Action 控制器代码在后面进行介绍）。

4．控制层的实现

创建 Action 控制器 ShowStudent 并进行配置。由于是进行属性驱动，所以该控制器定义了 6 个属性，分别对应数据库的 6 个字段，同时创建这些属性的 setter/getter 方法。该控制器的 execute()方法调用模型类的 load()方法，并将查询出的学生信息存放到属性中。ShowStudentAction 的控制器代码如下。

```
package control;
import model.SelectStudent;
import com.opensymphony.xwork2.Action;
import entity.Student;
public class ShowStudentAction implements Action {
    private int id;
    private String name;
    private String sex;
    private String grade;
    private int age;
    private float score;
    public int getId() {
        return id;
    }
    public void setId(int id) {
        this.id = id;
    }
    public String getName() {
        return name;
    }
    public void setName(String name) {
        this.name = name;
    }
    public String getSex() {
        return sex;
    }
    public void setSex(String sex) {
        this.sex = sex;
    }
    public String getGrade() {
        return grade;
    }
```

```
        }
        public void setGrade(String grade) {
            this.grade = grade;
        }
        public int getAge() {
            return age;
        }
        public void setAge(int age) {
            this.age = age;
        }
        public float getScore() {
            return score;
        }
        public void setScore(float score) {
            this.score = score;
        }

        public String execute() throws Exception {
            SelectStudent ss = new SelectStudent();
            Student student = ss.load(getId()); //查询存放在属性 id 中的学生号
            setId(student.getId());
            setName(student.getName());
            setSex(student.getSex());
            setAge(student.getAge());
            setGrade(student.getGrade());
            setScore(student.getScore());
            return "success";
        }
}
```

上述 Action 控制器需要在 struts.xml 文件中进行配置，包括查询成功后转发的 JSP 文件的配置（由于这些配置代码同前面的案例，这里就不再赘述）。

这里要强调 Action 控制器属性的应用，首先通过属性 id 将输入页面用户输入传递进来，然后在 execute()方法调用模型的方法 load(getId())，以查询数据库。当查询数据库成功后，再通过 setName(student.getName())等语句将数据存放到属性中，然后跳转到显示界面进行显示。

显示界面 showStudent.jsp 是在 struts.xml 配置文件中定义的，它是当控制器返回“success”值时转发的 JSP 页面。该页面通过 Struts 2 标签显示存放在控制器属性中的数据。

5. 显示信息的 JSP 页面实现

显示 Action 控制器属性中数据的 JSP 程序（studentinfo.jsp）代码如下。该程序通过 Struts 2 标签<s:property value="name"/>实现显示。该语句中的“name”为控制器类中的属性名（表示学生姓名），它通过属性驱动获取控制器中的属性值。

```
<%@ page language="java" contentType="text/html; charset=GBK"%>
<%@taglib prefix="s" uri="/struts-tags"%>
```

```
<html>
    <head>
        <title>显示学生信息</title>
    </head>
    <body>
      学号:<s:property value="id"/><br>
      姓名:<s:property value="name"/><br>
      性别:<s:property value="sex"/><br>
      年龄:<s:property value="age"/><br>
      班级:<s:property value="grade"/><br>
      成绩:<s:property value="score"/><br>
    </body>
</html>
```

6. 案例的运行

通过上述步骤就完成了该案例代码的编写。接着部署案例项目，启动服务器，在浏览器中输入如下地址：

```
http://localhost :8080/chapter25/input.jsp
```

运行的结果如图 2-12 所示。图 2-12（a）是输入界面，当输入 1 时显示图 2-12（b）中的信息，当输入 2 时显示图 2-12（c）中的信息。

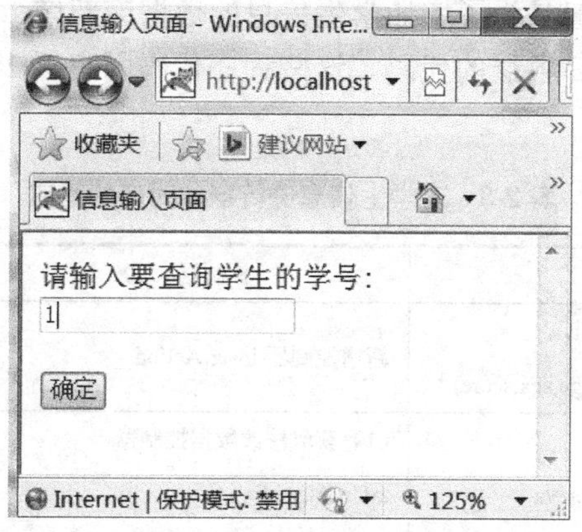

（a）输入界面

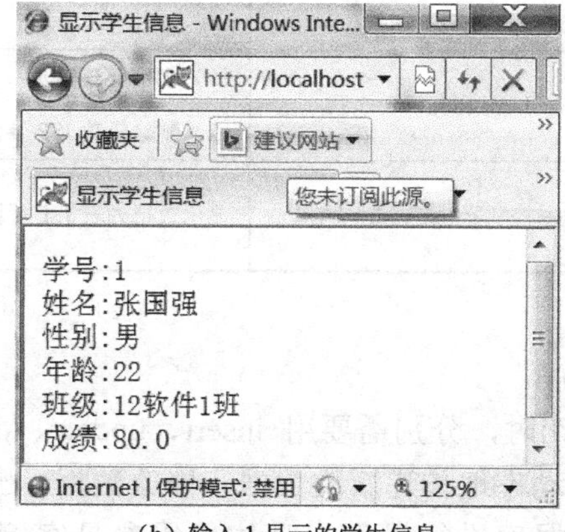

（b）输入 1 显示的学生信息

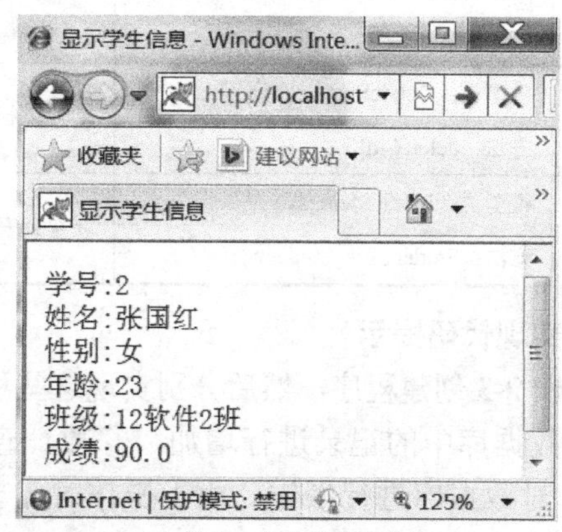

（c）输入 2 显示的学生信息

图 2-12　案例 2-5 运行结果

2.4.3 对数据库其他操作的实现

可以利用 Struts 2 属性驱动实现对数据库的其他操作功能，如实现具有新增、修改、删除学生信息等功能模块的 MVC 程序，这些编程方法与案例 2-5 结构相同。由于这些程序代码存放在相同的项目中，因此有些程序代码可以共享。

可以共享的程序代码有数据处理层（DAO）代码 Dbconn.java、Struts 2 框架支持与配置等。而上述每个功能模块的实现只要实现自己的控制器类、模型处理方法、视图层 JSP 页面程序就可以了。而这些程序代码控制器、JSP 页面代码的实现均与案例 2-5 相同。而模型层的实现，则需要根据不同的操作定义不同的处理方法并进行实现。

1. 实现思路

实现思路是分别编写程序实现对用户在数据库中的信息进行增加、修改、删除操作。这些操作分为不同的功能，由不同的功能代码完成。

在编写这些对数据库操作的代码中，前面案例的代码有些可以复用，例如以下几类代码。

（1）实体类 entity.Student.java。

（2）数据库连接工具 dbutil.Dbconn.java。

（3）Struts 2 驱动包支持与配置。

上述这些代码不需要重新编写，前面已经编写和配置好了，后面直接使用便可。关于这些代码的使用与案例 2-5 同。但是为了增加学生信息的数据库新增、修改、删除功能，则每个功能模块需要增加自己的 MVC 各层的代码。这些程序代码同案例 2-5 的程序结构，但实现的功能不同，如表 2-3 所示。

表 2-3 对学生信息进行操作对应的程序

功　能	模型层（M）	控制层（C）	视图层（V）
新增记录	模型类：InsertStudent.java 方法：insert(id, name,age,sex,score)	新增控制器 insertAction	（1）新增数据输入 JSP 页面 （2）新增成功 JSP 界面
修改记录	模型类：UpdateStudent.java 方法：update(id, name,age,sex,score)	（1）获取修改数据控制器 toUpdateAction （2）修改数据控制器 doUpdateAction	（1）数据修改 JSP 界面 （2）修改成功 JSP 界面
删除记录	模型类：DeleteStudent.java 方法：delete(id)	删除控制器 deleteAction	（1）删除 JSP 界面 （2）删除成功 JSP 界面
显示全部	模型类：ListStudent.java 方法：Student List Students()	获取列表数据控制器 listStudentsAction	显示数据列表 JSP 界面

2. 实现代码提示

根据表 2-3 创建程序，然后分别实现这些程序。

在对数据库中的记录进行增加、修改、查询时，分别需要用 insert、update、delete 等 SQL 语句对数据库进行操作。由于操作时需要动态地传递新增数据、修改数据、删除的记录，所以需使用 PreparedStatement 对象对数据库进行操作。具体代码参见案例 2-5 的 load(String id)方法中封装的 select 查询对数据库操作的代码。新增、修改、删除等操作代码的实现提示如下。

新增操作代码方法名为 insert(Integer id,String name,String sex,int age,String grade,Float score)，关键代码如下。

```
......
String sql="insert student values(?,?,?,?,?,?)";//定义新增 sql 语句
        ps=conn.prepareStatement(sql);
        ps.setInt(1, id);
        ps.setString(2, name);
        ......
        a=ps.executeUpdate();                              //执行 SQL 语句
......
```

修改操作代码方法名为 update(Integer id,String name,String sex,int age,String grade,Float score)，关键代码如下。

```
......
String sql="update student set name=?,sex=?,age=?,grade=?,score=? where id=?";
        ps=conn.prepareStatement(sql);
        ps.setInt(6, id);
        ps.setString(1, name);
        ps.setString(2,sex);
......
a=ps.executeUpdate();
......
```

删除操作方法 delete(Integer id)的关键代码如下。

```
......
        String sql="delete from student where id=?";       //定义删除 SQL 语句
        ps=conn.prepareStatement(sql);
        ps.setInt(1, id);
        a=ps.executeUpdate();                              //执行 SQL 语句
......
```

在上述对数据库进行增加、修改、删除操作的代码中，分别用到了 SQL 预处理对象 PreparedStatement 定义 SQL 语句，将方法中的参数传递到 SQL 语句中，并调用 executeUpdate()方法执行 SQL 语句实现对数据库的操作。这些对数据库进行操作的 SQL 语句及相关的代码被分别封装在模型层中，构成了所谓业务处理模型层。而将这些处理代码与控制器、JSP 界面代码结合起来，便可以完整地实现用户对数据库的新增、删除、修改的操作请求。

2.5　通过 MyEclipse 添加 Struts 2 包的支持

本章前面的案例介绍的是通过手工添加与配置 Struts 2 框架的支持。虽然这些操作简单，但 MyEclipse 8 以上版本提供了自动配置 Struts 2 框架支持的功能，给程序员带来了很大方便。

下面介绍在 MyEclipse 开发环境中是如何添加 Struts 2 框架支持的。首先新建一个 Java EE 项目，如图 2-13 所示。

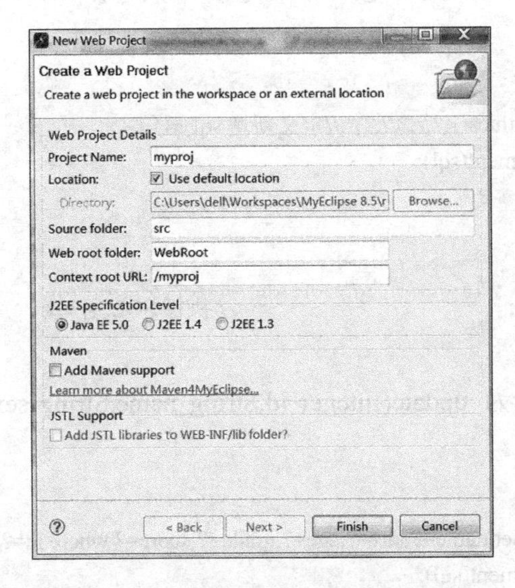

图 2-13　创建一个新的 Java EE 项目

在图 2-13 所示的界面中输入项目名（如：myproj），然后单击“Finish”按钮，则新建一个 Java EE 项目。用鼠标右键单击该项目名，出现快捷菜单，选择 MyEclipse→Add Struts Capabilities 菜单命令（如图 2-14 所示），则出现图 2-15 所示的界面。

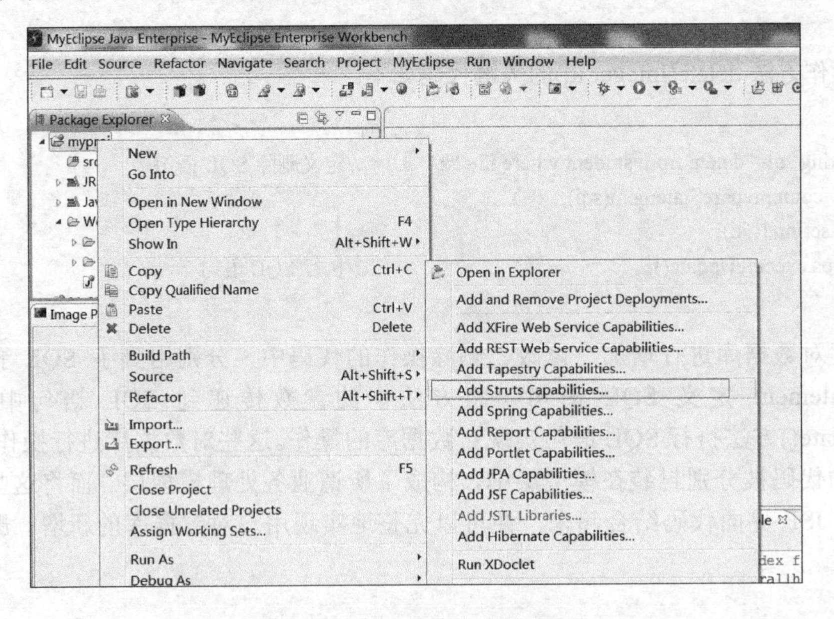

图 2-14　添加 Struts 2 支持操作

图 2-15 中显示了添加的 Struts 框架类型，选择 Struts 2.1，单击“Finish”按钮，就给 myproj 项目添加了 Struts 2 框架的支持，并自动完成配置。

如图 2-16 所示是通过上述步骤添加了 Struts 2 框架支持的项目结构，这里增加了一个 Struts 2 Core Libraries 系统包，并且创建了一个 struts.xml 文件并配置了 web.xml。自动配置的 web.xml

文件的内容如图 2-17 所示。

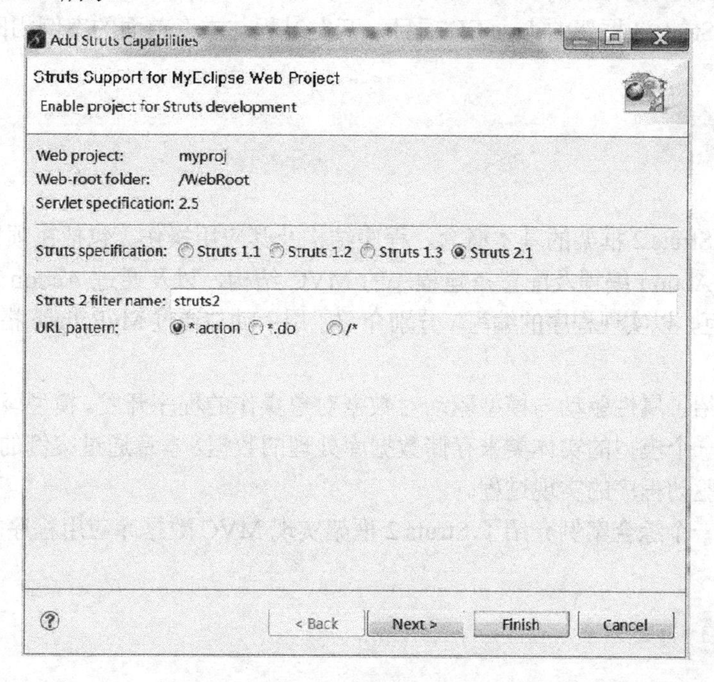

图 2-15 Struts 框架类型选择

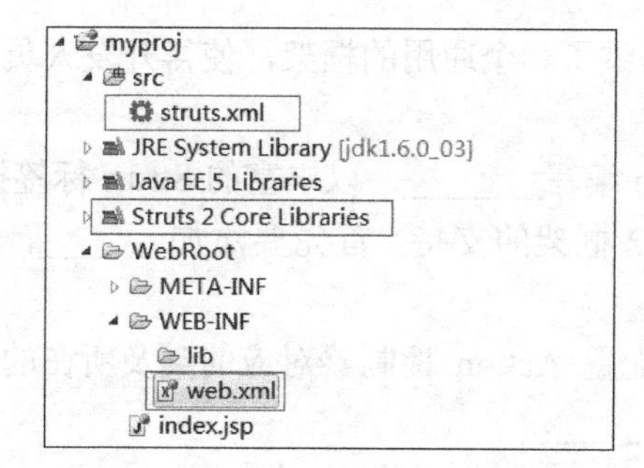

图 2-16 Struts 2 框架添加成功后的项目结构

```
web.xml
<?xml version="1.0" encoding="UTF-8"?>
<web-app version="2.5"
    xmlns="http://java.sun.com/xml/ns/javaee"
    xmlns:xsi="http://www.w3.org/2001/XMLSchema-instance"
    xsi:schemaLocation="http://java.sun.com/xml/ns/javaee
    http://java.sun.com/xml/ns/javaee/web-app_2_5.xsd">
  <welcome-file-list>
    <welcome-file>index.jsp</welcome-file>
  </welcome-file-list>
  <filter>
    <filter-name>struts2</filter-name>
    <filter-class>
        org.apache.struts2.dispatcher.ng.filter.StrutsPrepareAndExecuteFilter
    </filter-class>
  </filter>
  <filter-mapping>
    <filter-name>struts2</filter-name>
    <url-pattern>*.action</url-pattern>
  </filter-mapping></web-app>
```

图 2-17 自动对 web.xml 文件进行了 Struts 2 框架的配置

通过上述步骤完成了在 MyEclipse 开发工具中给项目配置了 Struts 2 的支持，然后在此配置下可开发基于 Struts 2 框架的 Java EE 项目，开发过程与本章前面的案例相同。

小　结

本章介绍了 Struts 2 框架的基本概念、程序结构及其应用操作。包括在项目中引入 Struts 2 框架，并通过其 Action 编程及配置搭建程序的 MVC 结构，以及通过 Action 属性值与 JSP 中表单进行数据交互，以实现程序的编写。分别介绍了用手动与通过 MyEclipse 搭建项目的 Struts 2 框架支持。

本章重点介绍了属性驱动与模型驱动对数据对象操作的程序开发。模型驱动与属性驱动的区别在于是否有一个模型的实体类来存储数据库处理的数据。本章通过案例的形式分别展示了属性驱动与模型驱动程序的实现过程。

最后，通过一个综合案例介绍了 Struts 2 框架实现 MVC 数据库应用程序的过程。

习　题

一、填空题

1．Struts 为 Web 应用提供了一个通用的框架，使得开发人员可以把精力集中在如何解决问题上。

2．Struts 2 框架以 Action 编写________，以丰富的 Struts 标签提供数据的各种显示。

3．在项目中添加 Struts 2 框架的支持，首先要添加________，然后对__________文件进行配置。

4．Struts.xml 文件需要配置 Action 控制器对应的类及所在的包及名称，并配置了其返回值，及 Action 返回值对应的__________。

二、简答题

1．简述 Struts 2 框架的作用及使用其进行程序开发的过程。

2．控制器在 MVC 程序结构中有什么作用？如何用 Struts 2 框架的 Action 开发控制器？

3．属性驱动与模型驱动各有什么特点？

4．如何基于 Struts 2 框架开发基于 MVC 的数据库 Web 应用程序？简要说明其开发步骤。

综合实训

实训 1　在 MyEclipse 集成开发环境下，创建一个 Web 项目并添加 Struts 2 框架的支持。然后编写一个 Action 类并进行配置，使它在浏览器中调用该 Action 的 URL，跳转到一个显示“欢迎您运行控制器！”的 JSP 页面。

实训 2 某仓库有一批货物，用货物清单表进行登记。该表登记的项目有编号、货物名称、产地、规格、单位、数量、价格。在 MySQL 数据库中登记这些货物信息，并通过 Struts 2 编写 MVC 模式的应用程序，查询并显示数据库中的货物信息。

实训 3 请在上题的数据库与 MVC 模式程序结构的基础上，添加对数据库信息进行新增、修改、删除的功能。

第3章 使用 Struts 2 框架提高开发效率

本章学习目标

- 了解 Struts 2 标签的作用及在程序中的使用步骤。
- 掌握表单标签与常见的表单元素 Struts 2 标签的使用方法。
- 掌握常用的 Struts 2 数据标签、控制标签的使用方法。
- 能通过 Struts 2 的 OGNL 访问数据对象。
- 能综合应用 Struts 2 框架标签、OGNL 语言提高软件开发效率。

前面案例已经介绍了利用 Struts 2 框架实现 MVC 应用程序，其中 V（视图）是传统的 JSP 页面，M（模型）是传统的 JavaBean，而 C（控制器）是 Struts 2 的 Action。

Struts 2 框架还提供了许多方便 MVC 模式编程的技术。例如，通过 OGNL 语言很容易使数据对象在 M、V、C 各层之间进行交互；通过 Struts 2 标签可以在视图层（V）上访问与展现数据；通过国际化很容易开发能适合多种国际语言的应用程序等。

下面重点介绍利用 Struts 2 标签、OGNL 对象图导航语言提高软件的开发效率。

3.1 Struts 2 标签的应用

Struts 2 是一个表现层的 MVC 框架，它的重点也是控制器和视图。控制器由 Action 类提供支持，而视图主要由 Struts 2 标签来提供支持。

所谓 Struts 2 标签就是 Struts 2 框架提供的一些页面功能组件，类似其他网页标签的使用，可以在网页上快速地实现某个功能，这样可以大量减少 Java 代码的编写。Struts 2 标签由 Struts 2 驱动包提供，即配置好 Struts 2 开发环境后就可以在 JSP 等页面上使用 Struts 2 标签了。

Struts 2 标签库提供了大量的标签，它们既能大大简化数据的输出显示，也能大大简化页面效果的编码，从而大幅度提高软件开发效率。

在 Struts 2 标签库之前已有 JSP 自定义标签、JSTL（JSP 标准标签库）、struts 1 标签库等，但 Struts 2 标签库提供的标签能简化应用的表现逻辑，具有明显的优点且编码简单。第 2 章已经在案例中使用了 Struts 2 标签显示数据，从中可知只要在 JSP 页面中加<%@taglib prefix="s" uri="/struts-tags"%>语句就可以直接使用 Struts 2 标签了。

Struts 2 标签非常丰富，几乎包括视图层所需要的各种功能的实现技术。Struts 2 标签主要有表单标签、表单元素标签、数据标签、控制标签以及其他非表单标签等。

Struts 2 标签的优点主要表现在以下几点。

- Struts 2 标签库的标签不依赖任何表现层技术。也就是说，其大部分标签可以在各种表现层技术中使用（包括 JSP）。
- Struts 2 把各种标签都定义在一个 s 标签库中，这些标签虽然非常庞大，但都定义在 URI 为“/struts-tags”的命名空间下，所以使用非常方便。

下面分别介绍上述 Struts 2 的标签及其应用。

3.1.1　表单标签 form

表单标签包括<s:form>标签和表单元素标签（表单元素标签见下节介绍）。

我们知道，网页中<form>表单可将用户界面数据的数据传递到服务器进行处理。其语法形式是<form>…</form>，且需通过 request 对象进行数据的传递（参见第 1 章案例 1-1 中的代码）。

从案例 1-1 的代码我们可以看出，通过<form>表单处理用户输入数据需要编写大量的处理代码，这样给程序员编码带来了许多麻烦。但是，在 Struts 2 框架下处理用户输入的数据时，可以通过 Struts 2 标签大大简化代码的编写。

如果要处理 Struts 2 封装在 Action 属性中的数据，只需要用 Struts 2 的表单标签<s:form></s:form>，就可以实现界面中的数据直接输入到服务器端的 Action 属性中（其实在第 2 章案例 2-5 中已经见过它们的使用）。

在 Struts 2 框架支持下，在视图层（V）的 JSP 网页程序中使用 Struts 2 标签，只需要在 JSP 网页中加上<%@taglib prefix="s" uri="/struts-tags"%>定义标签的语句，就可以使用 Strust 2 表单标签<s:form>，并可以将其和其他各种表单元素标签配合使用，完成各种视图层数据的展示。

Struts 2 表单元素标签包括<s:combobox>、<s:checkboxlist>和<s:radio>等。一般这些表单标签与 HTML 表单元素之间有一一对应关系，读者可以查阅相关文献进行了解。

3.1.2　表单元素标签

Struts 2 的表单元素标签在<s:form>中进行数据的处理与展示。这些标签有<s:combobox>、<s:checkboxlist>和<s:radio>等，它们分别以不同的形式对数据进行展示与处理。下面通过案例介绍表单标签<s:form>及表单元素标签<s:combobox>、<s:checkboxlist>和<s:radio>的应用。

【案例 3-1】分别用 Struts 2 表单标签<s:form>及表单元素标签<s:combobox>、<s:checkboxlist>和<s:radio>在 JSP 页面中显示数组中定义的数据。

本案例分为 3 个部分，即在 Struts 2 表单标签<s:form>中分别采用表单元素标签<s:combobox>、<s:checkboxlist>和<s:radio>，在 JSP 页面中以下拉组合框、复选框、单选框的形式显示定义在数组中的课程数据，以便用户进行选择操作。

1. 表单元素标签 combobox

Struts 2 表单元素标签<s:combobox>以组合框的形式对数据进行处理，即它将数组中的数据以组合框的形式在 JSP 页面中提供给用户选择，用户选择的数据项则通过另一个文本框显示出来，并存放在一个变量“subject”中。

例如，学生选择课程信息时，能供选的课程有 3 个：“Java 程序设计基础”、“JSP 程序设计”、“SSH 框架开发技术”，则这 3 个数据存放在一个数组中，通过下列语句实现下拉组合框。

```
<s:form>
<s:combobox label="请选择课程" theme="css_xhtml" labelposition="top"
      list="{'Java 程序设计基础', 'JSP 程序设计', 'SSH 框架开发技术'}"
      size="20" maxlength="20" name="subject"/>
</s:form>
```

上述语句是一个 Struts 2 表单标签<s:form> </s:form>，其中<s:combobox ... />语句是其表单元素标签，它们的运行效果就是图 3-1 所示的下拉组合框。在这个组合框中，有一个文本框和下拉框，下拉框中显示了供选择的数据，而选择的结果显示在文本框中。用户既可以进行编辑输入，也可以进行选择输入。所有这些功能均由<s:combobox>标签实现。

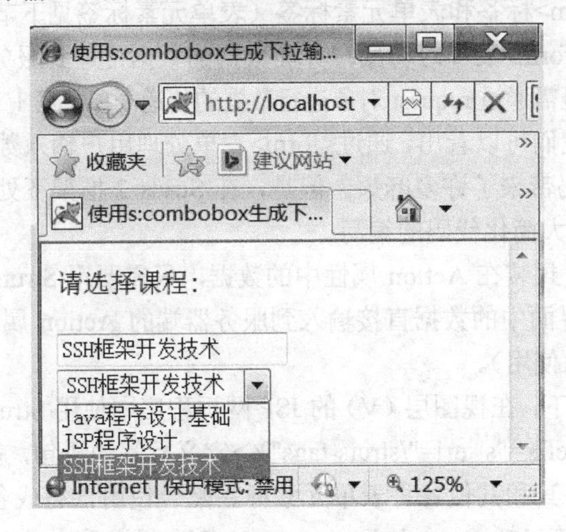

图 3-1　标签<s:combobox>的运行结果

在上述语句中，用 theme="css_xhtml"设置 Struts 2 的内置主题。Struts 2 的所有界面（UI）标签都是基于主题和模板的，而模板只是一个 UI 标签的外在表现形式。例如，我们使用<s:combobox…./>标签时，Struts 2 就会利用 combobox 模板来生成一个有模板特色的下拉组合框。如果为所有的 UI 标签都提供对应的模板，那么此系列的模板就会形成一个主题。

Struts 2 提供了 4 个主题，分别是 simple、xhtml、css_xhtml 和 ajax。

程序员还可以用其他的参数生成不同风格的下拉组合框。通过相应的参数设置，可以调整显示的格式，以便美化界面。

注意：该表单标签的 name 属性指定的变量将存放用户选择的值，它可以对应 Action 类中的属性。当该表单对应的 Action 对应的属性有值时，表单元素就会显示该属性值，且该值也是该表单元素的 value 的值，这样用 Struts 2 标签表单元素标签进行编程时，不但容易实现数据在 MVC 各层之间的传递，并且容易定制数据的显示形式。后面的表单元素同理，因此不再重复解释了。

首先，要在 JSP 页面中使用 Struts 2 标签，只要在 Java EE 项目添加 Struts 2 的支持便可（前面的案例已经介绍了项目获取 Struts 2 的支持与配置，这里不再赘述）。其次，在 JSP 页面上还需要添加如下标签前缀定义语句。

```
<%@taglib prefix="s" uri="/struts-tags"%>
```

上面的语句将 Struts 2 的标签前缀定义为“s”，就像 Java 中生成的一个对象名；uri="/struts-tags"表示标签库的路径。相当于 import 一个具体的类。一旦 JSP 页面中添加了该语句，后面所介绍的所有 Struts 2 标签都可以使用了，因此不再进行强调。

2. 表单元素标签 checkboxlist

Struts 2 表单元素标签<s:checkboxlist>标签以复选框的形式供用户输入数据。如下列代码将“Java 程序设计基础”、“JSP 程序设计”、“SSH 框架开发技术”3 门课程供学生选择，学生任意选择其中的课程（1 门或多门，也可以不选）时，可以使用 checkboxlist 表单元素标签。

如果用复选框供用户进行选择，其代码如下，该代码运行的结果如图 3-2 所示。

```
<s:form>
<s:checkboxlist label="请选择课程" theme="css_xhtml" labelposition="top"
      list="{'Java 程序设计基础', 'JSP 程序设计', 'SSH 框架开发技术'}"
       name="subjects"/>
</s:form>
```

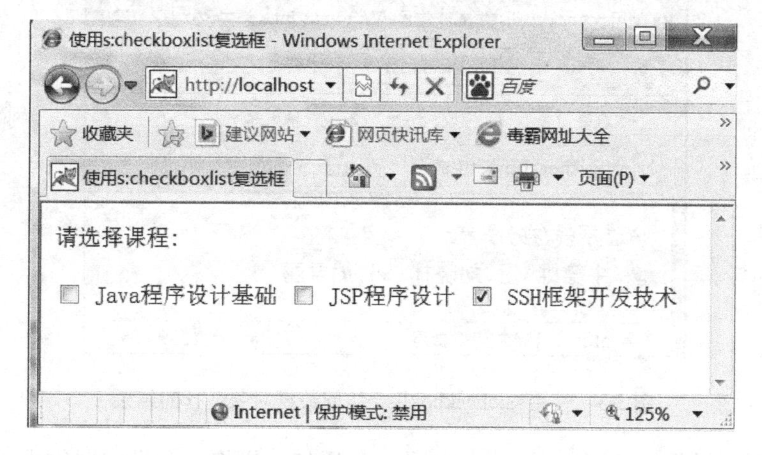

图 3-2　<s:checkboxlist>的运行结果

上述代码用 checkboxlist 表单元素标签获取的数据将存放在数组数据变量“subjects”中。<s:checkboxlist>标签其他部分的含义同<s:combobox>，此处不重复说明。

另外，也可以将一个类中定义的数据用 checkboxlist 标签显示出来供用户选择。例如，以下 Java 类代码创建了一个 Book 类型对象的数组（Book 类的定义略），它存放了 3 本教材及其作者。

```
public class BookService{
      public Book[] getBooks()      {
            return new Book[]
            {
```

```
                new Book("软件项目开发与管理","牛德雄"),
                new Book("JSP 程序开发技术","刘晓林"),
                new Book("基于 SSH 框架的软件开发","熊君丽")
            };
        }
}
```

下面希望通过 checkboxlist 标签显示这 3 个作者，以便供读者选择，效果如图 3-3 所示。在使用 checkboxlist 标签时，要访问该 Java 类获得需要显示的数据，然后再通过<s:bean>数据标签定义数据对象，再通过如 list="#bs.books"访问数据对象数组，并通过 listKey="name", listValue="author"的定义指定 Map 类型的<键、值>对，通过 listValue="author"指定应显示的数据，代码实现如下。

```
<s:form>
<s:bean name="beans.BookService" id="bs"/>
<s:checkboxlist name="b" label="请选择教材的作者" labelposition="top"
     list="#bs.books"
     listKey="name"
     listValue="author"/>
</s:form>
```

上述代码运行的结果如图 3-3 所示。

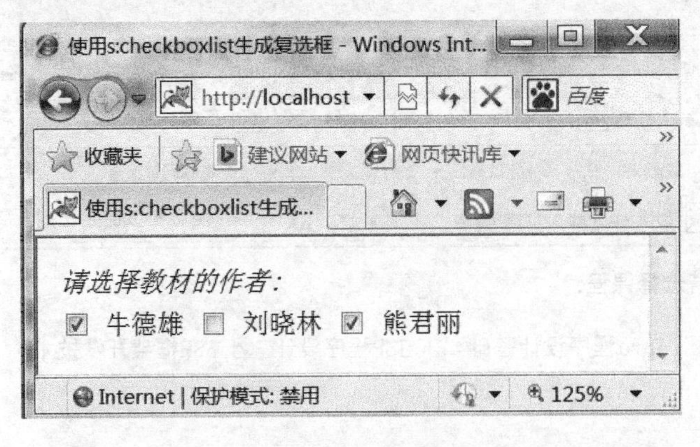

图 3-3　使用<s:checkboxlist>访问数据对象运行的结果

本案例中用到了数据标签<s:bean>，它同 new 语句一样将一个类实例化成一个对象，对象名就是 id="bs"中指定的“bs”，然后可以通过#bs 来访问该对象。关于<s:bean>数据标签以及通过“#”访问数据对象，本书后面将会介绍。

3. 表单元素标签 radio

Struts 2 表单元素标签<s:radio>标签以单选框的形式提供用户的数据输入。如下列代码将提供“Java 程序设计基础”、“JSP 程序设计”、“SSH 框架开发技术”3 门课程供学生选择，学生只能任意选择其中的一门课程，这时候就可以使用 radio 表单元素标签。

如果用单选框供用户进行选择，其代码如下，该代码运行的结果如图 3-4 所示。

```
<s:form>
<s:radio label="请选择课程" theme="css_xhtml" labelposition="top"
     list="{'Java 程序设计基础','JSP 程序设计','SSH 框架开发技术'}"
```

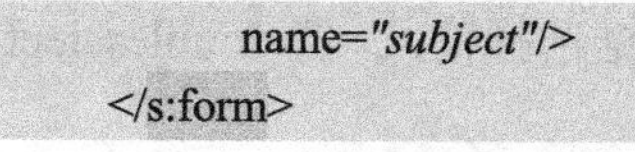

```
        name="subject"/>
</s:form>
```

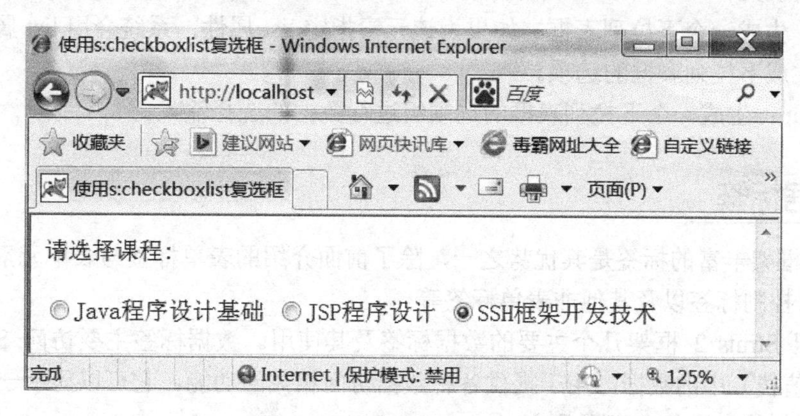

图 3-4 <s:radio>标签运行结果

上述代码用 radio 表单元素标签获取的数据将存放在数据变量“subject”中。<s:radio>标签其他部分的含义同<s:checkboxlist>，此处不重复说明。

另外，与 checkboxlist 标签一样，也可以将一个类中定义的数据用 radio 标签显示出来供用户选择。与 checkboxlist 例子中的 Book 类及 BookService 类中存放的 3 本教材及其作者数据类似，可按如下方式使用 radio 标签对类中的数据进行访问。

```
<s:form>
<s:bean name="beans.BookService" id="bs"/>
<s:radio name="b" label="请选择教材的作者" labelposition="top"
    list="#bs.books"
    listKey="name"
    listValue="author"/>
</s:form>
```

上述代码运行的结果如图 3-5 所示。

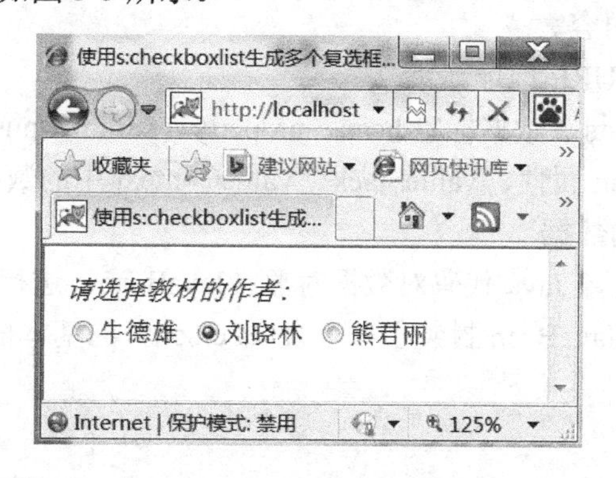

图 3-5 使用<s:radio>访问数据对象运行的结果

上述代码中，radio 标签语句中其他部分与 checkboxlist 标签含义相同，这里不再重复介绍。

类似的表单标签还有<s:select>列表选择标签等，这里不再一一介绍，有需要的读者请参考其他教材。下面罗列出这些表单元素标签。

- datetimepicker：生成一个日期、时间下拉框进行日期数据的选择。

- doubleselect: 生成一个级联列表框（两个下拉列表框）进行数据选择输入。但 doubleselect 一定要设置<s:form>的 action 属性。
- select：生成一个下拉列表框，如果为该元素指定 list 属性，系统会用 list 属性指定的集合来生成下拉列表框的选项。
- optgroup：生成一个下拉列表框的选项组进行数据的选择输入。

3.1.3 数据标签

Struts 2 框架丰富的标签是其优势之一，除了前面介绍的表单标签与表单元素标签外，还有数据标签、控制标签以及其他非表单标签等。

本节介绍 Struts 2 框架几个主要的数据标签及其使用。数据标签主要访问 Struts 2 框架 ValueStack（值栈）中的数据，用于提供各种数据访问相关的功能，它可以显示一个 Action 中的属性。数据标签主要包含下面几个。

- bean：用于创建一个 JavaBean 实例，如果指定 id 属性，则可以将创建的 JavaBean 实例投入到 Stack Context 中。
- property: property 标签用于获取数据对象中的值可以输出，包括 ValueStack StackContext Stack Action 中的数据值。
- push：用于将某个值放入 ValueStack 的栈顶。
- set：用于设置一个新的变量，并可以将变量放入指定的范围内。
- param：用于设置一个参数，通常用作 bean 标签和 url 标签的子标签。

另外，还有如下几个常用的 Struts 2 数据标签。

- action：用于在 JSP 页面直接调用一个 Action，如果指定 executeResult 参数，还可以将 Action 的处理结果包含到本页面中来。
- date：用于格式化输出日期数据。其可选属性 nice 可以指示是否要输出到当前时间之间的天数。
- debug：用于在页面生成一个调试链接，当单击该链接时，可以看到 ValueStack 和 StackContext 中的内容。
- url：用于生成一个 URL 地址。

【案例 3-2】 通过 Struts 2 数据标签 bean、property、param、push、set 分别处理与显示数据对象（JavaBean）、Action 属性、ValueStack、ValueContext 中的数据。

1. 操作数据对象中的数据

使用 bean 标签可以代替 Java 代码对数据对象（JavaBean）进行操作，包括进行实例化及数据的存取。例如，如下 JavaBean 封装了一个人（Person）的基本信息。

```
package beans;
public class People
{
    private String name;
    private int age;
    //以下为 setter/getter 方法（略）
    ……
}
```

在 JSP 页面中可以通过 bean 标签直接对其实例化生成数据对象（不需要用 Java 的 new 语句），并进行操作，具体代码如下。

```
<body>
<s:bean name="beans.People" id="p">
    <s:param name="name" value="'张国强'"/>
    <s:param name="age" value="22"/>
</s:bean>
<s:property value="#p.name"/><br>
<s:property value="#p.age"/>
</body>
```

上述代码的运行结果如图 3-6 所示。

图 3-6　bean 标签代码运行结果

在上述代码中，使用<s:bean>数据标签通过 Person 类实例化一个数据对象 p，然后通过<s:param>标签对 p 中的两个属性赋值。最后通过<s:property>标签显示 p 对象中的这两个属性值。

在上面的代码中，<s:bean>标签通过 id="p"指定生成的对象名为“p”，然后通过<s:property>属性标签访问并显示 p 中的属性值。这里，“#p”中的“#”是 Struts 2 框架的 OGNL（对象图导航语言，后面介绍），它是在一般数据对象前加的前缀，其目的是区别一般的数据对象属性访问与 Action 属性访问。即在一般数据对象前需加“#”前缀，而对 Action 属性的访问则不需要，而是直接用属性名进行访问。

对于上述数据对象，可以通过 push 和 set 标签进行操作。例如，上述代码通过 bean 标签生成了一个数据对象，可以通过 push 标签将该对象压入值栈 ValueStack 的栈顶，然后就可以不带“#”访问该值栈中的数据，参见如下代码。

```
<body>
<s:bean name="beans.People" id="p">
    <s:param name="name" value="'张国强'"/>
    <s:param name="age" value="22"/>
</s:bean>
<s:push value="#p">
    <s:property value="name"/><br>
    <s:property value="age"/><br>
```

```
</s:push>
</body>
```

上述代码的运行效果与图 3-6 类似，但是其区别是<s:property value="name"/>访问栈顶对象的属性代码中没有“#”指引的对象，而是直接访问属性“name”。

2. 操作 StackContext 中的数据

ValueStack 由 OGNL 框架实现，可以把它简单地看作一个栈（stack）。而 Stack Context（Stack 的上下文，保存方式是 MAP 类型），它包含一系列对象，包括 request、session、attr、application、map 等。ValueStack 中保存的值可以直接取用，而 StackContext 中的需要在前面加“#”。例如，有如下代码：

```
<body>
1.创建一个数据对象 p 并给其属性赋值<br>
<s:bean name="beans.People" id="p">
    <s:param name="name" value="'张国强'"/>
    <s:param name="age" value="23"/>
</s:bean>
2.用 set 标签在 StackContext 中在默认（request）范围内创建对象 q1，将 p 值存放到 q1 中，并进行显示。<br>
<s:set value="#p" name="q1"/>
<s:property value="#q1.name"/><br>
<s:property value="#q1.age"/><br>
3.用 set 标签在 Stack Context 中将对象 p 值存放到 application 范围内 q2 中，并进行显示。<br>
<s:set value="#p" name="q2" scope="application"/>
<s:property value="#attr.q2.name"/><br>
<s:property value="#attr.q2.age"/><br>
4.用 set 标签在 Stack Context 中将对象 p 值放入 session 范围内 q3 中，并用 EL 进行显示。<br>
<s:set value="#p" name="q3" scope="session"/>
${sessionScope.q3.name}<br>
${sessionScope.q3.age}<br>
</body>
```

上述代码运行结果如图 3-7 所示。

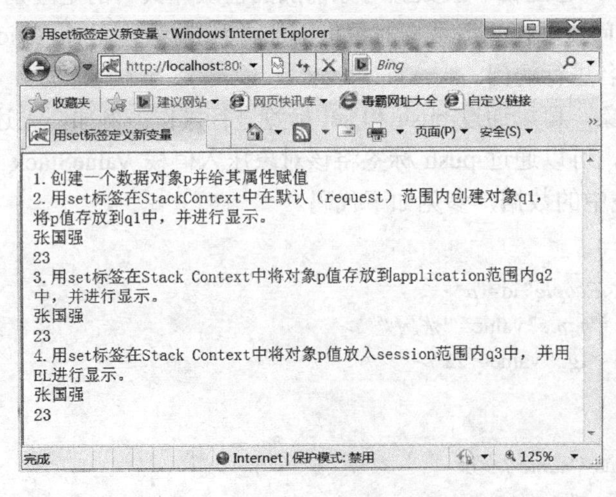

图 3-7 set 标签代码运行结果

上面的代码首先根据 bean 创建一个数据对象 p 并对其属性进行赋值，然后分别用 set 标签创建 q1、q2、q3 三个对象，其范围分别为 StackContext 中的 request、application、session，然后通过<s:property>标签或 EL 表达式显示这些数据对象中的数据，如图 3-7 所示。注意，显示 q1、q2、q3 对象中的数据需要在前面加“#”。

Struts 2 数据标签还有 action、date、debug、url 等。action 标签用于在 JSP 页面直接调用一个 Action；date 标签用于格式化输出一个日期数据；debug 标签用于在页面生成一个调试链接，用于查看 ValueStack 和 StackContext 中的内容；url 标签用于生成一个 URL 地址。这些标签的使用比较简单，具体可参看其他文献。

3.1.4　控制标签

在交互式页面中，常常有如采用选择、循环等实现交互功能，这些功能如果采用 Java 代码进行编写会显得烦琐与臃肿。有一些控制标签就是为了完成这些任务而开发的。同样，Struts 2 也有类似的控制标签，如 if、elseif、iterator 等。由于迭代操作往往是对某个集合的迭代，所以还有一些对集合进行操作的控制标签，如 append 标签用于将多个集合拼接成一个集合；generator 标签用于将一个字符串拼接成一个集合，然后可对这个集合进行操作。

Struts 2 控制标签主要有以下几个。

- if：用于控制选择输出的标签。
- elseif：与 if 标签结合使用，用于控制选择输出的标签。
- else：与 if 标签结合使用，用于控制选择输出的标签。
- iterator：是一个迭代器，用于迭代输出一个集合的元素。
- append：用于将多个集合拼接成一个集合。
- generator：用于将一个字符串解析成一个集合。
- merge：用于将多个集合拼接成一个集合（但与 append 的使用方式不同）。
- sort：用于对集合元素进行排序。
- subset：截取集合的某些元素形成一个新的子集。

【案例 3-3】 通过控制标签按要求采用列表的方式在界面上显示某个集合的元素。

1. 用循环标签 iterator 列表显示某集合元素

如果需要在页面中实现循环功能，则可以使用 iterator 标签。如有一个集合需要在页面上列表显示其中的元素，这时就需要循环。如果用 Java 代码实现则比较烦琐，如果用 iterator 迭代标签，则代码显得简洁且开发效率高。

以下代码就是通过 iterator 标签迭代显示某集合中的元素，其运行结果如图 3-8 所示。

```
<body>
<table border="1" width="200">
<s:iterator value="{'软件项目开发与管理','JSP 程序设计','SSH 框架开发技术'}" id="name">
    <tr>
        <td><s:property value="name"/></td>
    </tr>
</s:iterator>
</table>
</body>
```

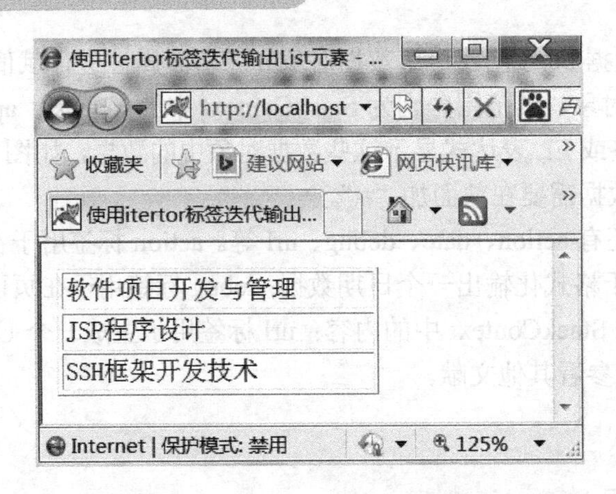

图 3-8　iterator 标签运行结果

图 3-8 使用 Struts 2 迭代控制标签 iterator 循环显示了某个集合中的元素，实现的代码非常简洁。

2. 将集合元素按奇偶行的背景色不同进行列表显示

在以下代码中，有两个 Map 类型的集合，现在要将它们拼接成一个集合并进行列表显示。显示时如果是奇数行则背景色为深色，如果是偶数行则背景色为浅色，如图 3-9 所示。

这里用 append 标签将两个集合拼接起来，拼接后的集合存放在 classList 变量中。然后通过 iterator 标签对该集合的元素进行遍历与显示。在遍历时将每个元素状态定义为“st”，如果该元素为奇数（test="#st.odd"），则该行的背景色为深色，这时需要用 if 标签进行判断，再通过 property 标签分别显示该 Map 的“键(key)”与“值(value)”的数据。

```
<body>
<s:append id="classList">
    <s:param value="#{'软件项目开发与管理':'牛德雄','JSP 程序设计':'刘晓林'}" />
    <s:param value="#{'SSH 框架开发技术':'熊君丽'}" />
</s:append>
<table border="1" width="240">
<s:iterator value="#classList" status="st">
    <tr <s:if test="#st.odd">style="background-color:#bbbbbb"</s:if>>
        <td><s:property value="key"/></td>
        <td><s:property value="value"/></td>
    </tr>
</s:iterator>
</table>
</body>
```

上述代码中使用了如下控制标签。

- append 标签拼接集合元素。
- if 标签进行条件判断。
- iterator 标签进行循环控制。

上述代码应用了部分控制标签进行动态页面编码，简化了编码工作量，其运行效果如图 3-9 所示。

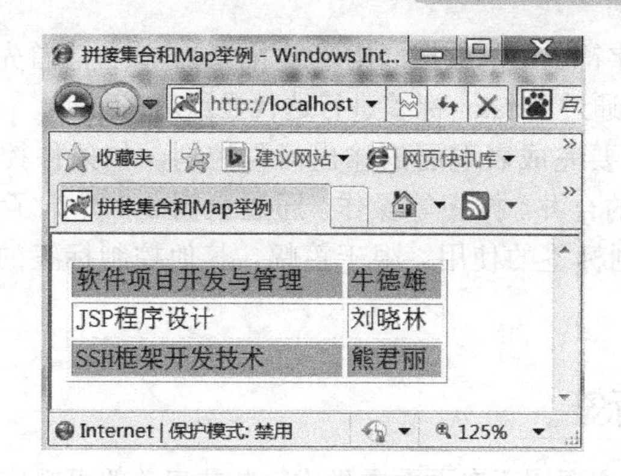

图 3-9 代码运行结果

上面代码中使用了条件标签、循环（迭代）标签等标签实现了列表显示集合元素，代码简洁、开发工作量小。如果用 Java 代码实现这些功能，则代码重复，开发工作量大，并且难以分工与维护。Struts 2 的控制标签在交互界面编码方面为开发者提供了许多便利。

3. 通过字符串生成集合并列表显示

也可以使用 generator 将一个字符串生成一个集合。如在下面的代码中，将字符串“'软件项目开发与管理,JSP 程序设计,SSH 框架开发技术'”分隔符设置为“,”，生成一个集合并列表显示其中的元素。

```
<body>
<table border="1" width="240">
<s:generator val="'软件项目开发与管理,JSP 程序设计,SSH 框架开发技术'" separator=",">
<s:iterator status="st">
    <tr <s:if test="#st.odd">style="background-color:#bbbbbb"</s:if>>
        <td><s:property/></td>
    </tr>
</s:iterator>
</s:generator>
</table>
</body>
```

上述代码运行结果如图 3-10 所示。

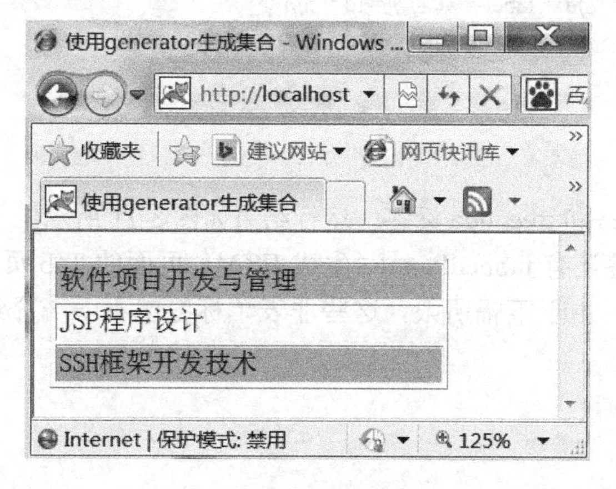

图 3-10 代码运行结果

图 3-10 显示了一个字符串中的数据（用“,”隔开）。该程序首先通过 generator 标签由该字符串生成一个集合，再通过 iterator 标签进行迭代显示。

Struts 2 控制标签主要完成表现层的输出流程控制，如条件控制、循环控制等操作，同时也可以完成对集合的合并、排序等操作。通过案例 3-3 介绍了 Struts 2 的 if、iterator、append、generator 等控制标签的使用。限于篇幅，其他控制标签的介绍略，读者可以参考其他文献。

3.1.5 其他非表单标签

还有一些非表单标签主要用于在页面中生成一些非表单的可视化的元素，例如 Tab 页面、树形结构等，主要包括以下几个。

- tabbedPanel：生成 HTML 页面的 Tab 页。
- tree：生成一个树形结构。
- treenode：生成树形结构的节点。
- a：生成一个超级链接。
- actionmessage：如果 Action 实例的 getActionMessage()方法不为 null，则该标签负责输出该方法的返回信息。

下列的代码是非表单标签 tree 的使用，它以“树”形结构显示作者及其作品，以供读者选择。

```
<body>
<h3>使用 s:tree 和 s:treenode 标签生成静态树</h3>
<s:tree label="选择课程教材" id="kcjc" theme="ajax"
     showRootGrid="true" showGrid="true" treeSelectedTopic="treeSelected">
    <s:treenode theme="ajax" label="刘晓林" id="lz">
        <s:treenode theme="ajax" label="JSP 程序开发" id="jsp"/>
        <s:treenode theme="ajax" label="J2EE 软件开发" id="j2ee"/>
        <s:treenode theme="ajax" label="J2ME 软件开发" id="j2me"/>
    </s:treenode>
    <s:treenode theme="ajax" label="牛德雄" id="myh">
        <s:treenode theme="ajax" label="软件项目开发与管理" id="rjgc"/>
    </s:treenode>
    <s:treenode theme="ajax" label="熊君丽" id="zqh">
        <s:treenode theme="ajax" label="SSH 框架软件开发技术" id="wljs"/>
    </s:treenode>
</s:tree>
</body>
```

上述代码使用了 tree 和 treenode 标签，运行结果如图 3-11 所示。

Struts 2 非表单标签还有 tabbedPanel（生成 HTML 页面的 Tab 页）、a（生成一个超级链接）、actionmessage 等，由于篇幅所限，这些非表单标签就不一一介绍了，请读者参阅其他相关文献。

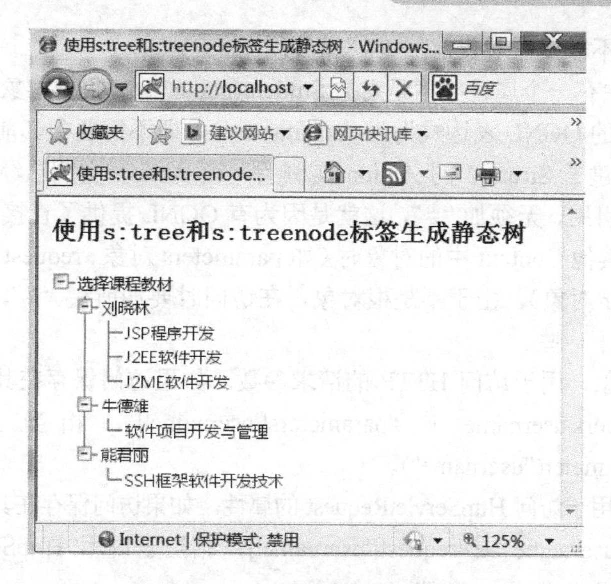

图 3-11　tree 标签的运行结果

3.2　通过 Struts 2 的 OGNL 访问数据对象

在 Struts 2 框架中，StackContext 里存放了 Struts 2 所有上下文的信息，这些信息提供给程序员，以进行操作实现数据的交互功能。这些信息往往以数据对象的形式存放。

OGNL（Object Graphic Navigation Language，对象图导航语言）是一种功能强大的表达式语言，通过它可以用简单的表达式访问数据对象中的属性值。这些数据对象可以是一般普通的数据对象，也可以是 Action 中的属性。

OGNL 是 Struts 2 框架默认的表达式语言（例如，在前面的 Struts 2 框架的 2.0.6 版本中，它是由 ognl-2.6.11.jar 包提供的支持）。通过 OGNL 增强了 Struts 2 的数据访问能力，大大简化了代码的编写，从而能大大提高程序开发效率。

3.2.1　OGNL 概述

在用 Struts 2 框架进行 MVC 模式的软件开发时，常常需要处理数据对象，例如可以操作一个普通的实体类实例化的数据对象，也可以操作 Action 属性的值。如果用 Java 代码实现对这些数据的操作会很烦琐，OGNL 提供了一套简便的表达式访问这些数据对象，从而能大大提高软件的开发效率。

前面的 Struts 2 案例已经讲过，如果要访问数据对象，可以在该数据对象前加前缀“#”，这就是 OGNL 的应用。另外，Struts 2 还在原有的 OGNL 基础上增加了对 ValueStack（值栈）对象的支持。

在传统的 OGNL 表达式求值中，系统会假设只有一个“根”对象，但 Struts 2 的 Stack Context 需要多个“根”对象，其中 ValueStack 只是多个“根”对象的其中之一。在 Struts 2 中，ValueStack 值栈是建立在 OGNL 基础之上的。系统的 ValueStack 是 OGNL 表达式的第一个根对象，如果最近有 Action 存在，则 Action 的上下文（ActionContext）是第二个根对象。OGNL 对这些对象中的数据操作时，不需要在对象前加“#”前缀。

例如，在 Action 中有一个属性类型是对象 Student(name,age)，数据对象变量名是“student”，那么访问属性 sname 的 OGNL 表达式为：student.sname，即不需要在其前面加“#”前缀。

其实，当系统创建了 Struts 2 的 Action 实例后，该 Action 实例已经被保存到 ValueStack 中，所以用户可直接引用，无须加“#”，这就是因为有 OGNL 提供了直接访问 ValueStack 中数据对象的支持。访问其他 Context 中的对象时（如 parameters 对象、request 对象、session 对象、application 对象和 attr 对象），由于不是根对象，在访问时要加前缀“#”。

这些对象包括以下一些。

- parameters 对象，用于访问 HTTP 的请求参数。如果访问保存在其中的参数 username，则用#parameters.username 或#parameters['username']，相当于调用 Servlet 的 request.getParameter("username")。
- request 对象，用于访问 HttpServletRequest 的属性。如果访问保存在其中的参数 username，则用#request.username 或#request['username']，相当于调用 HttpServletRequest 的属性 request.getAttribute("username")。
- session 对象，用于访问 HttpSession。如果访问保存在其中的参数 username，则用#session.username 或#session['username']，相当于调用 session.getAttribute("username")。
- application 对象，用于访问 ServletContext。如果访问保存在其中的参数 username，则用#application.username 或#application['username']，相当于调用 Servlet 的 getAttribute("username")。
- attr 对象，用于按 page→request→session→application 的顺序访问其属性，例如#attr.username。

注意：Action 实例中的属性都需要创建 setter/getter 方法，以利于 OGNL 访问。如果该属性是对象类型，也同样需要添加 setter/getter 方法。

3.2.2 用 OGNL 操作数据对象

其实，在本书第 2 章的案例 2-1 代码中已经出现了 ActionContext（Action 上下文对象）的使用，即通过该对象存取一些与 Action 相关的信息。其实，这些信息的处理包括 Request、Session、Application、Locale、ValueStack 等，其中 ValueStack 可以解析 OGNL 表达式，从而动态获取一些值，同时可以给表达式提供数据对象。

其实，ActionContext 是被存放在当前线程中的，在执行拦截器、action 和 result 的过程中，由于它们都是在一个线程中按照顺序执行的，所以可以在任意时候获取并操作 ActionContext 中的数据。

OGNL 既能方便地访问存放在 ValueStack 根对象中 Action 属性的数据，也能方便地访问一般普通数据对象中的数据。下面通过案例演示介绍 OGNL 表达式如何操作这些数据对象中的数据。

【案例 3-4】 用 OGNL 表达式分别访问一般数据对象和 Action 属性中的数据。

本案例从不同的角度提供对数据对象的访问，包括数据标签、EL 表达式、OGNL 等。

首先，创建一个封装了如下数据的实体类 beans/Student.java，其部分代码如下：

```
public class Student {
        private int sid=1;
```

```
        private String sname="张国强";
        private String ssex="男";
        private String sgrade="13 软件 1 班";
        private int sage=21;
        private float sscore=89;
        //setter/getter 方法，省略
}
```

该类封装了表 3-1 所示的一个学生数据（下面简称“1 号学生”）。

表 3-1 1 号学生数据

学 号	姓 名	性 别	班 级	年 龄	分 数
1	张国强	男	13 软件 1 班	21	89

当该类创建了一个对象时，则该对象就默认含有 1 号学生的信息。

其次，定义一个 Action 控制器 control/ShowStudentAction.java，该 Action 的属性也是学生的信息，并且也赋了初值。该 Action 的部分代码如下。

```
public class ShowStudentAction implements Action{
    private int id=2;
      //1. 封装一个学生的信息
    private String name="李国清";
      private String sex="女";
      private String grade="13 软件 2 班";
      private int age=20;
      private float score=86;
      //setter/getter 方法，省略
      //2. 定义一个对象类型的属性
        Student student =new Student();

        public Student getStudent() {
                return student;
        }
        public void setStudent(Student student) {
                this.student = student;
        }
      //3. 编写 Action 的 execute()方法，其作用只有两个，一是在 ActionContext 中定义一个变量并
      赋值，二是直接跳转到 struts.xml 中定义的“success”指定的页面
      public String execute() throws Exception
        {
        ActionContext.getContext().getSession().put("user","黄国强");
        return "success";
        }
}
```

该 Action 控制器包括 3 个部分，首先通过属性驱动封装了表 3-2 所示学生的数据（下面简称“2 号学生”）。

表 3-2　2 号学生数据

学　　号	姓　　名	性　　别	班　　级	年　　龄	分　　数
2	李国清	女	13 软件 2 班	20	86

再次，定义一个 Student 类类型的属性及其 setter/getter 方法（注意，该类被实例化后初始化的数据为 1 号学生）。

最后，重写 Action 的 execute()方法，其内容有以下两个。

（1）在 ActionContext 中定义一个变量并赋值（后面介绍其作用）。

（2）直接跳转到 struts.xml 中定义的“success”指定的 JSP 页面(studentinfo.jsp)。

```
<?xml version="1.0" encoding="GBK"?>
<!DOCTYPE struts PUBLIC
        "-//Apache Software Foundation//DTD Struts Configuration 2.0//EN"
        "http://struts.apache.org/dtds/struts-2.0.dtd">
<struts>
    <package name="control" extends="struts-default">
        <action name="ShowStudent" class="control.ShowStudentAction">
            <result name="error">/index.jsp</result>
            <result name="success">/studentinfo.jsp</result>
        </action>
    </package>
</struts>
```

下面通过对这些数据对象的访问展示 OGNL 的功能。这些操作编码均在 JSP 文件（studentinfo.jsp）中。

1. 用数据标签访问数据对象

通过数据标签 bean、property 实例化并显示数据对象中的 1 号学生的信息，其代码如下。

```
显示数据对象中的学生信息：<br>
    <s:bean name ="beans.Student" id ="p">
    </s:bean>
        学号:<s:property value="#p.sid"/><br>
        姓名:<s:property value="#p.sname"/><br>
        性别:<s:property value="#p.ssex"/><br>
        年龄:<s:property value="#p.sage"/><br>
        班级:<s:property value='#p.sgrade'/><br>
        成绩:<s:property value="#p.sscore"/><br>
  <br>
```

上述代码显示的结果如图 3-12 所示，这里先通过 Student 类实例化一个对象“p”，然后通过“#p”访问其中的属性（1 号学生信息）。

```
显示数据对象中的学生信息：
学号:1
姓名:张国强
性别:男
年龄:21
班级:13软件1班
成绩:89.0
```

图 3-12　显示 Student 类中 1 号学生信息

该操作说明通过 OGNL 访问的不是 Struts 2 的 Stack Context 的根对象（如 ValueStack 对象与 ActionContext 对象），而是其他 Context 中的对象，这时需要在对象名前加“#”加以区别（如访问姓名时用"#p.sname"）。

如果数据对象在不同的范围访问，则可以通过指定数据对象的范围进行。如下指定数据对象访问范围代码，其运行的结果也与图 3-12 所示类似。

```
通过指定数据对象所在的范围(attr)查找：    <br>
        学号:<s:property value="#attr.p.sid"/><br>
        姓名:<s:property value="#attr.p.sname"/><br>
        性别:<s:property value="#attr.p.ssex"/><br>
        年龄:<s:property value="#attr.p.sage"/><br>
        班级:<s:property value='#attr.p.sgrade'/><br>
        成绩:<s:property value="#attr.p.sscore"/><br>
    <br>
```

该代码的运行结果如图 3-13 所示。

```
通过指定数据对象所在的范围(attr)查找:
学号:1
姓名:张国强
性别:男
年龄:21
班级:13软件1班
成绩:89.0
```

图 3-13　显示 Student 类中 1 号学生信息

数据对象的访问范围有 request 对象、session 对象、 application 对象和 attr 对象等。如果指定的是 attr 对象，则按 page→request→session→application 的顺序访问其属性。

2. 访问 Action 属性中的数据

直接通过 property 标签访问 Action 中的属性数据，其代码如下。

```
显示 Action 属性中的学生信息：<br>
    学号:<s:property value="id"/><br>
    姓名:<s:property value="name"/><br>
    性别:<s:property value="sex"/><br>
    年龄:<s:property value="age"/><br>
    班级:<s:property value='grade'/><br>
    成绩:<s:property value="score"/><br>
```

该代码运行的结果如图 3-14 所示。

```
显示Action属性中的学生信息:
学号:2
姓名:李国清
性别:女
年龄:20
班级:13软件2班
成绩:86.0
```

图 3-14　显示 Action 中 2 号学生信息

上述代码直接通过数据标签访问并显示 Action 属性中的数据，由于 Action 数据在 ActionContext 对象中，OGNL 可直接访问，不需要加“#”。

例如，该 Action 有一个 Student 类类型的属性 student，通过它能访问 Student 类中的数据，代码如下。

```
通过 Action 属性对象显示数据对象中的学生信息：    <br>
        学号:<s:property value="student.sid"/><br>
        姓名:<s:property value="student.sname"/><br>
        性别:<s:property value="student.ssex"/><br>
        年龄:<s:property value="student.sage"/><br>
        班级:<s:property value='student.sgrade'/><br>
        成绩:<s:property value="student.sscore"/><br>
```

上述代码运行的结果如图 3-15 所示。

```
通过Action属性对象显示数据对象中的学生信息:
学号:1
姓名:张国强
性别:男
年龄:21
班级:13软件1班
成绩:89.0
```

图 3-15　显示 Student 类中 1 号学生信息

该代码运行的结果是通过 Action 属性直接访问，所以不需要在 student 对象前加“#”。

3. 用 EL 表达式访问数据对象

可以通过 EL 表达式直接访问数据对象、Action 属性等数据，代码如下。

```
通过 EL 表达式显示 Action 中的属性数据：<br>
    ${id}<br>
    ${name}<br>
    ${sex}<br>
    ${age}<br>
    ${grade}<br>
    ${score}<br>
  <br>
通过 EL 表达式显示 Action 中的对象数据：<br>
    ${student.sid}<br>
    ${student.sname}<br>
    ${student.ssex}<br>
    ${student.sage}<br>
    ${student.sgrade}<br>
    ${student.sscore}<br>
  <br>
通过 EL 表达式显示对象 p 中的数据：<br>
    ${p.sid}<br>
    ${p.sname}<br>
    ${p.ssex}<br>
    ${p.sage}<br>
```

```
        ${p.sgrade}<br>
        ${p.sscore}<br>
        <br>
```

上述代码包括 3 个部分，分别用 EL 表达式直接访问 Action 属性和数据对象 p 中的数据。第一部分通过 EL 表达式直接访问 Action 的属性数据；第二部分通过 EL 表达式访问 Action 的对象属性；第三部分通过 EL 表达式显示对象 p 中的数据（对象 p 已在上面第 1 步中通过 bean 标签创建）。由上述代码可见，对数据对象的访问均不需要加“#”。

4. 给数据对象赋值

下面通过 bean 标签创建数据对象并赋新值，具体值如表 3-3 所示，下面简称“3 号学生”。

表 3-3　3 号学生数据

学　号	姓　名	性　别	班　级	年　龄	分　数
3	张国红	女	13 软件 3 班	19	95

操作代码如下。

```
修改数据对象中的数据：<br>
    <s:bean name ="beans.Student" id ="q">
        <s:param name ="sid" value="3"/>
        <s:param name ="sname" value="'张国红'"/>
        <s:param name ="ssex" value="'女'"/>
        <s:param name ="sage" value="19"/>
        <s:param name ="sscore" value="95"/>
        <s:param name ="sgrade" value="'13 软件 3 班'"/>
    </s:bean>
        学号:<s:property value="#q.sid"/><br>
        姓名:<s:property value="#q.sname"/><br>
        性别:<s:property value="#q.ssex"/><br>
        年龄:<s:property value="#q.sage"/><br>
        班级:<s:property value='#q.sgrade'/><br>
        成绩:<s:property value="#q.sscore"/><br>
```

上述代码运行的结果如图 3-16 所示。

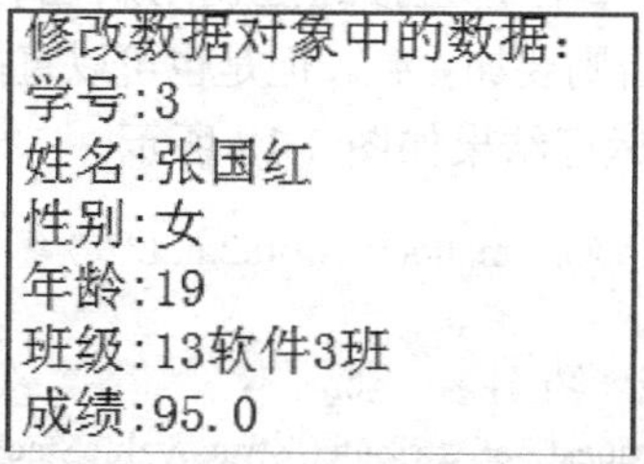

修改数据对象中的数据：
学号:3
姓名:张国红
性别:女
年龄:19
班级:13软件3班
成绩:95.0

图 3-16　显示 3 号学生信息

上述代码通过 param 标签给数据对象赋新值，结果就是赋值 3 号学生的信息，如图 3-16 所示。

5. 将数据对象存放到 ValueStack 中进行访问

在第 1 步时，通过 bean 标签创建数据对象“p”，然后需要加“#”进行访问。其实，可以将该数据对象通过 push 标签存放到栈 ValueStack 的栈顶中，然后直接访问（不需要加“#”）。具体代码如下。

```
先将 p 放入（push）ValueStack 的栈顶再显示（不需要加"#"）：          <br>
    <s:push value="#p">
      学号:<s:property value="sid"/><br>
      姓名:<s:property value="sname"/><br>
      性别:<s:property value="ssex"/><br>
      年龄:<s:property value="sage"/><br>
      班级:<s:property value='sgrade'/><br>
      成绩:<s:property value="sscore"/><br>
        <br>
    </s:push>
```

上述代码运行的结果如图 3-17 所示。

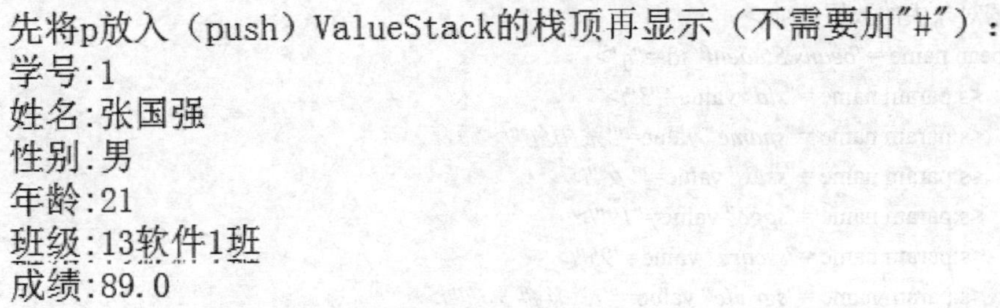

先将p放入（push）ValueStack的栈顶再显示（不需要加"#"）：
学号:1
姓名:张国强
性别:男
年龄:21
班级:13软件1班
成绩:89.0

图 3-17　显示 Student 类中 1 号学生信息

图 3-16 中直接显示了 Student 类中的数据，并且没有通过“#p”指定范围，而是通过数据标签直接访问其数据对象 p 中的属性数据。

6. 用 Java 代码直接访问 Stack Context 数据对象

Struts 2 框架的 Stack Context 存放的根对象 ValueStack 和 ActionContext 也可以通过 Java 代码直接访问。在该 OGNL 的 Context 中，有一个根对象就是 OGNL ValueStack，如果 OGNL 表达式中要访问 ValueStack 里的属性，直接通过调用属性名即可，如：${name}可直接显示 ValueStack 中的属性 name 的值，否则要加“#”。但是也可以直接用 Java 代码直接访问 ValueStack 堆栈中存放的数据，以下代码的运行结果如图 3-18 所示。

```
<%@page import="java.util.*,com.opensymphony.xwork2.util.*" %>
......
通过直接访问 valueStack 对象显示学生姓名：<br>
<%ValueStack vs = (ValueStack)request.getAttribute("struts.valueStack");
        String vname=(String)vs.findValue("name");
    %>
    <%=vname %><br>
<br>
```

图 3-18 所示的结果显示了 ValueStack 中存放的 Action 属性值（2 号学生信息）。

通过直接访问valueStack对象显示学生姓名：
李国清

图 3-18 显示 Student 类中 2 号学生姓名

为了访问 HttpSession 实例，Struts 2 框架提供了一个 ActionContext 类（Action 上下文对象），该类提供了一个 getSession 方法，该方法的返回值是 Map。

下列在 Action 中的 Java 代码通过 ActionContext 对象进行数据处理。该代码是将一个学生姓名“黄国强”存放到“user”变量中，然后在 JSP 页面中进行访问并显示。

```
public String execute() throws Exception
        {
        ActionContext.getContext().getSession().put("user","黄国强");
        return "success";
        }
```

下面的 JSP 程序通过 Java 代码取出 Action 存放的“user”变量的值，并进行显示，结果如图 3-19 所示。

```
<%@page import="java.util.*,com.opensymphony.xwork2.util.*,com.opensymphony.xwork2.ActionContext" %>
……
通过直接访问 ActionContext 对象显示学生姓名：<br>
  <% String user=(String)ActionContext.getContext().getSession().get("user"); %>
      ${sessionScope.user}
```

上述 JSP 文件中嵌入的 Java 代码取出并显示了存放在“user”变量的数据“黄国强”，如图 3-19 所示。

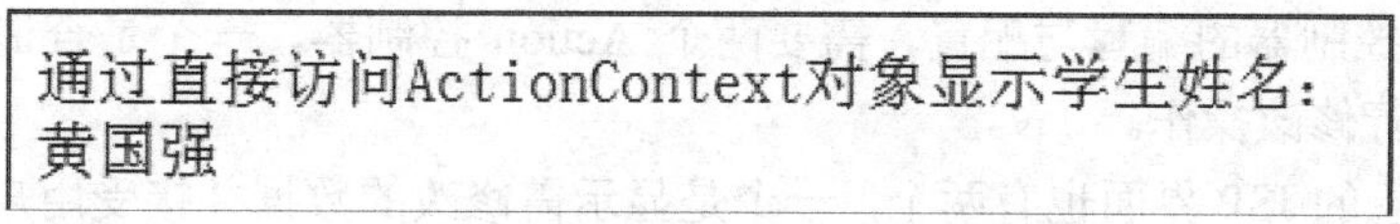

通过直接访问ActionContext对象显示学生姓名：
黄国强

图 3-19 显示 Action 中存放的学生姓名

注意：用 Java 代码直接操作 ValueStack 对象与 ActionContext 对象，需要引入（import）相应的包才能正常运行。

由上述代码及运行的效果可知，可以直接操作 Struts 2 框架存放在 ValueContext 根对象中的数据，但是这种操作比较烦琐。如果用 OGNL 则可以通过表达式的方式直接操作这些数据，大大地提高程序编写效率。

3.3 Struts 2 框架的综合应用

前面分别介绍了 Struts 2 框架的 MVC 实现技术、Struts 2 标签及 OGNL 语言等。下面通过案例将这些技术进行综合应用。该案例将通过 Struts 2 的 Action 控制器、Struts 2 标签及 OGNL 实现对数据库进行修改操作的 MVC 应用程序。

【案例 3-5】 通过 Struts 2 控制器的 MVC 结构、Struts 2 标签及 OGNL 实现学生信息的修改功能。

3.3.1 项目的准备与实现思路

该项目的实现首先要进行数据库的准备。在第 2 章案例 2-5 中，已经介绍了一个数据库 students 和其中的一个学生表 student，也生成了两个演示数据（如表 2-2 所示）。本案例就是在此基础上进行实现的。

该案例程序实现思路如下。

首先开发一个 JSP 页面，用于输入要修改的学生学号；然后调用一个查询 Action 控制器将需要修改的学生信息进行显示，以便用户修改；当用户修改完成后，再次调用 Action 控制器进行修改操作，并显示修改后的数据。

这里需要两个 Action 控制器，对应的模型层也有两个方法，即 load(Integer id)获取数据方法和完成修改的 update(Student item)方法。

3.3.2 案例的程序实现

数据库及其中的数据创建好后，就可以编写程序对它进行修改操作。本案例是通过 Struts 2 属性驱动方式进行修改操作。其实现包括如下几个部分。

（1）创建数据处理层（DAO 层）的编写。

（2）编写模型层，它有两个方法：load(Integer id)通过传递的学生学号（id）查询数据库，并返回查询到的数据对象；update(Student student)通过数据对象中的数据更新 SQL 语句 update 实现对数据库的操作。

（3）在输入学生学号（id 号）界面，输入学生的 id 号，供查询使用。

（4）Action 控制器的编写与配置。需要两个 Action 控制器，一个是查询出数据供用户修改，另一个是执行修改操作。

（5）显示信息的 JSP 界面也有两个，一个是显示需修改的数据并接受用户修改操作，另一个则是显示修改成功后的数据。

1. 数据处理层的实现

该程序可以直接复用案例 2-5 的代码，这里就不再赘述。但是因为通过 Struts 2 框架进行数据更新操作，更新的中文可能会出现乱码问题。为了使修改的中文数据在数据库中不是乱码，则除了在各 JSP 文件将字符集改为“UFT-8”（charset=utf-8"）外，还需要在获取数据库连接的语句中指定：

```
useUnicode=true&characterEncoding=utf8
```

即在获取数据库连接的代码修改为：

```
conn=DriverManager.getConnection("jdbc:mysql://localhost:3306/students?useUnicode=true&characterEncoding=utf8","root","root");
```

如果还不能解决问题，则是数据库字符集出了问题，需要进行设置。首先把 MySQL 的服务停掉，然后把服务器和客户端的字符集改成自己想用的字符集 UTF8。具体操作为：打开 MySQL 安装目录下的 my.ini 配置文件，找到 default-character-set，将其改为 utf8。要注意的是，这里有两个 default-character-set，都要改过来。重启 MySQL 服务器时中文乱码问题已解决。

2. 模型层的实现

load(Integer id)方法在案例 2-5 中已经介绍过，这里省略。

update(Student student)方法通过数据对象中的数据更新 SQL 语句 update 实现对数据库的操作，其代码如下。

```
public void update(Student student) throws Exception {
        try {
            Connection conn=s.getConnection();
            String sql = "update student set name = ? , sex = ?,grade=?,score=?,age=?   where id = ? ";
           pstmt = conn.prepareStatement(sql);
        // 给参数赋值
           pstmt.setString(1, student.getSname());
           pstmt.setString(2, student.getSsex());
          pstmt.setString(3, student.getSgrade());
           pstmt.setFloat(4, student.getSscore());
           pstmt.setInt(5, student.getSage());
             pstmt.setInt(6, student.getSid());
             //操作修改 SQL 语句
          pstmt.executeUpdate();
        s.closeAll(conn,pstmt,rs);
        } catch (Exception e) {
          e.printStackTrace();
          throw new Exception(e.getMessage());
      }
   }
```

上述代码中 update(Student student)方法传递封装了一个学生信息的对象 student，然后调用 SQL 的 update 修改语句执行对数据库的修改操作。

3. 输入需要修改学生学号的 JSP 页面

编写一个简单的查询 JSP 页面，它输入一个学生 id，然后调用查询 Action 控制器，查询出学生信息后供用户修改。由于该 JSP 文件在案例 2-5 中已经介绍过，这里省略。

4. 控制层的实现

Action 控制器的编写与配置。本案例需要两个 Action 控制器，一个是查询出数据供用户修改，另一个是执行修改操作。

查询 Action 控制器 ShowStudentAction.java 的代码与配置在案例 2-5 中已经介绍过，这里省略。但是该查询控制器是将查询的结果返回到一个 JSP 文件 studentinfo.jsp，供用户进行修改，该 JSP 文件的主要代码如下。

```
<body>
        <s:form action="editStudent">
             <p>
                  <b>学号:</b>
                  <input type="text" name="sid" value="<s:property value='id'/>"
                       readOnly="true" />
                  <b>姓名:</b>
```

```
                <input type="text" name="sname" value="<s:property value='name'/>" />
                <s:radio label="性别" theme="css_xhtml" list="{'男','女'}"
                    name="ssex" />
                <b>年龄:</b>
                <input type="text" name="sage" value="<s:property value='age'/>" />
                <b>成绩:</b>
                <input type="text" name="sscore" value="<s:property value='score'/>" />
                <s:combobox label="班级" theme="css_xhtml"
                    list="{'13 软件 1 班','13 软件 2 班','13 软件 3 班'}" size="20"
                    maxlength="20" name="sgrade" labelposition="top" />
                <br>
            </p>
            <s:submit value="修改" />
        </s:form>

    </body>
```

上述 JSP 文件中，通过如<input type="text" name="sname" value="<s:property value='name'/ >"/>语句修改“学生姓名”，而该学生姓名的默认值是查询控制器查询出来存放在 Action 属性中的。

该 JSP 文件还用到了 combobox、radio 等数据标签，用于采用更方便的形式供用户进行数据输入。

上述修改输入界面完成后，就执行修改控制器（EditStudentAction.java）。该修改控制器的主要代码如下。

```
Student student=new Student();
    StudentModel studentsbiz = new StudentModel();
    public String execute() throws Exception {
        student.setSid(sid);
        student.setSage(sage);
        student.setSgrade(sgrade);
        student.setSname(sname);
        student.setSsex(ssex);
        student.setSscore(sscore);
        studentsbiz.update(student);
        return "success";
    }
```

上述修改 Action 控制器主要是调用模型中的 update(Student student)方法实现修改操作。在修改前将用户输入的数据（存放在该控制器的属性中）存入数据对象 student 中，然后通过 update(student)的参数传递给模型层执行修改操作。执行完修改操作后转发到“success”所指定的 JSP 显示文件（由于该显示文件比较简单，就不专门介绍了）。

通过上述步骤就完成了本案例的程序开发，部署项目启动 Tomcat 服务器，在浏览器中输入首页地址，则出现图 3-20 所示的效果。

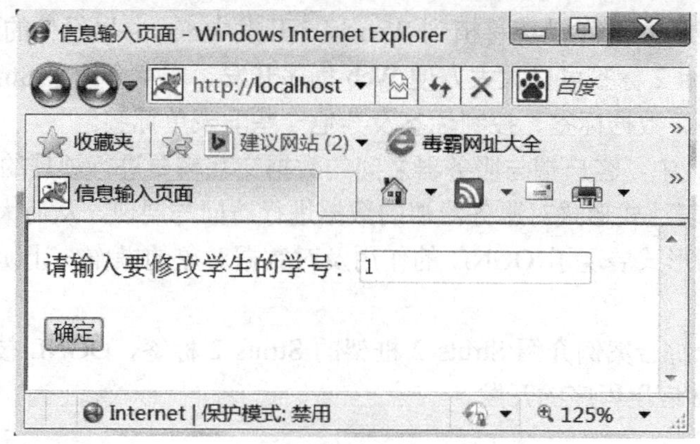

（a）输入需要修改的学生学号

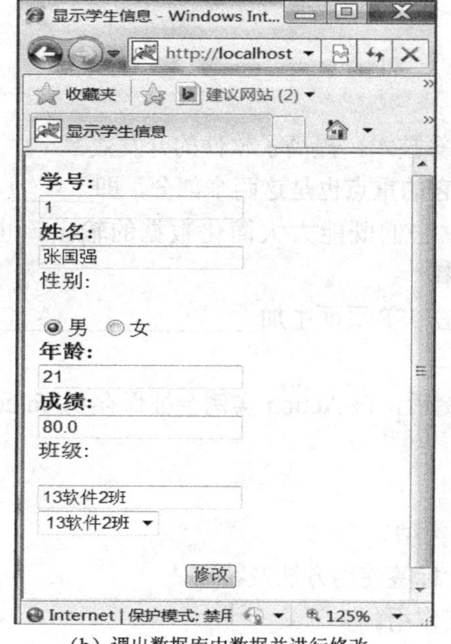

（b）调出数据库中数据并进行修改

（c）数据修改成功

图 3-20　对数据库中的学生信息进行修改

在图 3-20（a）所示的界面中输入一个学生学号后单击“确定”按钮，则显示图 3-20（b）所示的修改界面，该界面显示了需要修改的数据，供用户修改；修改完成后单击“修改”按钮则完成对数据库的修改工作，修改后的结果如图 3-20（c）所示。

在案例 3-5 中使用了 Action 控制器的属性驱动、Struts 2 标签、OGNL 表达式等技术。该案例中的数据对象，不论是在 JSP 中，还是在对应的 Action 的属性中，它们都是通过 OGNL 技术进行访问的。它们的应用给程序员进行基于 Struts 2 框架编程带来了很大的便利。

本章介绍了通过 Struts 2 标签、OGNL 对象图导航语言等技术提高软件开发效率。

Struts 2 标签是 Struts 2 框架的精彩内容，其内容非常丰富，几乎涵盖了界面编程的各方面。

Struts 2 标签将常用的程序开发功能移植到 Web 程序开发中来，并以组件的形式提供给 Web 程序员使用。通过 Struts 2 标签可以大大方便 Web 程序开发。本章介绍了 Struts 2 中表单标签、常用的表单元素标签、数据标签、控制标签及其他一些非表单标签。

在 Web 程序设计中，客户端与服务器之间的数据交互需要进行烦琐的程序编码。Struts 2 的 OGNL 可以采用表达式形式对服务器端的数据进行访问与展现，从而大大方便了对数据的操作。本章以案例的形式展现了 OGNL 的作用及对数据对象的操作，让读者容易理解 OGNL 的概念及应用。

最后，通过一个综合案例介绍 Struts 2 框架的 Struts 2 标签、OGNL 技术高效地完成对数据库进行修改的 Web 应用程序的开发。

习　题

一、填空题

1．Struts 2 框架提供________、________等技术，提高了软件的开发效率。

2．Struts 2 是一个表现层的 MVC 框架，它的重点也是这两个部分，即_______和______。

3．Struts 2 标签库提供了大量的标签，它们既能大大简化数据的输出，也能大大简化___________，从而大幅度提高软件开发效率。

4．在 JSP 页面中使用 Struts 2 标签，只要在 JSP 页面中加____________________语句就可以直接使用了。

5．程序中若创建了 Struts 2 的 Action 实例后，该 Action 实例会被保存到 ValueStack 中，所以用户可直接引用而无须加_____号。

二、简答题

1．Struts 2 标签有什么作用？它包括哪些类型？

2．举例说明 Struts 2 表单标签和表单元素标签使用方法及特点。

3．举例说明常用的 Struts 2 数据标签及其作用。

4．Struts 2 控制标签包括哪些？各有什么作用？

5．请说明 Struts 2 框架的 OGNL 的特点及其访问数据对象的原理。

综合实训

实训 1　利用 Struts 2 标签、OGNL 技术重新编写第 2 章实训 2，即综合利用 Struts 2 框架技术完成数据库中仓库货物的查询功能。

实训 2　利用 Struts 2 标签、OGNL 技术重新编写第 2 章实训 3，即在实训 1 的基础上，添加对数据库信息进行新增、修改、删除的功能。

第4章 使用 Hibernate 框架实现数据处理

本章学习目标

- 了解数据持久化的概念及 Hibernate 框架的作用。
- 了解 Hibernate 框架在项目中的使用步骤，会在项目中添加 Hibernate 支持并进行配置。
- 掌握基于 XML 方式的 ORM 映射关系配置。
- 会利用 HQL 实现数据库查询。
- 掌握基于 Hibernate 框架开发 DAO 并进行 MVC 应用程序开发。

在本书前面介绍的案例（如第 3 章案例 3-5）中，实现了 MVC（模型层—视图层—控制层）结构的数据库应用程序开发，并且将数据库的处理封装到一个类中（util.DBConn.java），该类提供了一些供数据库进行增、删、改、查的方法（如案例 3-5 中的 load()、update()方法等）。我们称这个类为数据处理对象 DAO，这些数据处理对象构成数据处理层（DAO 层）。

但是，上述 DAO 层的实现基于传统 JDBC 方式，它虽然提供了业务处理时对数据库操作的接口（前述 load()、update()方法）。但是，在业务处理层（模型层）中进行数据库操作时，需要编写复杂数据库操作的 SQL 语句。

一般的软件处理业务非常复杂，所以 SQL 语句会很复杂，会消耗程序员大量的程序调试时间，而 Hibernate 框架可以很好地解决这个问题。Hibernate 是所谓的持久层框架，它的名字是“冬眠”的意思，其作用就是将数据对象中的数据快速存放到数据库中永久保存。Hibernate 框架用于实现数据的持久化，即实现将数据保存到数据库等操作。

4.1 Hibernate 框架简介

目前市场上关系数据库的应用占主要地位，Hibernate 通过面向对象的方式实现对关系数据库的操作。由于有 Hibernate 的支持，我们在使用面向对象方法进行软件开发时，能将面向对象分析、面向对象设计、面向对象编程的过程形成一个整体。

Hibernate 是一个开放源代码的对象关系映射（Object Relational Mapping，ORM）框架，即在关系数据库与数据对象之间进行映射。它对 JDBC 进行了非常轻量级的对象封装，Java 程序员可以随心所欲地使用对象编程思维来操纵数据库。Hibernate 可以应用于任何使用 JDBC 的场合，既可以在 Java 的客户端程序使用，也可以在 Servlet/JSP 的 Web 应用中使用。更具革命意义的是，Hibernate 可以在应用 EJB 的 J2EE 架构中取代 CMP，完成数据持久化的重任。

Hibernate 思想的诞生要追溯到 2001 年。当时澳大利亚悉尼有一家做 J2EE 企业级应用开发和咨询的公司，有个年轻的、充满激情、脾气很倔、永不言败的程序员叫 Gavin King。他发现 CMP 的使用限制太多，会花费很多时间处理 Entity Bean 的体系架构，花在核心业务处理的开发时间反而相对较少，他想用一个更好的方法解决上述问题。Gavin King 通过努力，在短短的两年多时间就使 Hibernate 发展成为 Java 世界主流的持久层框架软件。

他就是 Hibernate 之父，目前 Hibernate 已经成为全世界最流行的 O/R Mapping 工具之一，Gavin King 也成为全世界 J2EE 数据库解决方案的领导者。

在 Hibernate 框架中有 6 个核心类和接口，分别是 Session、SessionFactory、Transaction、Query、Criteria 和 Configuration。这 6 个核心和类接口在任何开发中都会用到。通过这些接口，不仅可以对持久化对象进行存取，还能够进行事务控制。

4.2 基于 Hibernate 的数据持久化实现

Hibernate 的作用就是用于创建基于 Hibernate 框架的数据处理层（DAO），并通过 ORM 模式进行数据处理。在此模式中程序员只需要通过面向对象的方式操作数据对象及 DAO 接口，Hibernate 本身将自动完成从数据对象到关系数据库的操作。

使用 Hibernate 框架需要先给项目添加 Hibernate 的支持，然后在项目中配置数据库连接及数据库与数据对象的关系、编写 DAO 层，最后才能编写程序在模型层调用 DAO 层对数据库进行操作。

4.2.1 在项目中使用 Hibernate 框架开发的步骤

在一个 Java EE 项目中，如果要使用 Hibernate 框架进行持久化操作，其开发过程一般包括如下步骤。

（1）创建一个 Java EE 项目，给项目添加 Hibernate 的支持 JAR 包。

（2）创建并配置 hibernate.cfg.xml 文件。

（3）创建被操作的数据库及数据库表（如果已有数据库表，则该步可省略）。

（4）创建实体类及实体类到数据库表的映射（Mapping）文件。

（5）编写 Java 代码实现对数据库的操作。

上述前 4 个步骤是使用 Hibernate 框架时的准备工作。有了这些准备工作后，就可以在项目中使用 Hibernate 操作（第 5 步）。一般 Hibernate 的操作被封装到模型层（Model），并将数据处理层（DAO）进行单独的封装。在使用 Hibernate 框架时，程序处理一般分为 7 个步骤：创建 Configuration 对象、创建 SessionFactory 实例、创建 session 对象、开始一个事务、进行持久化操作、结束事务、关闭 Session。

4.2.2　使用 Hibernate 框架的简单案例

下面通过一个简单数据库操作案例，介绍 Hibernate 框架是如何进行数据库操作的，从而了解 Hibernate 框架进行持久化的过程。

【案例 4-1】 通过 Hibernate 框架在 student 数据库表中插入一条学生记录。

1. 实现思路及过程介绍

该项目的实现首先要进行数据库的准备。在第 2 章案例 2-5 中，已经介绍了一个数据库 students 和其中的一个学生表 student，也生成了两个演示数据（如表 2-2 所示）。本案例就在此基础上进行实现。

然后通过 Hibernate 框架实现将表 4-1 所示的数据（“3 号学生”）插入到数据库表 student 中。

表 4-1　3 号学生数据

学　号	姓　名	性　别	班　级	年　龄	分　数
3	张国红	女	13 软件 3 班	19	95

当数据库准备好后，具体 Hibernate 持久化操作过程如下。

（1）创建一个 Java EE 项目 chapter41，添加 Hibernate 框架支持。

（2）创建配置文件 hibernate.cfg.xml 进行数据库连接信息的配置，添加数据库连接驱动程序。

（3）创建对应的数据库表 student 对应的实体类 Student.java，并创建它们的映射文件 Student.hbm.xml，并修改 hibernate.cfg.xml 配置文件，添加<mapping resource="entity/Student.hbm.xml" />。

（4）编写 Java 程序，实现将 3 号学生的信息插入到数据库中。

由于数据库的创建、Java EE 项目的创建及添加 MySQL 数据库驱动程序包在前面已经介绍过，而添加 Hibernate 框架的支持将在后面进行具体介绍，下面只重点介绍第 2～4 步的实现，以让读者了解 Hibernate 框架的开发过程。

2. 创建 Hibernate 配置文件

在项目 chapter41 的根包 src 中创建 Hibernate 配置文件 hibernate.cfg.xml，它主要包含数据库连接信息，其主要代码如下。

```
<hibernate-configuration>
    <session-factory>
        <property name="connection.url">
            jdbc:mysql://localhost/students
        </property>
        <property name="dialect">
            org.hibernate.dialect.MySQLDialect
        </property>
        <property name="connection.username">root</property>
        <property name="connection.password">root</property>
        <property name="connection.driver_class">
```

```
            com.mysql.jdbc.Driver
        </property>
        </session-factory>
</hibernate-configuration>
```

上述代码是配置 Hibernate 进行连接 MySQL 数据库的必要信息，包括注册 MySQL 驱动程序、数据库操作的用户名与密码等。

3. 创建实体类 Student 及其映射文件

根据数据库表 student 对应地创建实体类文件 Student.java 及其映射文件 Student.hbm.xml。如表 2-1 所示，数据库表 student 的结构如表 4-2 所示。

表 4-2 数据库表 student 的结构

字段名称	字段说明	类型
id	编号	int
name	学生姓名	varchar
sex	性别	varchar
age	年龄	int
grade	班级	varchar
score	成绩	Float

实体类 Student 类的属性与上述结构对应，其代码如下。

```
public class Student implements java.io.Serializable {
    private Integer id;
    private String name;
    private String sex;
    private Integer age;
    private String grade;
    private Integer score;
    //setter/getter 方法省略
}
```

注意：上述实体类代码的属性及类型与表 4-2 对应，并且它需要实现一个称为 java.io.Serializable 的接口。

然后编写数据库表 student 与类 Student 的映射文件 Student.hbm.xml，其主要代码如下。

```
<hibernate-mapping>
    <class name="entity.Student" table="student" catalog="students">
        <id name="id" type="integer">
            <column name="id" />
            <generator class="identity" />
        </id>
        <property name="name" type="string">
            <column name="name" length="20" />
        </property>
        <property name="sex" type="string">
            <column name="sex" length="2" />
```

```
            </property>
            <property name="age" type="integer">
                <column name="age" />
            </property>
            <property name="grade" type="string">
                <column name="grade" length="20" />
            </property>
            <property name="score" type="integer">
                <column name="score" />
            </property>
        </class>
</hibernate-mapping>
```

该映射文件的代码将数据库表与实体类之间、其各字段与类的属性之间对应关系进行了配置。最后，将这个映射配置文件加到 Hibernate 的配置文件 hibernate.cfg.xml 中。

```
<mapping resource="entity/Student.hbm.xml" />
```

这样就完成了数据库与实体数据对象关系的映射配置，即所谓的 ORM 关系的创建。下面就可以进行 Java 程序编码实现数据库的操作了。

4. 编写 Java 程序实现数据的持久化操作

上述几步完成后就可以编写 Java 程序 hbtest.java（注意，不需要 Web 形式）进行数据库操作了。编写的 hbtest.java 程序代码如下。

```
import org.hibernate.Session;
import org.hibernate.SessionFactory;
import org.hibernate.Transaction;
import org.hibernate.cfg.Configuration;

import entity.Student;
public class hbtest {
    public static void main(String[] args) {
        Configuration conf = new Configuration().configure();       //1. 读取配置文件
        SessionFactory sf = conf.buildSessionFactory();            //2. 创建 SessionFactory
        Session session = sf.openSession();                        // 3. 打开 Session
        Transaction tx = null;
        try{
            tx = session.beginTransaction();                       // 4. 开始一个事务
                                                                   // 5. 持久化操作
            Student student = new Student();
            student.setName("张国红");
            student.setSex("女");
            student.setGrade("13 软件 3 班");
            student.setAge(19);
            student.setScore(95);
            session.save(student);
            tx.commit();                                           // 6. 提交事务
        }catch(Exception e){
```

```
            if (null!=tx){tx.rollback();}
            e.printStackTrace();
            }finally{
            session.close();                                    // 7. 关闭 Session
            }
        }
    }
```

上述程序代码通过 7 个步骤完成了一次对数据库的操作，它将 3 号学生的信息插入到数据库中，具体运行结果如图 4-1 所示。

id	name	sex	age	grade	score
1	张国强	男	21	13软件2班	80
2	李国清	男	23	13软件1班	90
3	张国红	女	19	13软件3班	95

图 4-1　案例 4-1 运行的结果（将 3 号学生信息插入到数据库中）

由于这是一个 Java 主程序，只要右单该程序，选择 Run As→Java Application，该程序就可以运行。注意，该程序是 Java 程序，与前面的 Web 项目不同，这里不需要部署及启动 Tomcat 服务器。

图 4-1 显示了案例 4-1 运行的结果，它完成了将 3 号学生的信息通过 Hibernate 框架插入到数据库中。但是，该案例中对 Hibernate 进行配置，而且 ORM 映射关系的创建比较烦琐。其实，MyEclipse 工具提供了比较方便的操作工具，通过这些工具则能很方便地完成这些任务。下节介绍如何借助 MyEclipse 工具完成这些工作。

4.2.3　借助 MyEclipse 工具完成 Hibernate 支持及配置

上一节介绍了一个 Hibernate 应用程序的开发，在编写该 Java 程序前，需要添加与配置 Hibernate 框架、对数据库连接进行配置、创建实体类及其映射文件。看起来这些工作非常麻烦，其实在 MyEclipse 开发环境中只需要简单的操作就可以自动地完成这些工作了。

下面介绍如何在 MyEclipse 环境进行上述操作，包括添加 Hibernate 的支持、配置数据库连接、创建数据库表对应的实体类及映射文件。

1. 添加 Hibernate 支持前的准备

添加 Hibernate 框架的支持需要配置数据库连接信息。这些工作也可以在 MyEclipse 开发环境中进行。在正式添加 Hibernate 支持前，需先对这些信息进行配置。

现在在已有的数据库条件（与前面案例相同的环境）基础上，即在 MySQL 数据库中有一个数据库 students，并在该数据库中建一个表 student（表结构如表 4-2 所示），进行 Hibernate 框架开发环境的准备。同时与 JDBC 程序开发一样，也要准备 MySQL 数据库的 JDBC 驱动程序包（如 mysql-connector-java-5.1.5-bin.jar）。

将 MyEclipse 切换到 MyEclipse Database Explorer（数据库资源管理器）视图。在 DB Browser 视图中右击，新建一个数据库链接。操作界面如图 4-2 所示。

由于我们使用的是 MySQL 数据库，所以在图 4-2 所示对话框中的 Driver template 中选择“MySQL Connector/J”项，这时在 Driver classname 框中自动出现 MySQL 数据库驱动程序的注册字符串“com.mysql.jdbc.Drive”。再在 Connection URL 中根据前面定义的数据库 students 修改数据库的连接信息，修改的结果为：jdbc:mysql://localhost:3306/students；在 User name 和 Password 中分别输入登录 MySQL 数据库的用户名和密码，并给该驱动取名，如 mysqlDriver。

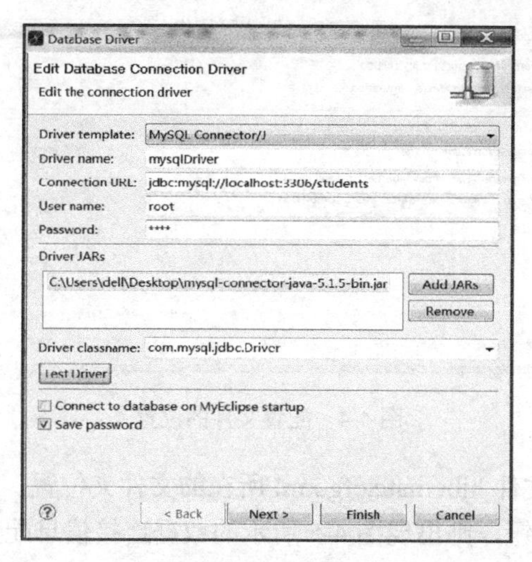

图 4-2　新建与配置 Hibernate 数据库连接驱动

最后，在 Driver JARs 中添加 MySQL 的数据库驱动程序包。完成配置后，单击 Test Driver 按钮测试配置连接是否成功。如果成功，则勾选 Save password 并单击 Finish 按钮完成 Hibernate 的数据库连接配置。

上述配置成功后，就可以正式在项目中添加 Hibernate 的支持了。

2. 添加 Hibernate 的支持及配置

下面就可以正式在项目中添加 Hibernate 的支持与配置了。配置 Hibernate 需要做所谓的“三项准备”工作，即添加 hibernate 的支持；添加配置文件 hibernate.cfg.xml；添加实体类和映射文件（如 Student.hbm.xml）。

将 MyEclipse 切换回 MyEclipse Java Enterprise 开发环境（Java EE 开发环境），右击需要添加 Hibernate 框架的项目，然后选择 MyEclipse→Add Hibernate Capabilities…，则出现图 4-3 所示的对话框。

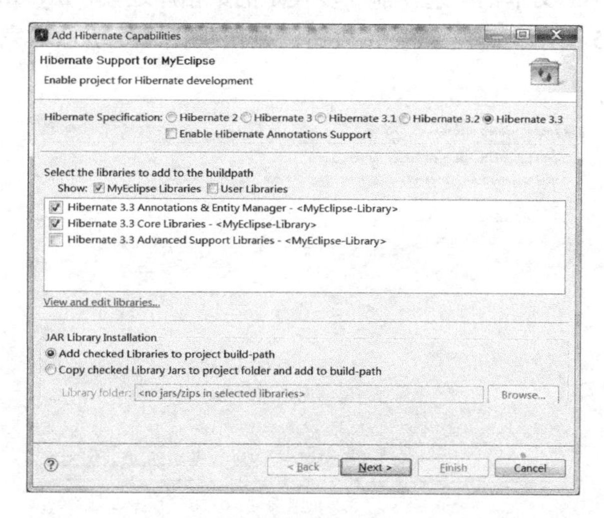

图 4-3　选择 Hibernate 版本对话框

在图 4-3 所示对话框中选择 Hibernate 3.3，单击 Next 按钮，则出现图 4-4 所示配置文件位置的对话框。

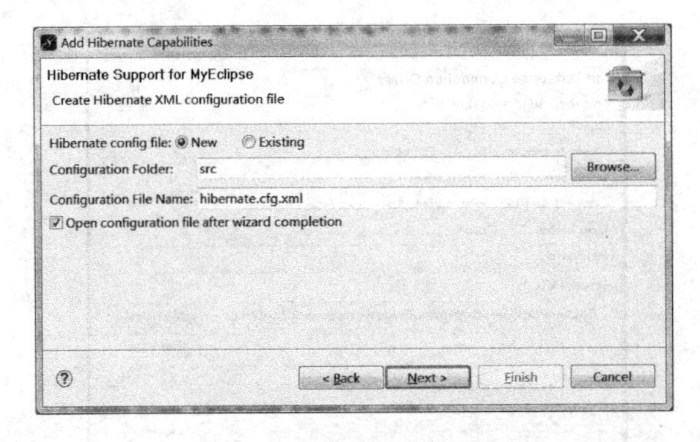

图 4-4　配置文件的位置

在图 4-4 中选择配置文件 hibernate.cfg.xml 所在的文件夹位置，默认的是根包 src，我们采用默认位置，单击 Next 按钮，则出现图 4-5 所示的数据连接信息配置对话框。

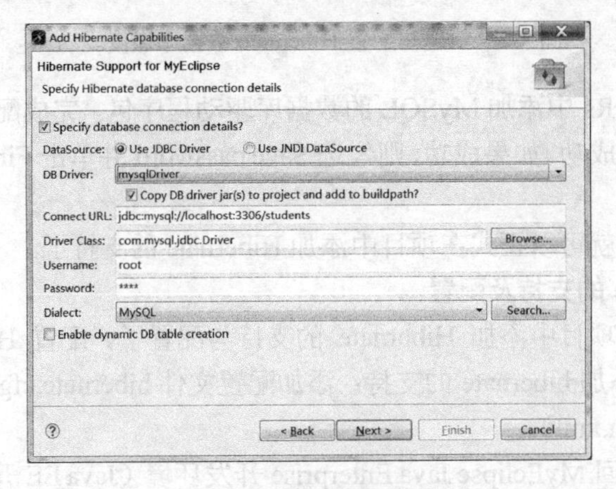

图 4-5　数据库连接信息的配置

只需要在 DB Driver 文本框中选择前一步设定的数据库连接“mysqlDriver”，则会自动出现连接信息（如图 4-5 所示）。单击 Next 按钮，则出现图 4-6 所示的完成 Hibernate 框架配置对话框。

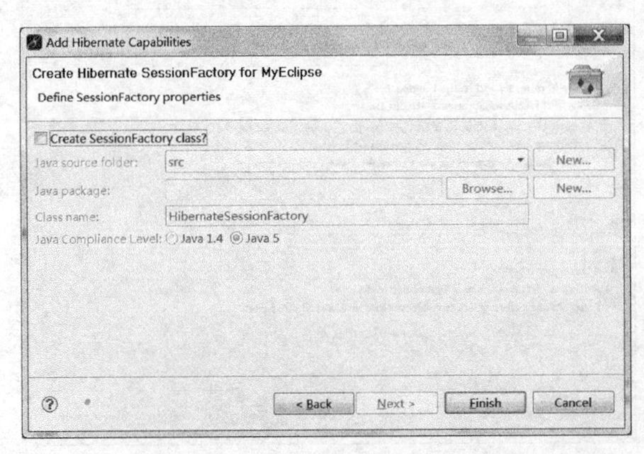

图 4-6　完成 Hibernate 框架的配置

在图 4-6 中取消 Create SessionFactory class 的勾选（先不创建 SessionFactory 类），然后单击 Finish 按钮，则 Hibernate 框架的添加及配置操作完成。

添加 Hibernate 框架成功的项目结构如图 4-7 所示。

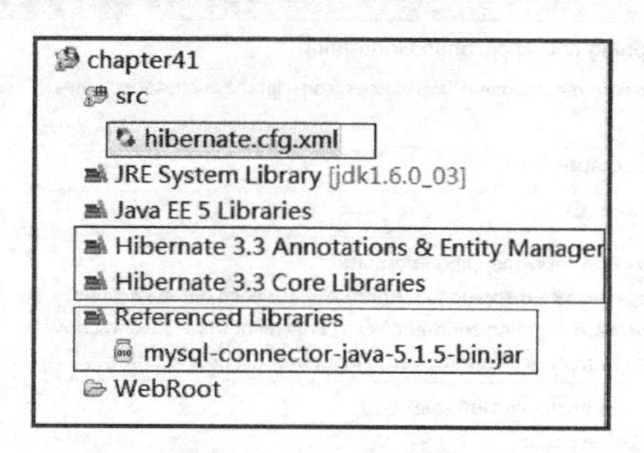

图 4-7　项目中添加了 Hibernate 框架的支持

在图 4-7 所示的项目中已经添加了 Hibernate 框架的支持，其中 3 个方框中是新增加的内容。正是由于项目中增加了这些新的 Hibernate 相关内容，该项目就可以提供基于 Hibernate 框架的程序开发了。其中 hibernate.cfg.xml 配置文件自动生成的内容在 4.2.2 节已进行了介绍。

3. 实体类及映射文件的创建

案例 4-1 中还有一项准备工作，即创建数据库表 student 对应的实体类及它们的映射文件，其实它们也可以在 MyEclipse 工具环境中快速生成。

数据库表 student（其表结构如表 4-2 所示）在程序中对应一个实体类 Student。另外，为了对其进行持久化操作，还需要一个对应的映射文件 Student.hbm.xml（这两个文件的内容见 4.2.2 节中相关介绍）。图 4-7 中显示的项目结构没有创建实体类 Student.java 程序文件，也没有映射文件 Student.hbm.xml。下面介绍在 MyEclipse 中如何自动创建这两个文件。

再将 MyEclipse 切换到 MyEclipse Database Explorer（数据库资源管理器）视图。在 DB Browser 视图中双击前面已建好的数据库连接驱动名“mysqlDriver”，使其进行数据库连接。然后逐步展开数据库 students 及表（Table）student，并在数据库表 student 上右击，出现快捷菜单，如图 4-8 所示。

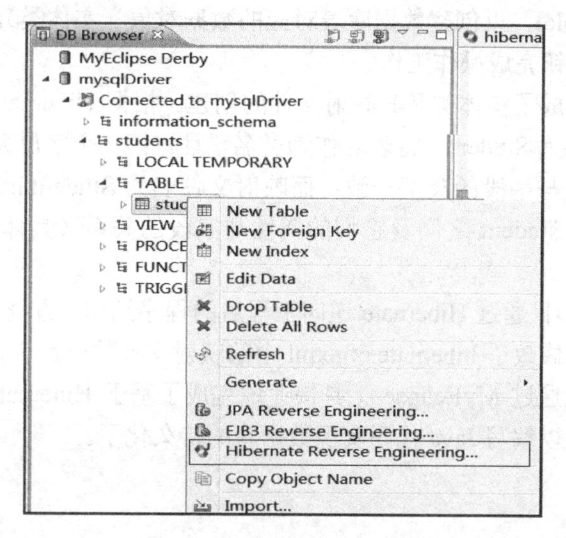

图 4-8　数据库管理器逆向工程

在该快捷菜单中选择“Hibernate Reverse Engineering...”项（Hibernate 逆向工程，见图 4-8 中的方框），然后出现图 4-9 所示的对话框。

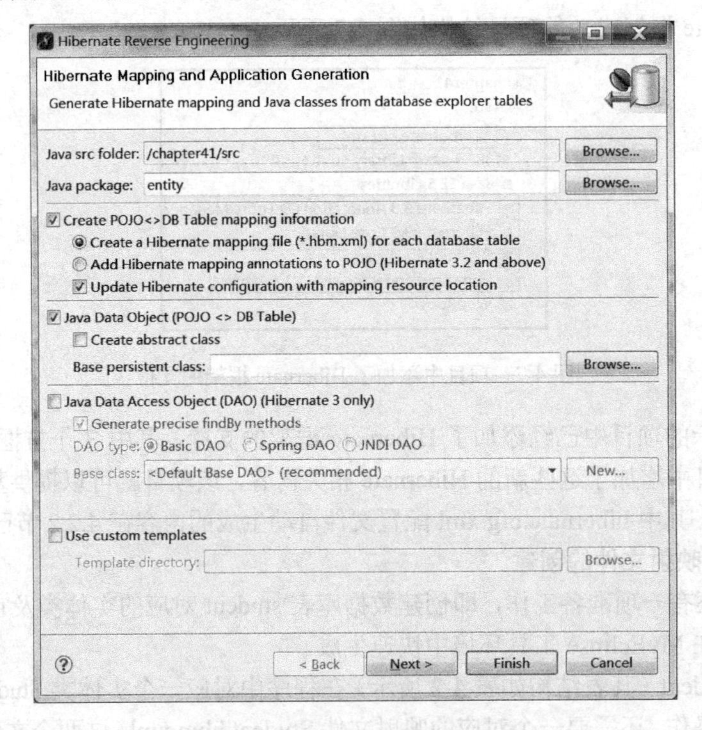

图 4-9　Hibernate 逆向工程对话框

图 4-9 将根据数据库表配置逆向生成的实体类及映射文件信息。在 Java package 中输入实体类所在的包名。另外，选中“Create a Hibernate mapping file(*.hbm.xml) for each database table”（为每个数据库表创建一个*.hbm.xml 映射文件），以及“Update Hibernate configuration with mapping resource location”（修改 Hibernate 配置文件更新映射资源定位，也就是在该文件中添加该映射文件定位语句：“<mapping resource="entity/Student.hbm.xml" />”）。再选中 Java Data Object (POJO<>DB Table)，以创建数据库表对应的数据对象（实体类）。其他部分选中默认方式，然后单击 Finish 按钮完成操作工作。

通过上述操作就完成了实体类及其映射文件的创建。根据 Hibernate 映射规则，数据库表 student 创建的实体类名为 Student（将表名作为类名，且将第一个字母大写），而其各属性名为该表的字段名，且类型与字段的类型一致；而映射文件名为 Student.hbm.xml，它配置了实体类 Student 与数据库表 student 之间及它们的属性与字段的关系（具体代码见 4.2.2 节中的介绍）。

图 4-10 中显示了项目通过 Hibernate 逆向工程后的程序结构，方框中是自动增加的实体类及映射文件。而且自动修改了 hibernate.cfg.xml 中的映射文件的资源定位语句。

通过上述操作，就通过 MyEclipse 工具快速地完成了基于 Hibernate 框架进行持久化编程的准备工作，下面就可以编写 Java 代码实现数据库的持久化了。

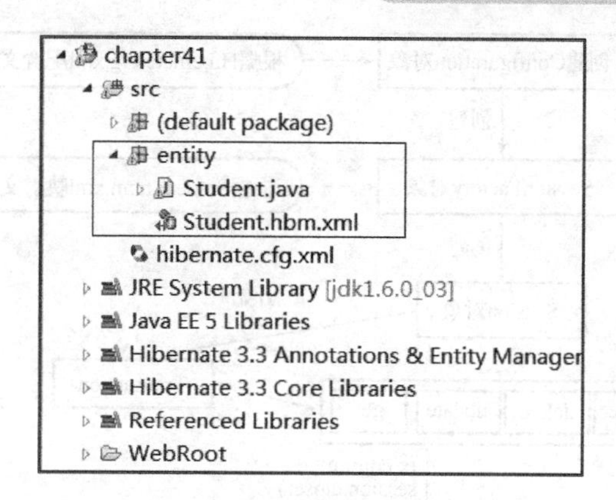

图 4-10 Hibernate 逆向工程后的程序结构

4.2.4 基于 Hibernate 框架进行持久化的操作步骤

通过案例 4-1 中的 Java 程序 hbtest.java，我们已经学习了基于 Hibernate 框架进行持久化操作的步骤。利用 Hibernate 框架进行数据库持久化操作，需要以下 7 个步骤。

（1）读取配置文件，创建 Configuration 对象，见“Configuration conf = new Configuration().configure()”语句。

（2）创建 SessionFactory 对象，见“SessionFactory sf = conf.buildSessionFactory()”语句。

（3）创建并打开一个 Session 对象，见“Session session = sf.openSession()”语句。

（4）开始一个事务，见“Transaction tx = null，tx = session.beginTransaction()”语句。

（5）完成业务处理并进行持久化操作，见“session.save(student)”语句。

（6）提交事务完成持久化操作，见“Transaction；tx.commit()”语句。

（7）关闭 Session 以释放资源，见“session.close()”语句。

这些步骤的使用围绕着数据库的操作，而每个数据库的操作为一个“事务（Transaction）”。其中第（5）步持久化操作 session.save(student)中虽然只有短短的一条语句，但其参数 student（数据对象）中数据的赋值完成属于业务操作，需要大量的计算和处理。当这些处理完成后进行持久化，就可以通过这一条语句来完成。这就是 Hibernate 框架的优势，通过它可以避免编写大量的 SQL 语句，从而减少程序员的开发工作量。

另外，用 Hibernate 框架实现数据库的其他操作，如新增、修改、删除、查询数据库操作均非常简单，只要遵循上述 7 个步骤即可，区别在于需分别调用 Session 的 save、delete、update、get 等不同方法。Hibernate 操作步骤基本相同，均如图 4-11 所示。

图 4-11 中表示了基于 Hibernate 框架编写数据库应用程序的过程，即 hbtest.java 程序中提示的 7 个步骤。其中由于创建和销毁都相当耗费资源，通常一个系统内一个数据库根据 Hibernate.cfg.xml 配置文件只创建一个 Configuration 对象；而当事务处理完成后就需要关闭 session 对象，以释放资源。另外，SessionFactory 类似于 JDBC 中的 Connection。这些操作其实是通用的，可以将它们封装起来作为 DAO 层进行共享。

另外，对数据库持久化的操作有 save、delete、update 和 get 等方法，它们的作用如下。

- save 实现新增操作。
- delete 实现删除操作。

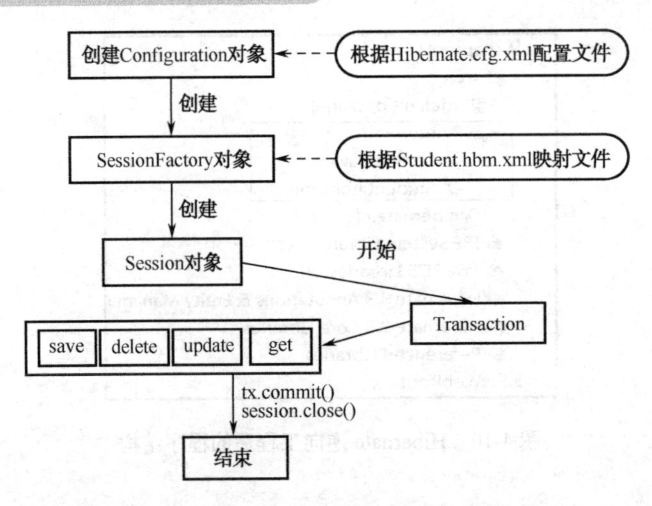

图 4-11　Hibernate 数据库操作的一般流程

● update 实现修改操作。
● get 实现按关键字进行的查找，而复杂的查询用专门的 HQL 语言（后面会进行介绍）。

在模型层处理完业务后，就可以调用 DAO 层的这些方法，实现数据的持久化。

4.3　基于 Hibernate 进行 MVC 应用程序开发

案例 4-1 只是实现了利用 Hibernate 进行数据库的操作，但是如同前面介绍 JDBC 使用时一样，需要将数据库操作封装为一个公共部件，我们称之为 DAO 层。这样当业务模型层需要对数据库操作时，就可以调用该通用 DAO 层对象，而不必每个模块都写一个自己的 DAO。

所以，下面介绍基于 Hibernate 实现 MVC 程序开发。

基于 Hibernate 框架的 MVC 程序开发与前面章节介绍的案例基本相同，即用 JSP 开发视图层（V），JavaBean 实现模型层（M），Struts 2 的 Action 实现控制器（C）。

但是，基于 Hibernate 实现的数据库处理层（DAO）与案例 2-5 中基于 JDBC 方式的数据处理对象（dbutil.Dbconn.java）作用一样，提供对数据库的连接等操作的封装，并提供操作接口供在模型层调用，以实现对数据库的操作（持久化），而其他层技术不变。

下面通过案例介绍基于 Hibernate 框架的 MVC 数据库应用程序开发。本案例就是将案例 2-5 改造成基于 Hibernate 框架的 MVC 应用程序。

【案例 4-2】 利用 Hibernate 框架实现修改数据库中学生信息的 MVC 应用程序。

本案例的实现是在修改第 3 章中的案例 3-5 项目代码的基础上实现的。在案例 3-5 中，已经实现了基于 JDBC 方式的对学生数据修改的 MVC 程序（运行效果如图 3-20 所示）。本案例只需要将以前的修改操作用基于 Hibernate 框架的数据库持久层代替。

该程序的实现，首先引入（import）案例 3-5 的源项目代码，该代码是基于 Struts 2 的，用 JDBC 方式实现数据库修改。引入案例 3-5（项目 chapter35）的代码，删除其实体类 entity.Student.java（后面通过 MyEclipse Database Explorer 工具重新创建该实体类及映射文件）及数据连接类 dbutil.dbconn.java（基于 JDBC 的 DAO）。然后添加 Hibernate 框架的支持（该步骤参照 4.2.3 节中的介绍）。

另外，在案例 4-1 中介绍了基于 Hibernate 框架的数据持久化操作，它包括 7 个步骤。但是如果每次持久化都要编写这 7 个步骤的代码，显然重复编码工作太多。

可以将其中的一些具有共性的步骤进行封装以便重用。所以本案例在添加 Hibernate 框架的支持时，同时创建了一个 HibernateSessionFactory 类，它就是对案例 4-1 中的 hbtest.java 进行持久化的前 3 个步骤进行封装，其他模块需要进行持久化操作时可以调用该模块，从而简化了程序的编码。这就是为什么要创建 HibernateSessionFactory 类的原因。

所以，该案例除了复用案例 3-5 中 MVC 结构与 Struts 2 的功能，还要进行如下程序的编写。

（1）给项目添加 Hibernate 的支持并创建 HibernateSessionFactory 类。

（2）创建实体类及映射文件。

（3）创建基于 Hibernate 的模型层的业务处理模型类。

（4）修改控制器调用模型层语句，即调用基于 Hibernate 的模型层。

其他代码保留，不需要修改。下面分别介绍这些步骤的实现。

4.3.1 创建 Hibernate SessionFactory 简化 Hibernate 的使用

在项目中添加 Hibernate 支持与配置的操作步骤参见 4.2.3 节的介绍，这里不再重复。

创建 HibernateSessionFactory 时，只需要在配置 Hibernate 支持步骤的对话框中选择便可。即配置时，在图 4-6 显示的对话框中勾选 Create SessionFactory class（创建 SessionFactory 类），并在 package 中定义其所在的包名（如“model.hibernate”，如图 4-12 所示），然后单击 Finish 按钮，则 Hibernate 框架的添加及配置成功，且在 model.hibernate 包中创建了一个 HibernateSessionFactory 类。

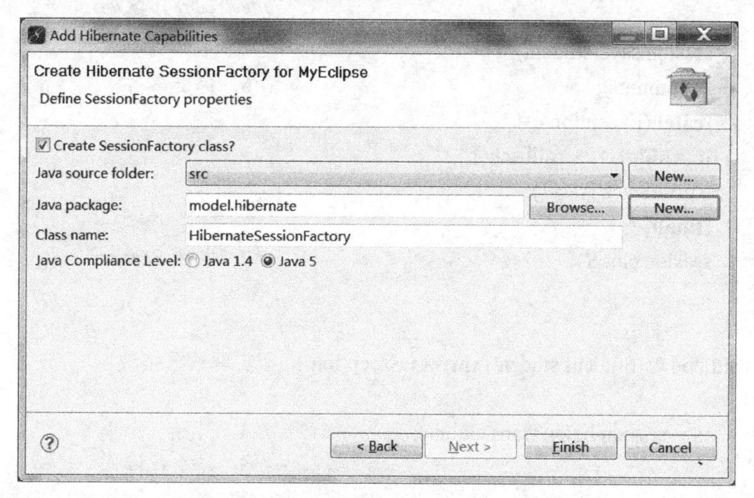

图 4-12 创建 HibernateSessionFactory 类

该步骤操作成功后，则在项目的 src 包下生成了包 model.hibernate 及其中的 HibernateSessionFactory 类，如图 4-13 所示。该类封装了创建 Configuration 对象、创建 SessionFactory 对象、创建 Session 对象的方法，其他模块可以调用它以获取 session 对象。

有了该类后，就可以简化使用 Hibernate 进行编程的步骤。如上节案例 4-1 中第 4 步的代码前 3 个步骤可以简化成一个步骤，而其他代码不变。

4.3.2 创建实体类及其映射文件

案例 3-5 的代码中已经有实体类，使用 Hibernate 框架时需要做一点修改。但是为了方便起见，重新生成该实体类，并创建其映射文件。该操作步骤在 4.2.3 节已经介绍过，这里不再重复。

4.3.3 创建模型层实现业务操作

模型层的实现就是进行业务处理，获取业务数据并调用 Hibernate 的持久化接口实现数据的持久化。

这里，实现数据持久化的方法有以下几种。

- save(Student student)：将数据对象插入数据库。
- void update(Student student)：根据数据对象修改数据库记录。
- Student load(Integer id)：根据关键字 id 获取数据对象。

这 3 个方法的实现均需要通过调用对数据库操作的 Session 相应方法实现。该模型处理类的代码如下。

```
public class HibernateModel {
    Session session=HibernateSessionFactory.getSession();      //代替前 3 个步骤
   Transaction tx = null;
    public void save(Student student) throws Exception {      //实现数据插入
        try{
                tx = session.beginTransaction();               // 4. 开始一个事务
                                                               // 5. 持久化操作
                session.save(student);
                tx.commit();                                   // 6. 提交事务
                }catch(Exception e){
                if (null!=tx){tx.rollback();}
                e.printStackTrace();
                }finally{
                session.close();                               // 7. 关闭 Session
                }
}
    public void update(Student student) throws Exception {    //实现数据修改
        try{
                tx = session.beginTransaction();               // 4. 开始一个事务
                                                               // 5. 持久化操作
                session.clear();
                session.update(student);
                tx.commit();                                   // 6. 提交事务
                }catch(Exception e){
                if (null!=tx){tx.rollback();}
                e.printStackTrace();
                }finally{
                session.close();                               // 7. 关闭 Session
```

```
                }
        }
        public Student load(Integer id) {                          //根据 id 号获取学生信息对象
                try {
                        Student student = (Student)session.get(Student.class, id);
                        return student;
                } catch (RuntimeException re) {
                        re.printStackTrace();
                        throw re;
                }
        }
}
```

上面的业务处理模型类定义了 3 个方法：save(Student student)、void update(Student student)、Student load(Integer id)，它们均通过如下语句实现。

```
Session session=HibernateSessionFactory.getSession()
```

它代替了 Hibernate 操作的前 3 个步骤，从而简化了程序的编码。这 3 个方法的实现均调用了 session 对象的相关方法。

session.save(student)：将 student 数据对象新增到数据库中。

session.update(student)：根据 student 数据对象修改数据库。

Student student = (Student)session.get(Student.class, id)：根据 id 获取数据对象。

该业务模型处理类实现后，就可以在控制器中调用它们了。所以下一步就是修改控制器，以调用这些方法。

4.3.4 修改控制器调用业务模型类

在案例 3-5 中有两个 Action 控制器，分别是查询数据以供修改、修改后进行提交，本案例也有这两个 Action 控制器。所以只需要在这两个控制器上进行修改便可完成。这两个控制器对应的类分别是 ShowStudentAction.java 和 EditStudentAction.java，它们在 struts.xml 中的配置信息如下。

```
        <package name="control" extends="struts-default">
            <action name="showStudent" class="control.ShowStudentAction">
                <result name="success">/studentinfo.jsp</result>
            </action>
            <action name="editStudent" class="control.EditStudentAction">
                <result name="success">/editstudentshow.jsp</result>
            </action>
    </package>
```

通过上述 Action 控制器的配置信息可以看出，两个控制器名称、对应的类、所在的包及页面跳转规则的配置。本案例这些部分都相同，不需要做任何修改，只是在控制器类中修改调用的模型语句即可。

在 ShowStudentAction.java 中只需进行如下修改。

将如下两条语句：

```
StudentModel students = new StudentModel();
        Student student = students.load(getId());
```

修改为：

```
        HibernateModel studentsbiz = new HibernateModel();
        Student student = studentsbiz.load(getId());
```

在 EditStudentAction.java 中只需进行如下修改。

将语句：

```
StudentModel studentsbiz = new StudentModel();
```

修改为：

```
HibernateModel studentsbiz = new HibernateModel();
```

修改完成后，控制器的编码就完成了（其他部分均保持不变）。这样就完成了案例 4-2 的所有编码工作。图 4-13 所示的是案例 4-2 编码完成后的程序结构。

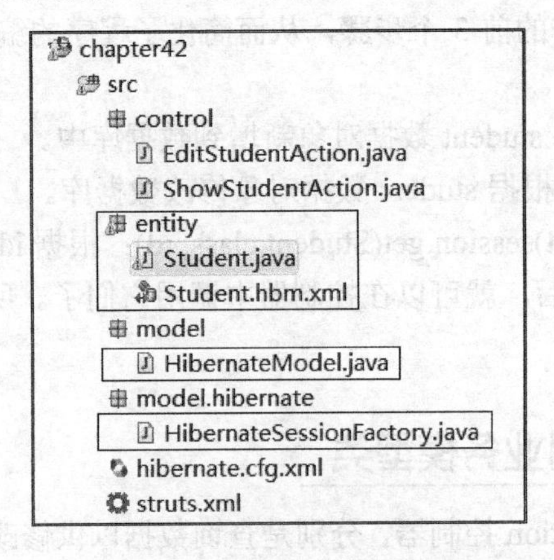

图 4-13　案例 4-2 程序结构

图 4-13 是案例 4-2 的程序结构，其中方框部分是新增的部分，其他部分（包括各 JSP 文件）与案例 3-5 一样，但在 Action 控制器中只需要进行简单的修改以调用 HibernateModel 模型类中的方法。注意，由于实体类 Student 是自动生成的，其属性的数据类型可能与案例 3-5 中的不同，这时可以进行手工调整（如分数 score 属性生成为 double 类型，而案例 3-5 中是 float 类型，则在相应的地方将 float 改为 double 便可）。

通过上述步骤完成了本案例的程序开发后，部署项目、启动 Tomcat 服务器，在浏览器中输入本案例的首页地址，则出现图 3-20 所示的结果，通过 Hibernate 框架实现数据库数据的修改。

4.4　利用 HQL 实现数据库查询

在 Hibernate 框架中可以利用 HQL 实现数据库查询。HQL 的全称是 Hibernate Query Language，它是类似于 T-SQL 的 Hibernate 专用查询语言。

在传统的 JDBC 方式中，需要使用 SQL 查询语句 select 对关系数据库进行查询。由于关系数据库逻辑结构复杂，select 语句往往比较庞大。而 HQL 查询语言用对数据对象的查询来实现数据库查询。Hibernate 框架中实现了 ORM 关系映射，即将关系数据库映射为面向对象的数据库，从而通过对数据对象的操作实现对数据库的操作。所以，Hibernate 是真正的面向对象的数据库。

HQL 语句结构类似于 T-SQL 语言的 select 语句，只是操作的对象是实体类（注意，它对实体类名称的大小写敏感），而其他操作子句也与 select 的子句相同（如 order by，group by 等），并不分大小写。

4.4.1 利用 Hibernate 的 HQL 实现学生姓名查询

通过案例介绍使用 Hibernate 的 HQL 查询语言实现对数据库的查询，从而了解 HQL 语言的使用及相关知识。

【案例 4-3】 利用 HQL 语言实现按学生姓名进行数据库查询。

本案例通过编写应用程序实现按学生姓名进行模糊查询，即查询出包含用户输入汉字的所有学生姓名，并通过列表显示出来。如果用户没有输入，则列表显示所有学生的姓名。

本案例基于案例 4-2 实现，即在 chapter42 基础上改造完成，具体步骤如下。

导入项目 chapter42 的所有项目代码，该项目代码已经完成了 Struts 2 框架的支持与配置、Hibernate 框架的支持与配置，并生成了数据库对应的实体类及其映射文件。后面要做的是以下编程工作。

- 编写一个输入查询条件的 JSP 页面。
- 编写模型层的一个查询方法，该方法传入一个查询条件，根据这个条件用 HQL 实现对数据库的查询。
- 编写 Action 控制器，获取查询条件，调用模型层的查询方法获取查询结果，并将查询结果放回到 JSP 界面进行显示。
- 编写显示查询结果的 JSP 页面。

1. 创建条件输入界面

创建 searchstudent.jsp 用于输入查询条件，需要用到 Struts 2 的表单标签，它主要调用查询的控制器 SearchStudent。该 JSP 查询页面的主要代码如下。

```
<%@taglib prefix="s" uri="/struts-tags"%>
……
<s:form action="SearchStudent.action">
        姓名:<input type="text" name="conditionname" />
        <s:submit value="查询"/>
    </s:form>
```

注意：为了使输入的中文数据在传递过程中不为乱码，将 JSP 页面的编码方式改为 pageEncoding="UTF-8"。

2. 在模型层中创建查询方法

编写模型层的代码实现查询功能。具体方法是在 HibernateModel.java 中添加查询方法 public List search(Student item) 并实现，其代码如下。

```
Session session=HibernateSessionFactory.getSession();
……
public List search(String item) {
        String HqlString = null;
        if (item == null) {
        HqlString = "from Student order by id desc ";
        } else {
        String name = item;
        if (name.equals("")) {
        HqlString = "from Student order by id desc ";
        } else {
        HqlString = "from Student    where name like '%"+name
        + "%' order by id desc ";
            }
        }
        try {
        Query queryObject = session.createQuery(HqlString);
        return queryObject.list();
        } catch (RuntimeException re) {
        re.printStackTrace();
        throw re;
        }
}
```

在上述代码中，使用 HQL 分为以下 4 步实现。开始要得到操作 Session，这一步是 Hibernate 框架封装在 HibernateSessionFactory 类中，即通过 Session session=HibernateSessionFactory.getSession()语句获取 Hibernate 操作会话 Session。然后在查询方法中实现如下 3 步 HQL 操作：首先根据数据条件生成 HQL 语句；然后调用 Hibernate 的 Query 对象进行 HQL 查询；最后将查询结果（List 集合）返回给调用方。

注意：上述 HQL 语句是针对对象的查询，所以要注意“Student”的大小写，因为它对应的是实体类 Student，而 Java 代码对大小写敏感。

上述代码需要生成各引入（import）语句，具体如下。

```
import java.util.List;
import org.hibernate.Query;
import org.hibernate.Session;
import org.hibernate.Transaction;
```

3. 实现查询 Action 控制器

在 control 包中新创建一个 Action 类：SearchStudentAction.java。该控制器的创建与其他 Action 控制器的创建一样，即先创建一个普通类，然后使其实现 Action 接口并添加 execute()方法，最后在配置 struts.xml 文件中进行配置。

下面的代码就是对该 Action 的实现。它包括定义属性、编写 execute()方法的代码、实现数据查询，并转发显示页面。

```
package control;
import java.util.List;
import model.hibernate.HibernateModel;
import com.opensymphony.xwork2.Action;
public class SearchStudentAction implements Action {
    private String conditionname;
    private List list;
    public String getConditionname() {
        return conditionname;
    }
    public void setConditionname(String conditionname) {
        this.conditionname = conditionname;
    }
    public List getList() {
        return list;
    }
    public void setList(List list) {
        this.list = list;
    }
    HibernateModelImpl biz = new HibernateModelImpl();
    public String execute() throws Exception {
        list = biz.search(conditionname);
        return "success";
    }
}
```

注意：上述 Action 控制器的代码中有 conditionname 和 list 两个属性。其中，属性 conditionname 用于输入姓名（作为查询条件）；list 用于返回查询到的对象集合。list 中的数据在结果显示的 JSP 页面中将信息迭代显示出来。然后调用模型层中的查询方法获取数据库查询的结果，并将结果存放在 list 属性中。

最后，需要在 struts.xml 中配置该 Action 控制器，如下所示。

```
<action name="SearchStudent" class="control.SearchStudentAction">
        <result name="success">/listStudent.jsp</result>
</action
```

该 Action 将结果转发到 listStudent.jsp 页面中，该页面将提取控制器中 list 集合中的数据进行迭代显示。

4. 迭代显示查询结果数据

创建并编写 listStudent.jsp 页面程序，迭代显示查询出的结果集合。该页面就是 Action 中配置的返回“success”时转发的界面。由于查询结果集 list 是 Action 的属性，则在该页面中直接用 Struts 2 迭代标签对其进行迭代显示便可。listStudent.jsp 中主要代码如下所示。

```
<%@ page language="java" import="java.util.*" pageEncoding="UTF-8"%>
<%@taglib prefix="s" uri="/struts-tags"%>
……
<body>
```

```
        <table border="1" width="200">
          <s:iterator value="list" id="student">
            <tr>
                <td><s:property value="name"/></td>
            </tr>
          </s:iterator>
        </table>
    </body>
```

上述代码通过迭代标签 iterator 循环显示了 list 集合（Action 控制器属性）中的数据对象 student 的姓名属性，即通过 property 标签显示该对象的姓名（name 属性）。

通过上述 4 个步骤就在案例 4-2 的基础上完成了本案例的编码。本案例的程序结构与案例 4-2 一致，只是在相应的包或文件夹中增加了实现 HQL 查询的相关程序。控制器层 control 包中增加了查询控制器类 SearchStudentAction.java，并在 struts.xml 中进行了配置。JSP 文件夹增加了两个 JSP 文件 searchstudent.jsp 和 listStudent.jsp。而模型层只是在 HibernateModel.java 类文件中增加了查询方法 public List search(Student item)。这样就完成了案例 4-3 的编码。

编码工作完成后，部署项目、启动 Tomcat 服务器，在浏览器地址栏中输入以下地址：

```
http://localhost:8080/chapter43/searchstudent.jsp
```

运行结果如图 4-14 所示。其中，如果输入条件不空，则模型查询学生姓名；如果查询条件为空，则查询所有学生姓名并列表显示出来。

（a）输入查询条件

（b）查询结果显示

（c）输入模糊条件

（d）模糊查询结果显示

图 4-14　用 HQL 实现数据库查询

4.4.2 Hibernate 实现查询常用方式简述

Hibernate 实现查询方式有多种，下面简单概述 Hibernate 实现查询的两种常用方式：HQL 与 QBC。

1. 用 HQL 实现查询方式

HQL 是 Hibernate Query Language 的缩写，语法类似 SQL。但是 HQL 是一种面向对象的查询语言。SQL 操作的是表、列等数据库对象，而 HQL 操作的是类、数据对象、属性。

HQL 查询依赖于 Query 类，每个 Query 实例对应一个查询对象，如案例 4-3 代码所示，使用 HQL 查询按如下步骤进行。

（1）获取 Hibernate Session 对象。

（2）编写 HQL 语句。

（3）以 HQL 语句作为参数，调用 Session 的 createQuery 方法创建查询对象（如果 HQL 语句包含参数，则调用 Query 的 setXxx 方法为参数赋值）。

（4）调用 Query 独享的 list()或 uniqueResult()方法返回查询结果列表。

由于查询不需要更新数据，所以 HQL 查询不需要事务处理。

HQL 语句类似于 SQL 语句，同样有 select 子句、where 子句、order by 子句、group by 子句等，也能进行关联查询，也可取别名（格式是：<实体类名> as <别名>）。但它的查询不直接对应数据库表，而是通过数据库表映射出的对象模型。

由于 HQL 是针对对象的查询，所以要注意区别大小写，特别是如果实体类名有大写字母的，一定不能写成小写。HQL 中如 select、where 等关键词是不区别大小写的。

from 是最简单的 HQL 语句，也是最基本的 HQL 语句，from 关键字后紧跟持久化类的类名，例如，from Student 表明从 Student 类中选出全部的实例。但人们常这样写：from Student as S，这个 S 就是 Student 的别名，也就是实例名。

select 子句用于选择指定的属性或直接选择某个实体，当然 select 选择的属性必须是 from 后持久化类包含的属性。在 HQL 中，select 子句可以省略。

HQL 查询也有聚集函数，其聚集函数与 SQL 语言一样，包括以下一些。

- avg：计算属性的平均值。
- count：统计选择对象的数量。
- max：统计属性值的最大值。
- min：统计属性值的最小值。
- sum：计算属性值的总和。

HQL 语言的 order by 子句、group by 子句等与 SQL 一样，就不一一介绍了。

2. 用 QBC 实现查询方式

QBC 是 Query By Criteria 的缩写。这种方式是完全面向对象的方式，它的重点有 3 个描述条件的对象：Restrictions、Order、Projections，用于定义条件表达式、排序、聚集函数计算。使用 QBC 查询时，一般需要以下 3 个步骤。

（1）使用 Session 实例的 createCriteria()方法创建 Criteria 对象。

（2）使用工具类 Restrictions 的方法为 Criteria 对象设置查询条件，Order 工具类的方法设置排序方式，Projections 工具类的方法进行统计和分组。

（3）使用 Criteria 对象的 list()方法进行查询并返回结果。

Restrictions 类的常用方法如下。

- Restrictions.eq：等于。
- Restrictions.allEq：使用 Map、Key/Value 进行多个等于的比对。
- Restrictions.gt：大于。
- Restrictions.ge：大于等于。
- Restrictions.lt：小于。
- Restrictions.le：小于等于。
- Restrictions.between：对应 SQL 的 between。
- Restrictions.like：对应 SQL 的 like。
- Restrictions.in：对应 SQL 的 in。
- Restrictions.and：and 关系。
- Restrictions.or：or 关系。
- Restrictions.sqlRestriction：SQL 限定查询。

Order 类的常用方法如下。

- Order.asc：升序。
- Order.desc：降序。

Projections 类的常用方法如下。

- Projections.avg：求平均值。
- Projections.count：统计某属性的数量。
- Projections.countDistinct：统计某属性不同值的数量。
- Projections.groupProperty：指定某个属性为分组属性。
- Projections.max：求最大值。
- Projections.min：求最小值。
- Projections.projectionList：创建一个 ProjectionList 对象。
- Projections.rowCount：查询结果集中记录的条数。
- Projections.sum：求某属性的合计。

利用 QBC 进行数据库查询的实例可见下面的代码段。

```
static void qbc(String name,String sex){
  Session session=null;
  try{
    session=HibernateUtil.getSession();
    Criteria c=session.createCriteria(Student.class);
    c.add(Restrictions.eq("name",name));      //其中，eq 是等于，gt 是大于，lt 是小于,or 是或的含义
    c.add(Restrictions.eq("sex",sex));
    List<Student> list=c.list();
    for(Student student:list){
      System.out.println(student.getName());
    }
  }finally{
    if(session!=null)
```

```
        session.close();
    }
}
```

由于篇幅有限，采用 QBC 方式的查询就不做详细介绍了。由于 QBC 是面向对象操作，它革新了以前的数据库操作方式，具有易读的特点。但其具体使用没有 HQL 灵活，适用面较 HQL 窄。

小　结

本章介绍了用 Hibernate 进行数据库持久化的操作方法。介绍了如何在项目中添加 Hibernate 支持与配置，并通过案例介绍了 Hibernate 在项目中的使用步骤。

Hibernate 框架通过面向对象的形式封装 SQL 语句对数据库进行操作，程序员需要通过 ORM 映射关系及对数据对象的操作实现对数据库的持久化。可以将这些对数据的处理封装成 DAO（数据处理对象），以供业务模块进行数据库持久化共享。

本章通过案例的形式介绍了 Hibernate 框架实现的对数据库的新增、删除、修改的操作，以及通过 HQL 实现的对数据库的查询操作。

习　题

一、填空题

1．Hibernate 对 JDBC 进行了非常轻量级的对象封装，Java 程序员可以随心所欲地使用________来操纵数据库。

2．一些用于对数据进行新增、删除、修改、查询的类与对象一般被称为________。

3．Hibernate 是通过________方式实现对关系数据库的操作。而实现关系数据库到面向对象的数据库操作是通过________来实现的。

4．Hibernate 配置文件 hibernate.cfg.xml 默认的位置是________。

5．在 Hibernate 框架中可以利用________实现数据库查询。

二、简答题

1．举例说明什么是持久化操作。

2．请说明 Hibernate 框架的作用以及项目中使用 Hibernate 框架的开发步骤。

3．什么是数据处理 DAO 层？请说明如何利用 Hibernate 实现 DAO 层。

4．如何基于 Hibernate 框架开发基于 MVC 的 Web 应用程序？

5．请说说 ORM 关系映射的含义，如何实现 ORM？

综合实训

实训 1 在 MyEclipse 开发环境中创建一个 Web 项目，并完成 Hibernate 框架的支持与配置。在此基础上，编写对数据库中仓库库存数据（货物清单包括编号、货物名称、产地、规格、单位、数量、价格）进行查询显示操作的程序。

实训 2 在实训 1 的基础上，以 Hibernate 框架实现 DAO 层，编写 MVC 模式的程序完成对仓库库存信息进行新增、修改、删除、查询的应用程序。

第5章 使用 Hibernate 实现数据库关联操作

本章学习目标

- 了解 Hibernate 中数据库关联操作的含义与作用。
- 掌握使用 Hibernate 进行数据库多表级联操作的过程。
- 会进行 Hibernate 数据关联关系映射的配置与操作。
- 了解使用 Hibernate 注解方式进行数据持久化操作及配置。
- 了解使用 MyBatis 框架实现数据持久化技术。

Hibernate 的优点是对复杂结构的数据库操作方便。一般数据库应用系统都具有复杂的逻辑结构，所以常常会遇到同时对几个数据库表进行更新的操作，这就要用到对数据库的连接更新操作。Hibernate 可以用级联操作方式在一个事务中同时完成多表的映射关联关系操作，为程序员进行业务处理提供了很大的便利。

映射关联关系可以说是 Hibernate 最优秀的部分，也可以说是最难掌握的部分。映射关联关系一般包括一对一、一对多、多对一、多对多（单向和双向）关系。

5.1 数据库的关联操作

数据库关联操作是用于两个或多个一对多关系（或多对一、多对多关系）的表之间的操作。例如，两个表 A、B 之间存在一对多关系，其中表 A 表示班级信息，而表 B 表示该班的学生信息。表 A（班级号，班级名），班级号为主键；表 B（学生编号，姓名，班级号），学生编号为主键，班级号为外键，它们通过外键（班级号）进行关联，以实现关联操作。关联操作有关联查询、关联更新等操作。

可以通过 Hibernate 的级联操作来完成数据库的关联操作。所谓 Hibernate 级联操作是指 Hibernate 同时对关联关系映射的几个表同时进行操作（包括查询、更新、删除）。例如，在进行数据库关联更新操作时，可在外键值相匹配的前提下更改一个主键值，系统会相应地更新所有匹配的外键值。如果在表A中将班级号为“001”的班级记录改为“002”，那么表B中班级号为“001”的所有学生的班级号均会改为“002”。级联删除与更新类似，如果在表A中将班级号为“001”的记录删除，那么表B中外键班级号为“001”的所有学生记录也将被删除。

能在Hibernate的一个事务中同时完成数据库级联操作，这保证数据库的实体完整性及参照完整性，即在数据库完成更新操作后能使整个数据处于一致状态。传统的方法保持数据库中数据的一致性，需要编写许多相应的数据操作SQL语句，这些编码工作量大，也容易出错，而Hibernate级联操作能很方便地解决该问题。

5.2 两个表之间关联操作的实现

下面通过案例介绍使用Hibernate框架级联操作实现两个数据库表之间的关联操作。

数据库表关联关系包括一对多关系（one-to-many）、多对一关系（many -to- one）和多对多关系（many-to-many）。在业务处理时，常常会对这些关系表进行级联操作，即Hibernate常会同时对关联的双方进行数据更新与删除操作。

与第4章介绍的Hibernate对单表操作过程一样，Hibernate对关联的多表进行持久化操作时过程基本是一样的，只是在进行ORM配置时对多个表及多表之间的映射关系进行配置。

在定义实体类关联属性与ORM配置文件时，可根据业务需要选择单向一对多、单向多对一、双向一对多等映射模式进行配置。它们实质上是配置两个表对应实体类属性的映射关系，即是否该实体类会将对方作为自己对象类型的属性，并在双方的映射文件中进行配置。

下面通过案例展示对两个一对多关系数据库表进行级联查询、新增、修改、删除操作，从而使读者了解与掌握用Hibernate进行多表级联操作。

5.2.1 用Hibernate实现多表级联查询操作

【案例5-1】 通过Hibernate对一对多关系的两个数据库表（班级、学生）进行级联查询操作。该案例要求用户输入一个班级号，则级联查询显示出该班级及其所有的学生信息。

1. 实现思路

该案例的级联操作是将具有一对多关系的两个数据库表，以面向对象的形式存放在班级数据对象中。由于班级表与学生表是一对多关系，则对应的班级类与学生类是一对多的关联类，班级类将该班级的学生集合以对象属性（SET集合）进行存放。这样只要查询到一个班级对象，就可以根据该对象属性获取该班级的所有学生信息。

在Hibernate的级联操作中，只要进行一次查询就可以获取到这两个表的数据。下面展示该案例的实现过程。

该案例的实现包括如下几个步骤。

- 首先进行一对多的数据库表设计及数据的准备。
- 创建Java EE项目并获取Hibernate的支持。
- 根据一对多的数据库表进行实体类及ORM映射文件的创建。
- 编写MVC程序实现级联查询。

下面分别介绍这些步骤的实现过程。

2. 创建一对多数据库表及其模拟数据

创建两个一对多关系的数据库表 classes 和 student。它们分别存放班级信息及班级学生信息。其逻辑结构为：班级表 classes（班级号、班级名），学生表 student（学生号、学生姓名、所在班级号、年龄、性别、成绩）。学生表中以所在班级号为外键与班级表建立一对多联系。这两个表的设计结构分别如表 5-1 和表 5-2 所示。

表 5-1　班级表 classes 结构

序　号	字 段 名	字 段 说 明	类　型	约　束
1	cid	班级号	int	主键
2	Cname	班级名称	varchar	

表 5-2　数据库表 student 结构

序　号	字 段 名 称	字 段 说 明	类　型	约　束
1	sid	编号	int	主键
2	name	学生姓名	varchar	
3	sex	性别	varchar	
4	age	年龄	int	
5	classid	班级号	int	外键：对应 classes.cid
6	score	成绩	float	

表 5-1 和表 5-2 的 E-R 模型如图 5-1 所示。

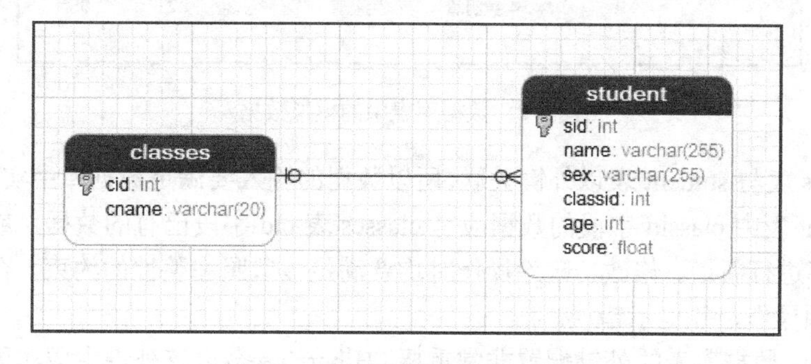

图 5-1　两个数据库表的 E-R 模型

注意：在创建这两个表结构时，要设计 student 表中 classid 为外键，该外键对应 classes 表的主键 cid。实现该数据库表结构的 SQL 语言如下所示。

```
DROP TABLE IF EXISTS `classes`;
-- ----------------------------
-- Table structure for `classes`
-- ----------------------------
CREATE TABLE `classes` (
  `cid` int(11) NOT NULL auto_increment,
  `cname` varchar(20) character set utf8 default NULL,
  PRIMARY KEY   (`cid`)
```

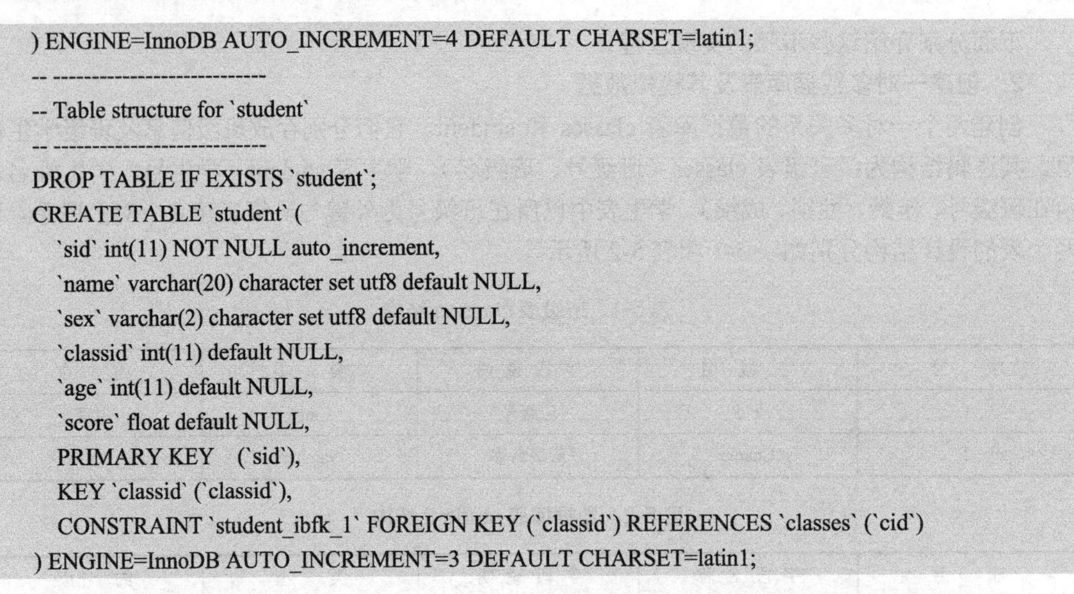

```
) ENGINE=InnoDB AUTO_INCREMENT=4 DEFAULT CHARSET=latin1;
-- ----------------------------
-- Table structure for `student`
-- ----------------------------
DROP TABLE IF EXISTS `student`;
CREATE TABLE `student` (
  `sid` int(11) NOT NULL auto_increment,
  `name` varchar(20) character set utf8 default NULL,
  `sex` varchar(2) character set utf8 default NULL,
  `classid` int(11) default NULL,
  `age` int(11) default NULL,
  `score` float default NULL,
  PRIMARY KEY   (`sid`),
  KEY `classid` (`classid`),
  CONSTRAINT `student_ibfk_1` FOREIGN KEY (`classid`) REFERENCES `classes` (`cid`)
) ENGINE=InnoDB AUTO_INCREMENT=3 DEFAULT CHARSET=latin1;
```

为了展示案例的运行效果，需要在两个数据库表中存放模拟数据，如图 5-2 所示。

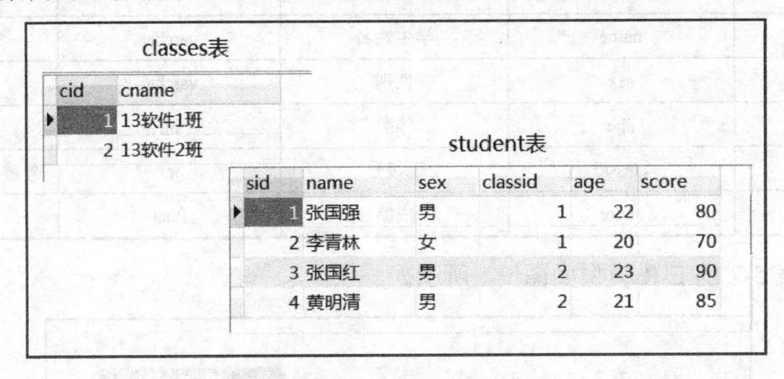

classes表

cid	cname
1	13软件1班
2	13软件2班

student表

sid	name	sex	classid	age	score
1	张国强	男	1	22	80
2	李青林	女	1	20	70
3	张国红	男	2	23	90
4	黄明清	男	2	21	85

图 5-2　数据库表中的模拟数据

由于 classes 表与 student 表以外键关联，所以数据的输入要满足数据库中实体参照完整性。即输入的 student 表中 classid 字段的数据应是 classes 表 cid 字段已有的数据，或者是空值。其实，在对数据库进行新增、修改、删除操作时均要满足该参照完整性的约束，否则数据库管理系统不允许该项操作，并提示错误。

在该案例中，数据库表的外键配置非常重要，Hibernate 会以该外键生成实体类的一对多等关系。可以通过 Navicat 等工具进行可视化设置，如图 5-3 所示。

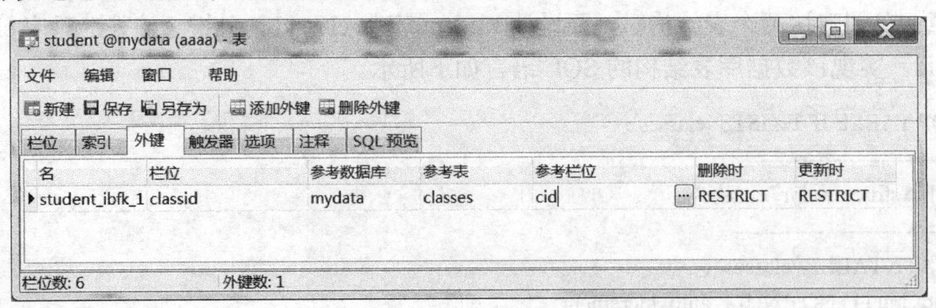

图 5-3　数据库表外键的设置

3. 创建 Java EE 项目并添加 Hibernate 支持

该步骤与第 4 章案例相同，这里不再赘述，读者可参见 4.2.3 节的介绍。

4. 创建实体类及映射文件

本案例同样需要根据数据库表创建实体类及其映射文件，其内容和过程与案例 4-1 基本相同（可参见 4.2.3 节中“3．实体类及映射文件的创建”的介绍）。不同之处是，这里有两个数据库表及两个实体类、两个映射文件（*.hbm.xml 文件）。

创建实体类及映射文件的过程同第 4 章 4.2.3 节“3．实体类及映射文件的创建”中的介绍相同（具体如图 4-8、图 4-9 所示），但由于是多表操作，所以还要做一些一对多关系的配置。在图 4-9 中需要选择 Next 按钮，直到出现图 5-4 所示的对话框。

操作时，将 MyEclipse 切换到 MyEclipse Database Explorer（数据库资源管理器）视图，如图 4-8 所示的逆向工程的操作。在图 4-9 中选择 Next 按钮直到进入如图 5-4 所示的对话框。

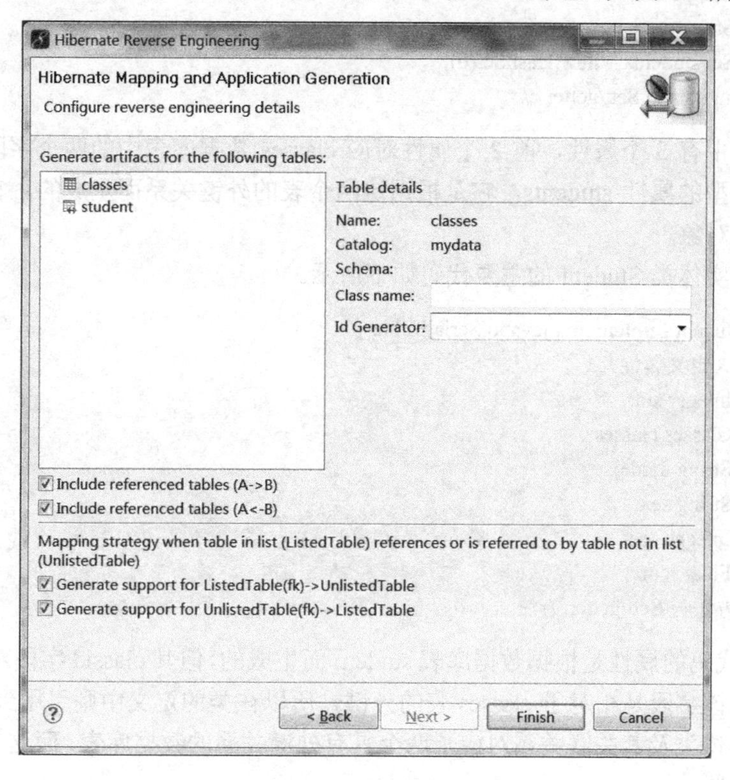

图 5-4 配置多表映射文件

在图 5-4 中“Generate artifacts for the following tables”（为下列数据库表生成工件）是需要转换实体类的数据库表。操作员可以选择图中 Include referenced tables(A->B)与 Include referenced tables(A<-B)，侦查出与已有数据库表相关联的其他数据库表（存在外键关系的表）。然后单击 Finish 按钮完成操作，这样会生成图 5-5 所示的实体类文件及映射文件。

图 5-5 显示了项目中生成的两个实体类文件（Classes.java 和 Student.java）及两个映射文件（Classes.hbm.xml 和 Student.hbm.xml）。由于它们是一对多关联关系，所以在实体类文件及其映射文件中均自动配置了它们的这种关系。

```
chapter51
  src
    entity
      Classes.java
      Student.java
      Classes.hbm.xml
      Student.hbm.xml
```

图 5-5　生成后的实体类及映射文件

自动生成的实体类 Classes 的主要代码如下所示。

```
public class Classes implements java.io.Serializable {
    // Feilds（定义属性）
    private Integer cid;
    private String cname;
    private Set students = new HashSet(0);
    // Construtors and Sett/getter
```

在上述代码中有 3 个属性，前 2 个属性对应 classes 数据库表中的两个字段；另外一个属性是 Set 集合类型的属性 students，它是根据这两个表的外键关系而生成的，它将存放该班级的所有学生数据对象。

自动生成的实体类 Student 的主要代码如下所示。

```
public class Student implements java.io.Serializable {
    // Fields（定义属性）
    private Integer sid;
    private Classes classes;
    private String name;
    private String sex;
    private Integer age;
    private Float score;
    // 构造方法与 Sett/getter 方法
```

同样，上述代码的属性是根据数据库表 student 而生成的，但其 classid 字段对应的是 Classes 类型，这是由于该字段是相对于 classes 表的外键，所以在类的定义中则引用到 Classes 类。

上述两个实体类及其关联关系对应了两个具有外键关系的数据库表，而这些关系还要在配置文件中进行配置。

Classes.hbm.xml 的配置代码如下。

```
<?xml version="1.0" encoding="utf-8"?>
<!DOCTYPE hibernate-mapping PUBLIC "-//Hibernate/Hibernate Mapping DTD 3.0//EN"
"http://hibernate.sourceforge.net/hibernate-mapping-3.0.dtd">
<!--
    映射文件由 MyEclipse 持久化工具自动生成
-->
<hibernate-mapping>
    <class name="entity.Classes" table="classes" catalog="mydata">
        <id name="cid" type="java.lang.Integer">
            <column name="cid" />
```

```
                <generator class="identity" />
            </id>
            <property name="cname" type="java.lang.String">
                <column name="cname" length="20" />
            </property>
            <set name="students" inverse="true">
                <key>
                    <column name="classid" />
                </key>
                <one-to-many class="entity.Student" />
            </set>
        </class>
    </hibernate-mapping>
```

同第 4 章介绍的配置文件一样，这里配置了实体类与数据库表及其属性与字段之间的对应关系。还需要通过如下代码配置实体类之间的一对多关系。

```
<set name="students" inverse="true">
            <key>
                <column name="classid" />
            </key>
            <one-to-many class="entity.Student" />
        </set>
```

上述代码说明外键“classid”对应的一对多关系的类是“entity.Student”。

实体类 Student 映射文件 Student.hbm.xml 的代码如下。

```
<?xml version="1.0" encoding="utf-8"?>
<!DOCTYPE hibernate-mapping PUBLIC "-//Hibernate/Hibernate Mapping DTD 3.0//EN"
"http://hibernate.sourceforge.net/hibernate-mapping-3.0.dtd">
<!--
    映射文件由 MyEclipse 持久化工具自动生成
-->
<hibernate-mapping>
    <class name="entity.Student" table="student" catalog="mydata">
        <id name="sid" type="java.lang.Integer">
            <column name="sid" />
            <generator class="identity" />
        </id>
        <many-to-one name="classes" class="entity.Classes" fetch="select">
            <column name="classid" />
        </many-to-one>
        <property name="name" type="java.lang.String">
            <column name="name" length="20" />
        </property>
        <property name="sex" type="java.lang.String">
            <column name="sex" length="2" />
        </property>
        <property name="age" type="java.lang.Integer">
```

```
            <column name="age" />
        </property>
        <property name="score" type="java.lang.Float">
            <column name="score" precision="12" scale="0" />
        </property>
    </class>
</hibernate-mapping>
```

上述代码配置了数据库表 student 与实体类 Student 之间的对应关系（包括表名与类名、字段名与属性名）。另外，下列代码配置了外键 classid 对应一个实体类，其与 Classes 类是多对一关系。

```
        <many-to-one name="classes" class="entity.Classes" fetch="select">
            <column name="classid" />
        </many-to-one>
```

MyEclipse 会自动在 Hibernate 的配置文件 Hibernate.cfg.xml 中加上下列代码，它们指出了映射资源文件及其存放位置。

```
        <mapping resource="entity/Classes.hbm.xml" />
    <mapping resource="entity/Student.hbm.xml" />
```

通过上述步骤完成了 ORM 映射关系的创建，这样就可以编写 Java 代码对这两个数据库表进行持久化操作了。

需要说明的是，实体类 Classes 与 Student 的属性中都有对方引用类型的属性。一个是一对多关系，另一个是多对一关系。这种引用关系称为“双向一对多”关系。双向一对多关系是为了满足分别从一方对另一方进行级联操作的需要。但是如果没有这种操作需要，完全可以只定义“单向一对多”或单向“多对一”关系，即只需要定义一个实体类到另一个实体类的引用，而没必要定义双向引用。

定义单向引用时，只需要在图 5-4 中选择下列选项之一。

□Include referenced tables(A->B)。

□Include referenced tables(A<-B)。

为了测试上述映射关系已配置成功，可以编写一个简单的 Java 程序测试一个级联操作。下面是一个通过查询 1 号班级而现实这个班级名称及该班级所有学生姓名的级联查询操作的 Java 程序。

```
    public class StuGet {

        public static void main(String[] args) {
            Configuration conf = new Configuration().configure();   //1. 读取配置文件
          SessionFactory sf = conf.buildSessionFactory();           //2. 创建 SessionFactory

          Session session = sf.openSession();                       //3. 打开 Session
          try{
            Classes classes=(Classes)session.get(Classes.class,1);  //1 号班级
            System.out.println("班级："+classes.getCname());
            Iterator it=classes.getStudents().iterator();
```

```
            System.out.print("班级学生：");
            while(it.hasNext()){
                Student s= (Student)it.next();
                System.out.print(s.getName()+"      ");
            }
          }catch(Exception e){
                e.printStackTrace();
            }finally{
            session.close();                     //4. 关闭 Session
            }
        }
}
```

上述程序运行的结果如图 5-6 所示，从图中可以看出，通过一个 get 查询操作同时获取了一个 Classes 类型的对象，它包含两个数据库表中的数据。

```
班级：13软件1班
班级学生：张国强  李青林
```

图 5-6　同时显示了班级及该班级学生姓名

通过图 5-6 所示的测试结果，说明对数据库的持久化操作是成功的，即说明一对多表的级联关系配置成功，可以编写程序进行数据库的级联操作了（包括更新与删除操作）。

5. 编写 MVC 程序实现数据库的级联查询操作

完成上述介绍的准备工作后，就可以编写基于 MVC 模式的数据库应用程序了。下面介绍通过 Hibernate 级联操作实现数据库的多表查询。

在进行 MVC 应用程序开发时，由于业务处理的复杂性常常需要同时对多个数据库表进行操作。通过 Hibernate 的级联操作会大幅度降低应用程序的开发效率，这也是 Hibernate 的主要优势。

通过 Hibernate 框架的级联操作，在数据对象中同时查询两个数据库表中的数据，从而以面向对象的形式对多数据库表进行操作。

图 5-7 中显示了该案例的运行结果。在图 5-7（a）所示的界面中输入要查询的班级号，则图 5-7（b）所示的界面中同时显示了该班级的名称及班级的所有学生的信息。这种效果是通过级联操作实现的，即通过用户输入的班级号，只进行一次 get 操作就获取了该班级号对应的班级名称及该班级所有的学生姓名。该操作不需要对数据库进行连接查询操作，也不需要对数据库进行多次查询操作，从而大幅度地提高了程序开发效率。

实现该 MVC 应用程序时，需要编写相应的 JSP 显示页面、Action 控制器、业务处理模型等。由于该案例的实现很多部分与前面案例相同，所以此处重点介绍有关级联操作实现的代码。这些代码主要包括以下部分。

- 班级号输入 JSP 页面。
- Action 控制器。
- 模型层。
- 显示查询结果 JSP 页面。

班级号输入 JSP 页面程序 search.jsp 的代码如下。

```
<%@ page language="java" contentType="text/html; charset=gbk"%>
<html>
	<head>
		<title>输入页面</title>
	</head>
	<body>
		<form action="showClass">
			<p>
				请输入班级号:
				<input name="cid"   /><br>
			</p>
			<input type="submit" value="确定">
		</form>
	</body>
</html>
```

该 JSP 页面要求根据某个班级号 cid 查询该班的班名及其所有的学生信息。用户输入班级号到 cid 变量，然后执行一个 Action 控制器（showClass）。在此 JSP 程序中，cid 是 Action 的一个属性，用户输入的 cid 数据将直接存放在 Action 的 cid 属性中。

控制器 showClass 对应的程序为 ShowClassAction.java（参见 struts.xml 中的配置信息），其主要代码如下所示。

```
public class ShowClassAction implements Action{
	private int cid;
	private String cname;
	private Set students = new HashSet(0);

	public int getCid() {
		return cid;
	}
	public void setCid(int cid) {
		this.cid = cid;
	}
	public String getCname() {
		return cname;
	}
	public void setCname(String cname) {
		this.cname = cname;
	}
	public Set getStudents() {
		return students;
	}
	public void setStudents(Set students) {
		this.students = students;
	}
		public String execute() throws Exception
			HibernateClassModel classesbiz = new HibernateClassModel();
```

```
                Classes grade = classesbiz.load(getCid());
                setCid(grade.getCid());
            setCname(grade.getCname());
                setStudents(grade.getStudents());
            return "success";
        }
    }
```

上述控制器中定义了 3 个属性，分别对应班级号 cid、班级名 cname 及班级所有学生 students。其中 cid 与上述输入班级号的 JSP 页面相同，目的是将输入的数据直接存放到该属性中；学生 students 属性是 SET 集合类型，且其中元素将存放 Student 类类型的数据（学生数据对象）。这些属性（包括 SET 集合类型的属性）都需要有自己对应的 setter/getter 方法。

在该控制器的 execute()方法中，调用模型 HibernateClassModel 的 load(Integer id)方法查询班级名及该班级所有的学生信息。查询完成后，将查询的结果信息分别存放到该 Action 的 3 个属性中，以供显示 JSP 页面使用。

在模型层中对应的班级处理类为 HibernateClassModel.java，它定义了通过班级号查询班级对象的方法 load(Integer id)，其主要代码如下。

```
public class HibernateClassModel {
    Session session=HibernateSessionFactory.getSession();
    public Classes load(Integer id) {   //参数 id 为传递的班级号
        try {  //根据 id 查询班级对象，并返回查到的该班级对象
            Classes grade = (Classes)session.get(Classes.class, id);
            return grade;
        } catch (RuntimeException re) {
            re.printStackTrace();
            throw re;
        }
    }
```

上述方法 load(Integer id)是根据 id 查询班级对象，并返回查到的该班级对象。在 Action 控制器（见 ShowClassAction.java 中代码）中调用了该方法，并将查询的数据对象（Classes 类型）存放在 Action 控制器的属性中。最后 Action 控制器负责跳转到显示结果的 JSP 页面，该 JSP 页面将显示存放在 Action 控制器属性中的数据对象。

注意：此处的级联查询的结果在 classes 类中，该类同时包含班级信息以及该班级的学生信息。显示数据对象的 JSP 程序将分别显示这些数据。

显示数据对象的 JSP 程序为 listClassStudent.jsp，其主要代码如下。

```
<%@ page language="java" import="java.util.*" pageEncoding="UTF-8"%>
<%@taglib prefix="s" uri="/struts-tags"%>
<!DOCTYPE HTML PUBLIC "-//W3C//DTD HTML 4.01 Transitional//EN">
<html>
  <head>
    <title>查询结果</title>
  </head>
 <body>
  班级：<s:property value="cname"/>
```

```
<table border="1" width="200">
<s:iterator value="students" id="student">
    <tr>
        <td><s:property value="sid"/></td>
        <td><s:property value="name"/></td>
        <td><s:property value="sex"/></td>
        <td><s:property value="age"/></td>
        <td><s:property value="score"/></td>
    </tr>
</s:iterator>
</table>
</body>
</html>
```

上述 JSP 代码通过<s:property>标签直接显示 Action 控制器的 3 个属性的值：cid、cname、students。但是显示 SET 集合类型的属性 students 时，需要通过<s:iterator>标签进行迭代显示其中各数据对象的属性值（显示效果如图 5-7（b）和图 5-7（d）所示）。

（a）查询 1 号班级

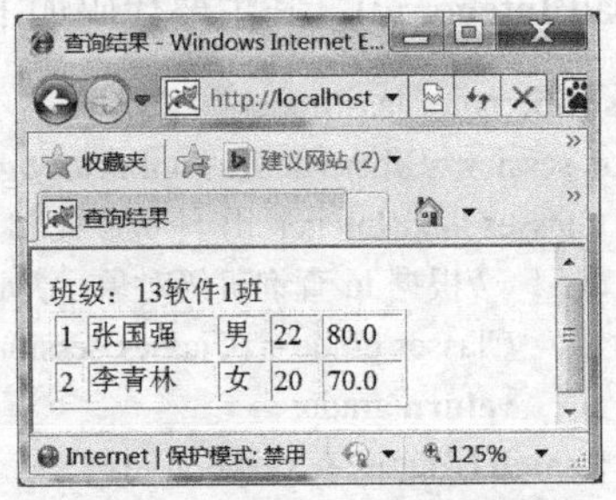

（b）显示 1 班班名及该班学生的信息

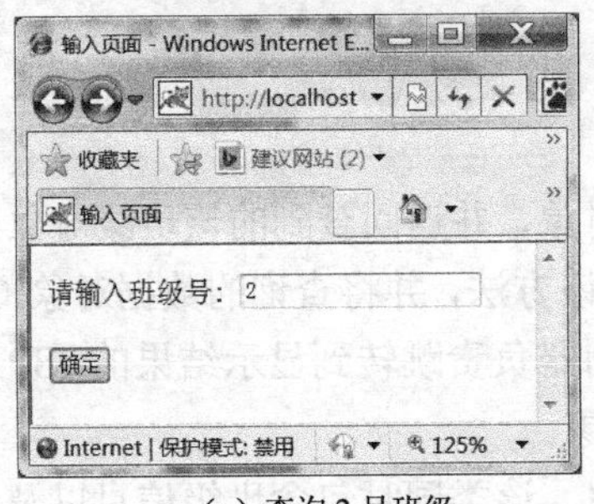

（c）查询 2 号班级

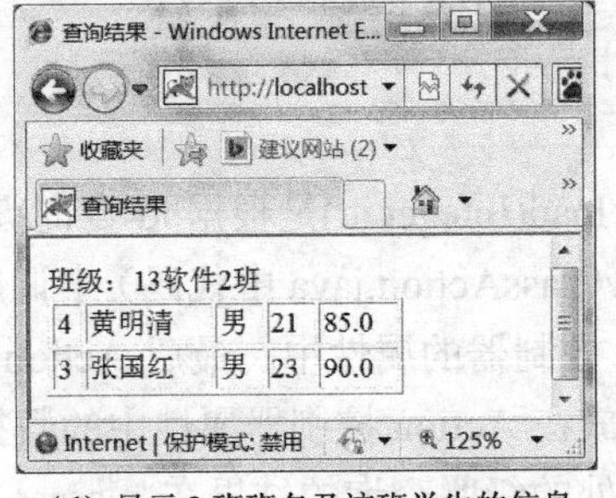

（d）显示 2 班班名及该班学生的信息

图 5-7　MVC 模式的级联查询

图 5-7 显示了案例 5-1 运行的结果，用户输入需要查询的班级号，则可以级联查询出该班级的名称及其所有的学生信息。通过上述案例的实现可以看出，Hibernate 框架实现数据库多表级联操作编码非常方便，这是 Hibernate 框架的主要优势之一。

5.2.2　用 Hibernate 实现多表级联更新操作

前面介绍了用 Hibernate 实现数据库的级联查询操作。下面简单介绍用 Hibernate 实现数据库的级联新增、修改、删除操作。

由于篇幅限制，这里只介绍用 Java 代码实现数据库的级联新增、修改、删除操作。这些操作均在案例 5-1 的代码配置环境中实现，也就是说，只需要在案例 5-1 项目中直接编写 Java 程序代码即可。

1. Hibernate 级联新增的实现

在案例 5-1 的项目中，直接编写 Java 程序实现级联新增操作。即在数据库表 classes 及 student 表中同时增加如下数据。

- 班级：13 软件三班。
- 该班级 2 个学生：黄小明，男，20 岁，95 分；王凤娇，女，22 岁，85 分。

Hibernate 级联新增代码实现如下。

```
public class StuAdd {
    /**
     * @param args
     */
    public static void main(String[] args) {
        Configuration conf = new Configuration().configure();        // 1. 读取配置文件
        SessionFactory sf = conf.buildSessionFactory();              // 2. 创建 SessionFactory
        Session session = sf.openSession();                         // 3. 打开 Session
        Transaction tx = null;
        try {
            tx = session.beginTransaction();                         // 4. 开始一个事务
            // 5. 持久化操作
            Classes classes = new Classes();
            classes.setCname("13 软件三班");

            Set studentSet = new HashSet();
            Student stu = null;
            stu = new Student();
            stu.setName("黄小明");
            stu.setClasses(classes);
            stu.setAge(20);
            stu.setSex("男");
            stu.setScore(95f);
            studentSet.add(stu);

            stu = new Student();
            stu.setName("王凤娇");
            stu.setClasses(classes);
            stu.setAge(22);
            stu.setSex("女");
            stu.setScore(85f);
            studentSet.add(stu);
            classes.setStudents(studentSet);

            session.save(classes);
            tx.commit();      // 6. 提交事务
```

```
        }
    }
```

上述代码首先创建了一个 Classes 类型的对象 classes，然后将需要新增班级、学生的数据赋值给其属性，然后调用 save()方法实现新增。由于班级号、学生号均是系统自动生成的，所以不需要赋值。

注意：classes 的学生集合属性 students 的赋值，首先需要创建 Student 类型的变量，然后进行赋值并添加到 SET 集合中（注意，classid 的赋值是关联对象），最后再通过 setStudents()方法赋给 classes 的 students 属性。

当 classes 中的数据都赋值成功后，就可以调用新增持久化方法进行级联新增操作，操作结果如图 5-8 所示。

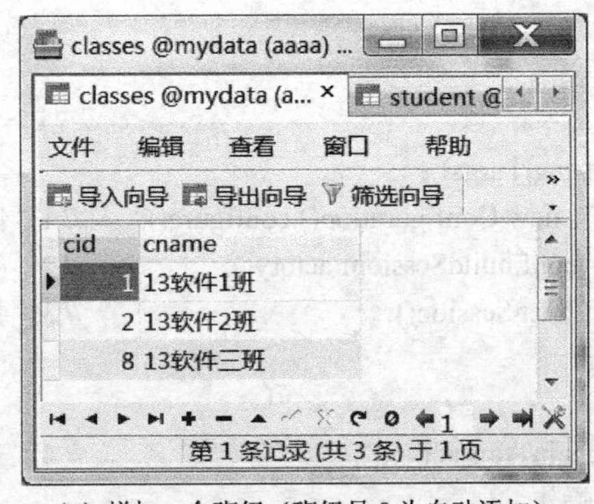

（a）增加一个班级（班级号 8 为自动添加）

student @mydata (aaaa) - 表
classes @mydata (a... × student @mydata (a... ×
文件 编辑 查看 窗口 帮助
导入向导 导出向导 筛选向导 网格查看

sid	name	sex	classid	age	score
1	张国强	男	1	22	80
2	李青林	女	1	20	70
3	张国红	男	2	23	90
4	黄明清	男	2	21	85
5	黄小明	男	8	20	95
6	王凤娇	女	8	22	85

SELECT * FROM `student` LIMI 第 6 条记录 (共 6 条) 于 1 页

（b）同时为新班级（8 号）添加学生信息

图 5-8　新增一个班级及该班级的学生信息

图 5-8 中分别显示了对班级表、班级中的学生表都新增了数据记录。由于班级号、学生号均设置为主键，且自动递增，所以系统会自动分配给这些主键一个适当的数值。而外码 classid 被赋以对应班级号的值（如图 5-8 所示）。

要注意，由于需要对数据库进行级联更新操作，需要在映射文件中修改配置参数。此案例需要在 Classes.hbm.xml 映射文件<set name="students" inverse="true">语句中加 cascade 属性的设置，如 cascade="all"（如图 5-9 中的方框所示）。

```
<hibernate-mapping>
    <class name="entity.Classes" table="classes" catalog="mydata">
        <id name="cid" type="java.lang.Integer">
            <column name="cid" />
            <generator class="identity" />
        </id>
        <property name="cname" type="java.lang.String">
            <column name="cname" length="20" />
        </property>
        <set name="students" inverse="true" cascade="all">
            <key>
                <column name="classid" />
            </key>
            <one-to-many class="entity.Student" />
        </set>
    </class>
</hibernate-mapping>
```

图 5-9 修改映射文件以允许级联更新操作

其中 inverse 属性表示“是否维护关联关系”，即在 Java 里两个对象产生关联时，对数据库表的影响。而 cascade 属性值含义如下。

- all：对所有更新都能进行级联操作。
- none（默认值）：忽略其他关联对象，即不能对所有操作进行级联操作。
- save-update：能对更新（新增与修改）进行级联操作，即 save()与 update()方法调用是级联操作。
- delete：能对删除进行级联操作，即 delete()方法调用是级联操作。

2. Hibernate 级联修改的实现

在案例 5-1 项目的配置环境下直接编写 Java 程序实现级联修改操作。

该修改程序将数据库表 classes 中将班级“13 软件三班”修改为“13 软件 3 班”，同时将该班对应 student 表中的学生：黄小明，男，20 岁，95 分；王凤娇，女，22 岁，85 分修改为：黄晓明，男，20 岁，90 分；王小娇，女，21 岁，90 分。

Hibernate 级联修改操作代码实现如下。

```
public class StuUpdate {
    /**
     * @param args
     */
    public static void main(String[] args) {
        Configuration conf = new Configuration().configure();     // 1. 读取配置文件
        SessionFactory sf = conf.buildSessionFactory();           // 2. 创建 SessionFactory
        Session session = sf.openSession();                       // 3. 打开 Session
        Transaction tx = null;
        try {
            tx = session.beginTransaction();                      // 4. 开始一个事务
                                                                  // 5. 持久化操作
            Classes classes = new Classes();
            classes.setCid(8);                                    //修改 8 号班级的数据
            classes.setCname("13 软件 3 班");

            Set studentSet = new HashSet();
            Student stu = null;
            stu = new Student();
```

```
                stu.setSid(5);
                stu.setName("黄晓明");
                stu.setClasses(classes);
                stu.setAge(20);
                stu.setSex("男");
                stu.setScore(90f);
                studentSet.add(stu);

                stu = new Student();
                stu.setSid(5);
                stu.setName("王小娇");
                stu.setClasses(classes);
                stu.setAge(21);
                stu.setSex("女");
                stu.setScore(90f);
                studentSet.add(stu);

                classes.setStudents(studentSet);
                session.update(classes);
                tx.commit();                    // 6. 提交事务
        }
}
```

上述代码运行后数据库的修改结果如图 5-10 所示。

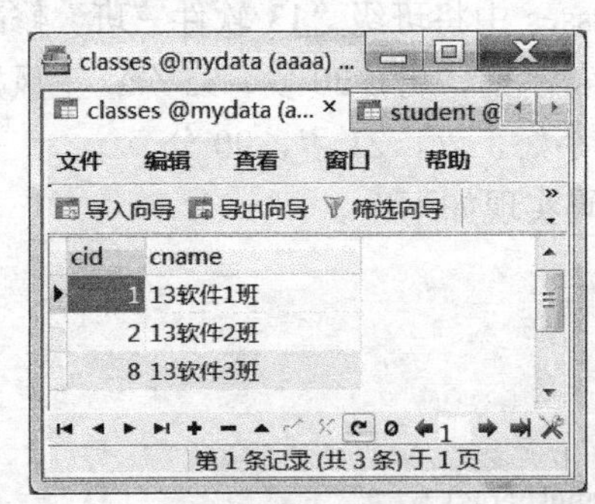

（a）修改 8 号班级名

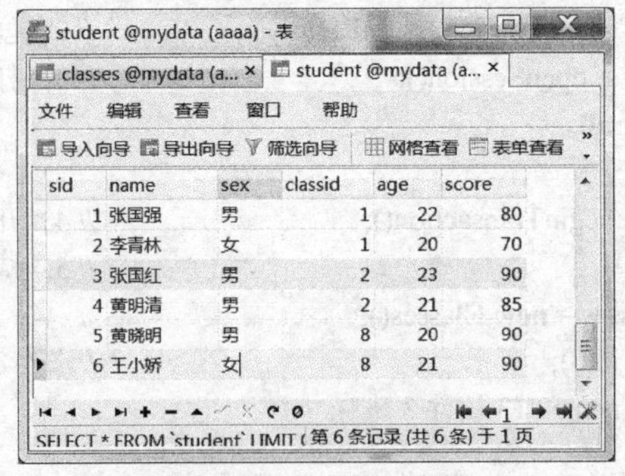

（b）修改 8 号班级学生信息

图 5-10　同时修改 8 号班级及其学生数据

图 5-10 显示了级联修改数据库的结果。上面 Java 程序代码（stuUpdate 主类）中先创建 Classes 类型的数据对象，然后将需要修改的数据赋给该对象的属性（包括 SET 集合的学生对象的数据），最后执行修改操作就完成了两个数据库表的修改。

3. Hibernate 级联删除的实现

在案例 5-1 项目的配置环境下直接编写 Java 程序实现级联删除操作。

该删除程序将数据库表 classes 中将 2 号班级“13 软件 2 班”数据删除，为了满足数据库的参照完整性，同时需要删除 2 号班级所有的学生记录。

删除 2 号班级及 2 号班级所有的学生记录的级联操作代码如下所示。

```
public class StuDelete {
    /**
     * @param args
     */
    public static void main(String[] args) {
        Configuration conf = new Configuration().configure();      // 1. 读取配置文件
        SessionFactory sf = conf.buildSessionFactory();            // 2. 创建 SessionFactory
        Session session = sf.openSession();                        // 3. 打开 Session
        Transaction tx = null;
        try{
        tx = session.beginTransaction();                           // 4. 开始一个事务
                                                                   // 5. 持久化操作
        Classes classes=(Classes)session.get(Classes.class,2);     //2 为班级号
        session.delete(classes);
        tx.commit();                                               // 6. 提交事务
        }
}
```

上述代码删除了 2 号班级记录，由于是级联操作所以同时删除了该班级所有的学生信息（操作后的结果如图 5-11 所示）。由于需要保证数据库的参照完整性，所以该班级的信息需要同时删除。如果不使用级联操作，则需要先删除 2 号班级所有的学生信息，然后才能删除 2 号班级记录。否则数据库管理系统会约束操作，即不允许删除操作执行。

正是由于 Hibernate 具有级联操作，这些复杂的操作可以很简便地完成。

图 5-11 显示了两个数据库表中已经完成了级联删除操作，即分别删除了 classes 表中的 2 号班级记录及 student 表中 2 号班级所有的学生记录。

本节 3 个 Java 程序分别测试了在案例 5-1 的配置环境下对两个数据库表进行简单的新增、修改、删除操作。从运行后数据库的结果可以看出，这些操作均已实现对数据库的更新及删除。这些 Java 程序代码展示了实现级联操作的核心技术，但是如果需要进行应用程序的开发，则需要根据业务需求、MVC 实现技术等进行综合运用。

读者可以根据案例 5-1 的方法实现 MVC 模式的级联新增、修改及删除操作程序。由于各种级联操作是基于业务处理需要的，且实现技术同案例 5-1，所以此处不再一一介绍，请读者在实际应用过程中根据需要参考本案例进行实现。

本节的案例介绍了 Hibernate 的级联操作。其实，级联（Cascade）指的是当主控方执行操作时，关联对象（被动方）是否同步执行同一操作。只有关系标记为“many-to-one”、“one-to-many”等时才有 cascade 属性。一个操作因级联 cascade 可能触发多个关联操作。前一个操作

称为“主控操作”，后一个操作称为“关联操作”。

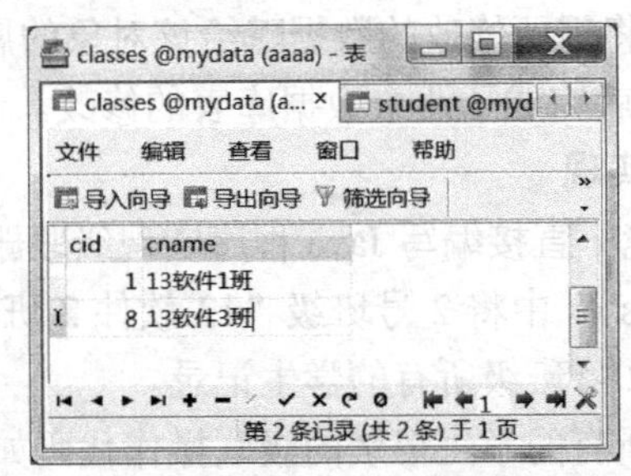

（a）已删除了 2 号班级数据

sid	name	sex	classid	age	score
1	张国强	男	1	22	80
2	李青林	女	1	20	70
5	黄晓明	男	8	20	90
6	王小娇	女	8	21	90

（b）同时删除了 2 号班级的学生数据

图 5-11　同时删除了 2 号班级及其学生信息

一般一个数据实体类和它的关系对象属性之间的关系是“主控方—被动方”的关系，如果关系属性是一个 Set 类型，那么被动方就是 Set 中的一个元素。

cascade 属性的可选值如下。

- all：所有情况下均进行关联操作。
- none：所有情况下均不进行关联操作，这是默认值。
- save-update：在执行 save/update/saveOrUpdate 时进行关联操作。
- delete：在执行 delete 时进行关联操作。

其实，主控操作和关联操作的先后规则是：先保存一方，再保存多方；先删除多方，再删除一方；先修改主控方，再修改被动方。

另外，many-to-many 关系很少设置 cascade=true，而是设置 inverse=false，这反映了 cascade 和 inverse 的区别。

inverse 表示“是否放弃维护关联关系”（在 Java 里两个对象产生关联时，对数据库表的影响），在 one-to-many 和 many-to-many 的集合定义中使用，inverse=“true”表示该对象不维护关联关系；该属性的值一般在使用有序集合时设置成 false（注意，Hibernate 的默认值是 false）。one-to-many 维护关联关系就是更新外键。

5.3　Hibernate 数据关联关系映射

映射关联关系是 Hibernate 的最优秀部分，也是最难掌握的部分。如果应用得不好，不但不能提高效率，反而会出现意想不到的错误，甚至影响运行速度。

映射关联关系一般包括单向和双向一对多、多对一、多对多关系等。下面简单介绍其中几个常用类型。

在案例 5-1 中，两个实体类 Classes 与 Student 属于一对多关系，它们构成的类图（数据对象模型）如图 5-12 所示。

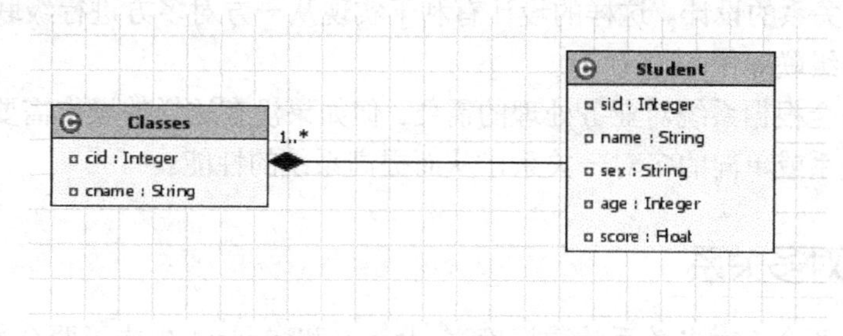

图 5-12　案例 5-1 的数据对象模型

这两个实体类的设计代码如下。

```
public class Classes implements java.io.Serializable {
    // 域
    private Integer cid;
    private String cname;
    private Set students = new HashSet(0);
    // Sett/getter 方法省略
}
```

```
public class Student implements java.io.Serializable {
    // 域
    private Integer sid;
    private Classes classes;
    private String name;
    private String sex;
    private Integer age;
    private Float score;
    // Sett/getter 方法省略
}
```

它们之间的关联关系设计介绍如下。

Classes 类中有属性定义语句：private Set students = new HashSet(0)，表明定义了一个一对多关联关系。其映射文件 Classes.hbm.xml 要对该属性进行一对多配置，配置代码如下。

```
<set name="students" inverse="true" cascade="all">
        <key>
            <column name="classid" />
        </key>
        <one-to-many class="entity.Student" />
    </set>
```

而对于实体类 Student 定义了属性 classes（语句：private Classes classes），表明定义了多个学生对应一个班级的多对一关系。其映射文件 Student.hbm.xml 的关系配置代码如下所示。

```
<many-to-one name="classes" class="entity.Classes" fetch="select">
        <column name="classid" />
</many-to-one>
```

所以案例 5-1 中的两个实体类的设计及两个映射文件的配置属于双向一对多关系（或双向多对一关系）映射关系的设计。这样的设计有利于实现从一方对多方进行级联操作，也可以实现从多方到一方的级联操作。

这样的操作完全根据系统对业务处理的需要。但如果没有这样的操作需要，则完全可以配置单向的一对多关系或单向的多对一关系，从而提高系统的性能。

5.3.1 单向一对多关系

在案例 5-1 中两个一对多关系的数据库表 classes 和 student 生成了两个实体类 Classes 和 Student，这两个实体类设计为双向一对多关系，即在 Classes 类中定义了多方属性 students。

```
private Set students = new HashSet(0);
```

又在 Student 类中定义了一方的属性 classes。

```
private Classes classes;
```

这样定义后，可以较容易地从一方获取多方的数据，即从某个班级对象中获取其学生对象数据。也可以从学生对象中获取其班级对象数据。这样的设计可以满足上述两种方向的应用需求。但是软件系统往往不需要同时满足这样的需要，则上述双向一对多关联关系显得多余，也会影响系统的性能。

如果两个实体类的设计如下。

```
public class Classes implements java.io.Serializable {
    // 域
    private Integer cid;
    private String cname;
    private Set students = new HashSet(0);
    // Sett/getter 方法省略
}
```

```
public class Student implements java.io.Serializable {
    // 域
    private Integer sid;
    private Integer classid;
    private String name;
    private String sex;
    private Integer age;
    private Float score;
    // Sett/getter 方法省略
}
```

上述设计是单向一对多关系。它只能满足从一方获取多方数据的需求，反之则不成立。实体类 Classes 的单向一对多映射文件 Classes.hbm.xml 的配置代码如下。

```
<hibernate-mapping>
    <class name="entity.Classes" table="classes" catalog="mydata">
        <id name="cid" type="java.lang.Integer">
            <column name="cid" />
            <generator class="identity" />
        </id>
        <property name="cname" type="java.lang.String">
            <column name="cname" length="20" />
        </property>
        <set name="students" inverse="true">
            <key>
                <column name="classid" />
            </key>
            <one-to-many class="entity.Student" />
        </set>
    </class>
</hibernate-mapping>
```

实体类 Student 单向一对多映射文件 Student.hbm.xml 的配置代码如下。

```
<hibernate-mapping>
    <class name="entity.Student" table="student" catalog="mydata">
        <id name="sid" type="java.lang.Integer">
            <column name="sid" />
            <generator class="identity" />
        </id>
                <property name="classid" type="java.lang.Integer">
            <column name="classid" length="20" />
        </property>
        <property name="name" type="java.lang.String">
            <column name="name" length="20" />
        </property>
        <property name="sex" type="java.lang.String">
            <column name="sex" length="2" />
        </property>
        <property name="age" type="java.lang.Integer">
            <column name="age" />
        </property>
        <property name="score" type="java.lang.Float">
            <column name="score" precision="12" scale="0" />
        </property>
    </class>
</hibernate-mapping>
```

5.3.2　单向多对一关系

如果两个实体类进行如下设计。

```
public class Classes implements java.io.Serializable {
    // 域
    private Integer cid;
    private String cname;
    // Sett/getter 方法省略
}
```

```
public class Student implements java.io.Serializable {
    // 域
    private Integer sid;
    private Classes classes;
    private String name;
    private String sex;
    private Integer age;
    private Float score;
    // Sett/getter 方法省略
}
```

该设计一方没有多方的数据对象，但多方有一方的数据对象，所以上述设计是单向多对一关系。该关系的设计只能满足从多方获取一方数据的需求，反之则不成立。

多对一的维护关系是多指向一的关系，有了此关系，在加载多的时候可以将一加载上来，即我们查询班级的时候，学生也被查询出来了。而一对多的关系，是指在加载一的时候可以将多加载进来，即查询学生的时候，班级也被查询出来了。它们适用于不同的应用需求。

其实不管是一对多还是多对一，都是在多的一端维护关系。可以从程序的执行状况来解释这样做的原因。若在一的那端维护关系，多的一端 Student（学生）并不知道 Classes（班级）的存在。所以在保存 Student 的时候，关系字段 classid 为 NULL。如果将该关系字段设置为非空，则将无法保存数据。另外因为 Student 不维护关系，Classes 维护关系，则在对 Classes 进行操作时，Classes 就会发出多余的 update 语句来维持 Classes 与 Student 的关系，这样加载 Classes 的时候才会把该 Classes 对应的学生加载进来。可见一对多关联映射存在很大的问题。那么怎么解决这些问题呢？可采取所谓的一对多双向关联。

实体类 Classes 单向多对一映射文件 Classes.hbm.xml 的配置代码如下。

```
<hibernate-mapping>
    <class name="entity.Classes" table="classes" catalog="mydata">
        <id name="cid" type="java.lang.Integer">
            <column name="cid" />
            <generator class="identity" />
        </id>
        <property name="cname" type="java.lang.String">
            <column name="cname" length="20" />
        </property>
    </class>
</hibernate-mapping>
```

实体类 Student 单向多对一映射文件 Student.hbm.xml 的配置代码如下。

```
<hibernate-mapping>
    <class name="entity.Student" table="student" catalog="mydata">
        <id name="sid" type="java.lang.Integer">
            <column name="sid" />
            <generator class="identity" />
        </id>
        <many-to-one name="classes" class="entity.Classes" fetch="select">
            <column name="classid" />
        </many-to-one>
        <property name="name" type="java.lang.String">
            <column name="name" length="20" />
        </property>
        <property name="sex" type="java.lang.String">
            <column name="sex" length="2" />
        </property>
        <property name="age" type="java.lang.Integer">
            <column name="age" />
        </property>
        <property name="score" type="java.lang.Float">
            <column name="score" precision="12" scale="0" />
        </property>
    </class>
</hibernate-mapping>
```

5.3.3　双向一对多关系

案例 5-1 就是双向一对多关系的设计，这样的设计可以从一方获取多方的数据对象，也可以从多方获取一方的对象数据。

通过一对多双向关联映射，我们将关系交给多的一方维护，而且从一的那端也能够看到多的一端。这样就很好地解决了一对多单向关联的缺陷。优化之后查询数据时，不管是一的那端还是多的那端，只需要一条操作语句就可完成。

由于前面案例 5-1 已经介绍了双向一对多关系的设计、配置及其应用，所以此处对双向一对多关系的具体介绍省略。

5.3.4　双向多对多关系

在业务形式上，一个班级及其学生之间属于一对多关系，即一个班级有多名学生，而一个学生只能有一个班级。但是学生与教师之间的关系属于多对多关系，即一个学生对应多名授课教师，而一名教师教授多名学生。下面以学生与教师关系介绍双向多对多关系的实现。

对于多对多关系的设计，一般需要设计 3 个数据库表。如学生与教师关系的数据库设计如表 5-3～表 5-5 所示。

表 5-3　教师表 teacher 结构

序　　号	字 段 名	字 段 说 明	类　　型	约　　束
1	tid	教师编号	int	主键
2	tname	教师姓名	varchar	

表 5-4　学生表 student 结构

序　　号	字 段 名	字 段 说 明	类　　型	约　　束
1	sid	学生编号	int	主键
2	sname	学生名称	varchar	

表 5-5　教师学生对应表 teacherstudent 结构

序　　号	字 段 名	字 段 说 明	类　　型	约　　束
1	tid	教师编号	Int	外键:teacher.tid
2	sid	学生编号	int	外键:student.sid

上述学生与教师关系的数据库设计有 3 个表，即教师表 teacher、学生表 student 以及教师学生对应表 teacherstudent。但进行实体类的设计时只需要两个实体类：教师类 Teacher 和学生类 Student。其代码设计如下。

```
public class Teacher implements java.io.Serializable {
    // 域
    private Integer tid;
    private String tname;
    private Set students = new HashSet(0);
    // Sett/getter 方法省略
}
```

```
public class Student implements java.io.Serializable {
    // 域
    private Integer sid;
    private String sname;
    private Set teachers = new HashSet(0);
    // Sett/getter 方法省略
}
```

上述两个实体类的设计，实现了双向的多对多关系。它可以分别从一方获取另一方对应的多个数据。相对于多对多关系的 3 个数据库表的操作，Hibernate 双向多对多关系的操作能给程序员带来更大的方便。

实体类 Teacher 双向多对多映射文件 Teacher.hbm.xml 的配置代码如下。

```
<hibernate-mapping>
    <class name="entity.Teacher" table="teacher" catalog="students">
        <id name="tid" type="java.lang.Integer">
            <column name="tid" />
            <generator class="identity" />
        </id>
```

```
            <property name="tname" type="java.lang.String">
                <column name="tname" length="20" />
            </property>
           <set name="students" table="teacherstudent">
                <key>   <column name="tid" />
                </key>
                <many-to-many column="sid" class="entity.Student" />
            </set>
        </class>
</hibernate-mapping>
```

实体类 Student 双向多对多映射文件 Student.hbm.xml 的配置代码如下。

```
<hibernate-mapping>
    <class name="entity.Student" table="student" catalog="students">
        <id name="sid" type="java.lang.Integer">
            <column name="sid" />
            <generator class="identity" />
        </id>
        <property name="sname" type="java.lang.String">
            <column name="sname" length="20" />
        </property>

<set name="teachers" table="teacherstudent">
            <key>   <column name="sid" />
            </key>
            <many-to-many column="tid" class="entity.Teacher" />
        </set>
</hibernate-mapping>
```

上述两个配置文件中均出现了映射表 teacherstudent，在进行数据库设计时一定要注意。

上述映射关系的配置虽然烦琐，但这些关系类型及配置 MyEclipse 可以自动完成。根据图 5-4 中“□Include referenced tables(A->B)”与“□Include referenced tables(A<-B)”复选框的选择，MyEclipse 可以自动侦查出数据库表之间的关系类型，并自动生成对应的关联关系及自动完成映射的配置。

5.4 使用注解方式实现数据持久化

由于 Hibernate 不断发展，它几乎成为 Java 数据库持久化的事实标准。它非常强大、灵活，而且具有优异的性能。本节将介绍如何使用 Java EE 注释来简化 Hibernate 代码，并使持久层的编码过程变得更为轻松。

前面介绍了用 Hibernate 映射文件方式进行 ORM 配置，从而实现面向对象的数据库持久化操作。但是，这种方式需要在 hbm.xml 文件中进行复杂的映射关系配置，为了避免这样的复杂配置，使用注解方式（Annotation）是不错的选择。现在注解方式在项目中的使用越来越多，本节介绍使用注解方式实现数据持久化的方法。

Hibernate 3.2 及以上的版本支持 Annotation，如果在 Hibernate 中使用注解，则需要在项目中添加 Annotation 支持包。Hibernate 提供了 Hibernate Annotation 扩展包，它用于替换复杂的 *.hbm.xml 配置文件，使得 hibernate 开发过程大大简化。

虽然使用 hbm.xml 和使用注解 Annotation 都配置同样的关系，本质上没有什么区别。但是使用注解可以在写实体的同时配好映射，而 hbm.xml 则需要来回切换配置和实体，所以注解方式操作起来简便。另外，从维护上来说，使用注解的代码和其配置在一起，不容易漏掉信息，代码编写量少，所以使用注解是当前许多程序员的第一选择。

使用 Hibernate 注解对数据库进行持久化操作的步骤如下。

- 添加 Hibernate Annotations 支持包并进行配置。
- 引入注解（类似 hbm.xml 文件配置作用）。
- 使用注解进行 Java 编程，实现数据库持久化。

5.4.1 添加 Hibernate 注解支持包

要使用 Hibernate 注释至少需要具备 Hibernate 3.2 和 Java EE 5.0。可以从 Hibernate 站点下载 Hibernate 3.2 和 Hibernate Annotation 库。在 Java EE 项目中使用 Hibernate 注释时，除了基本的 Hibernate 框架配置外，还需要如下 Hibernate Annotation 包文件。

（1）Hibernate-annotations.jar。

（2）Ejb3-persistence.jar。

（3）Hibernate-commons-annotation.jar。

下载了 Hibernate Annotations 包文件之后将其添加到项目中，就可以进行 Hibernate 注释的程序开发了。另外，许多 IDE（包括 MyEclipse 等）支持 Hibernate 注释的开发。在第 4 章图 4-3 选择 Hibernate 版本对话框中，勾选“Enable Hibernate Annotations Support”复选框，项目就会自动添加 Hibernate 注解的支持，如图 5-13 所示。

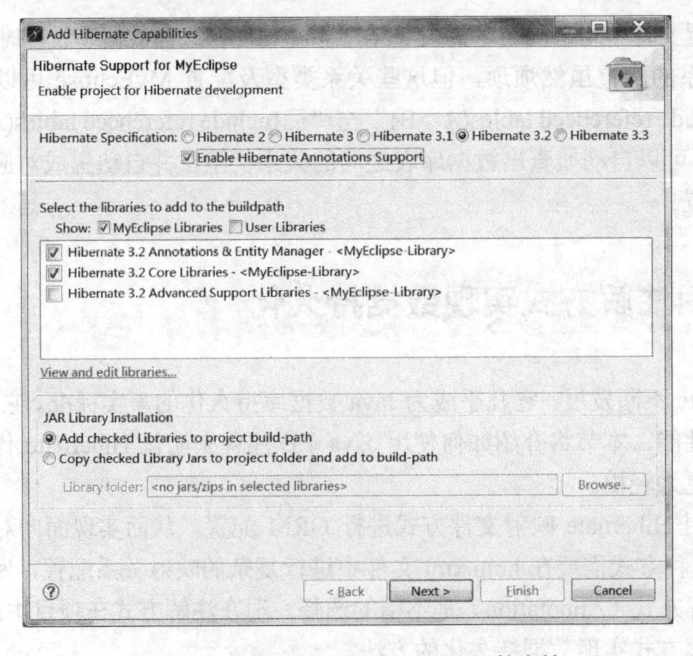

图 5-13 选择 Hibernate Annotations 的支持

如果是一个基于 Hibernate 框架的旧项目需要添加 Hibernate Annotations 的支持，可以在 MyEclipse 中右键单击该项目，依次选择菜单 MyEclipse→Add Hibernate Annotations...，在出现的对话框中进行简单的操作，就可以给该项目添加 Hibernate Annotations 的支持，如图 5-14 所示。

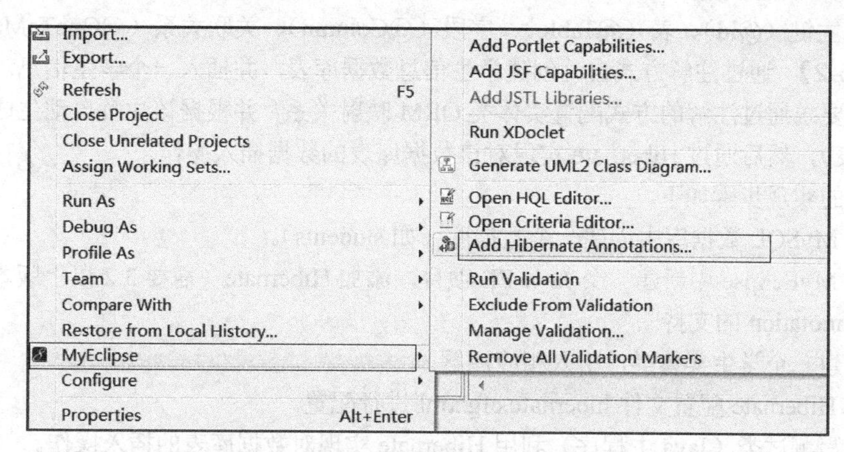

图 5-14 添加 Hibernate Annotations 的支持

添加了 Hibernate Annotations 支持包的项目如图 5-15 所示。

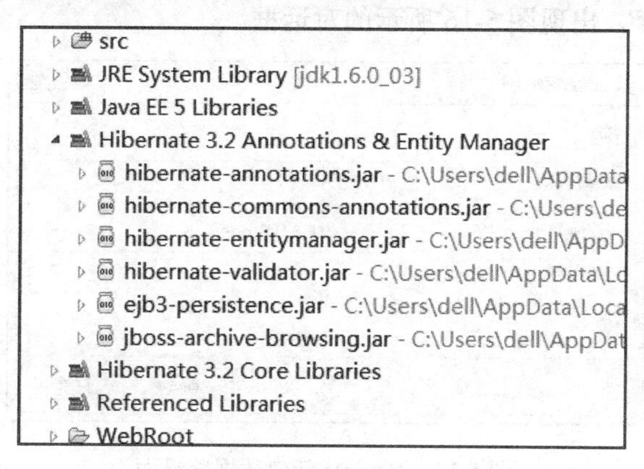

图 5-15 在项目中成功添加 Hibernate Annotations 支持包

在项目中添加了 Hibernate Annotations 支持包后，还需要对 Hibernate 的配置文件 hibernate.cfg.xml 进行配置后才能正常使用。在前面介绍添加 Hibernate 框架支持时介绍了该配置文件的创建，这里同样需要创建该配置文件。为了支持 Hibernate 注解的开发，还需要在该配置文件中增加几条相关配置语句，下节将具体介绍。

另外，利用 Hibernate 注解进行数据库持久化开发，还需要类似于 hbm.xml 文件对 ORM 映射关系进行定义。在注解方式中，这项工作通过在 Java 代码中引入注解来完成。所以在正式进行 Java 程序编码之前，先要引入注解。这些注解包括@entity、@id、@Table、@Column 等。

5.4.2 在项目中引入 Hibernate 注解

配置好 Hibernate Annotation 开发环境后，就可以进行注解方式的软件开发了。与采用 hbm.xml 方式进行 ORM 映射关系的配置及持久化操作一样，用注解方式配置 ORM 映射关系是通过引入相应的注解实现的。只有在实体类引入了相应的注解后，才能通过 Java 程序实现对数据库的持久化操作。

所以采用注解方式进行程序开发需要在程序代码中引入注解，实现与数据库表的映射，从而实现 ORM 映射关系。通过引入注解还可以自动创建数据库表。这些注解包括实体类（@entity）、主键（@id）、表（@Table）、字段（@Column）、关联关系（@OneToMany）等。

【案例 5-2】 通过注解方式自动创建学生信息数据库表，并插入一个学生信息。

该案例要求通过注解的方式配置实体类 ORM 映射关系，并根据该注解自动生成数据库表（学生信息表），然后通过 Hibernate 实现对该数据库表的数据插入操作。

该案例的实现步骤如下。

（1）在 MySQL 数据库中创建一个数据库（如 students）。

（2）在 MyEclipse 中新建一个 Java EE 项目，添加 Hibernate（需要 3.2 以上版本）框架及 Hibernate Annotation 的支持。

（3）创建一个学生实体类，引入相应注解。

（4）对 Hibernate 配置文件 hibernate.cfg.xml 进行配置。

（5）编写测试类（Java 主程序）利用 Hibernate 实现对数据库表的插入操作。

1. 创建数据库 students

可以在 Navicat for MySQL 环境中新建数据库 students。用鼠标右键单击 Navicat 中的连接，选择“新建数据库”，出现图 5-16 所示的对话框。

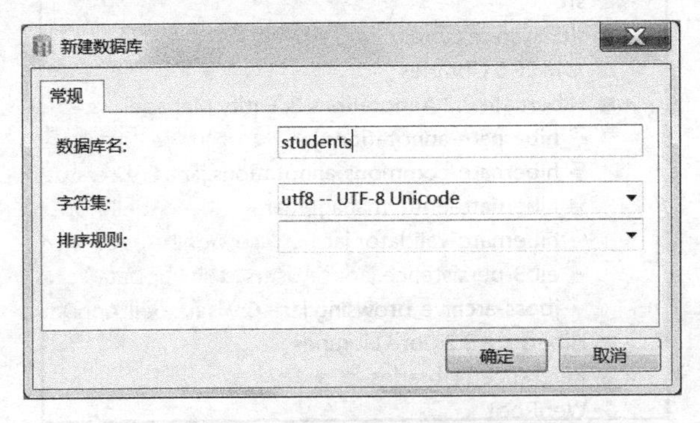

图 5-16 Navicat 新建数据库界面

在图 5-16 中输入数据库名，选择字符集，单击“确定”按钮就完成了该步的操作。数据库表不需要设计，后面可以根据实体类自动生成。

2. 创建 Java EE 项目并添加 Hibernate 注解的支持

本章“5.4.1 添加 Hibernate 注解支持包”中已经介绍过本步骤的操作方法，这里不再赘述。但要注意，生成的 Hibernate 配置文件 hibernate.cfg.xml 中对应的数据库应是上步创建的 students。后面还需要对该配置文件增加相应的配置语句。

3. 引入注解

在 entity 包中创建实体类 Student.java，其代码如下。

```
package entity;
public class Student {     //定义实体类
//定义属性
    private Integer id;
```

```
    private String name;
    private String sex;
    private String grade;
    private Integer age;
    //setter/getter 方法
    public Integer getId() {
        return id;
    }
    public void setId(Integer id) {
        this.id = id;
    }
    // 其他 setter、getter 方法
    ……
}
```

在上面的实体类代码中引入了注解，@Entity 说明该实体类要进行持久化，对应一个数据库实体表；@id 说明该属性对应数据库表的主键；@Table（name="student"）说明该实体类对应的实体表名为 student。

同时，针对上述 3 个注解，需要引入相应的包。

```
import javax.persistence.Entity;
import javax.persistence.Id;
import javax.persistence.Table;
```

这样引入注解后的实体类代码如下。

```
package entity;
import javax.persistence.Entity;
import javax.persistence.Id;
import javax.persistence.Table;
@Entity      //对应持久化的实体类
@Table(name = "student")  //数据库表名称
public class Student {
    private Integer id;
    private String name;
    private String sex;
    private String grade;
    private Integer age;
    @Id    //主键
    public Integer getId() {
        return id;
    }
    public void setId(Integer id) {
        this.id = id;
    }
    // 其他 setter、getter 方法
    ……
}
```

上面代码通过引入 3 个注解及其支持包，就可完成注解的引入工作。这项工作不但定义了实体类，而且定义了 ORM 映射关系，即面向对象的数据库与关系数据库的对应关系。下面就可以编写 Java 代码进行数据持久化操作了。

4. 使用注解方式编写测试类

为了验证上述步骤已经正确地配置了 Hibernate 注解方式软件开发环境，下面编写一个 Java 程序对数据库进行持久化操作。

在编写 Java 测试程序之前，还要对 Hibernate 配置文件添加如下配置语句。

（1）增加语句<mapping class="entity.Student" />，指明关联的实体类。

（2）增加语句<property name="hibernate.hbm2ddl.auto">create</property>指明数据库表可以根据实体类自动生成，或自动更新数据库表结构。

添加上述配置信息以后，就可以编写 Java 程序测试该注解方式是否配置成功。下面的 Java 程序的作用是：利用注解根据上述配置的实体类生成数据库表 student，并插入一个学生信息。

```
package testClass;
import org.hibernate.Session;
import org.hibernate.SessionFactory;
import org.hibernate.cfg.AnnotationConfiguration;
import org.hibernate.cfg.Configuration;
import entity.Student;
// 测试类:用于自动创建数据库表结构的测试
 public class TestAnnotation {
     public static void main(String[] args) {
         Configuration configuration = new AnnotationConfiguration().configure();  //1. 读取配置文件
         SessionFactory sessionFactory = configuration.buildSessionFactory();  //2. 创建 SessionFactory
         Session session = sessionFactory.openSession();                       //3. 打开 Session
         session.beginTransaction();                                           //4. 开始一个事务
         //5. 持久化操作
         Student student = new Student();
         student.setId(1);
         student.setName("李国清");
         student.setSex("女");
         student.setGrade("13 软件 2 班");
         student.setAge(20);
         session.save(student);
         session.getTransaction().commit();                                    //6. 提交事务
         session.close();                                                      //7. 关闭 Session
     }
}
```

上述 Java 代码也根据 Hibernate 操作的 7 个步骤完成了数据持久化。但是，在读取 Hibernate 配置文件时引用 AnnotationConfiguration()方法，如下所示。

```
Configuration configuration =
        new AnnotationConfiguration().configure();
```

这是有注解方式操作与没有注解方式的 Hibernate 操作的不同点，其他步骤基本相同。

然后运行该测试类，选择菜单命令 Run As→Java Application 执行该 Java 程序。接着打开

Navicat for MySQL 查看 students 数据库，其中已经增加了一个数据库表 student，并且该数据库表中已经成功插入了一条数据，如图 5-17 所示。

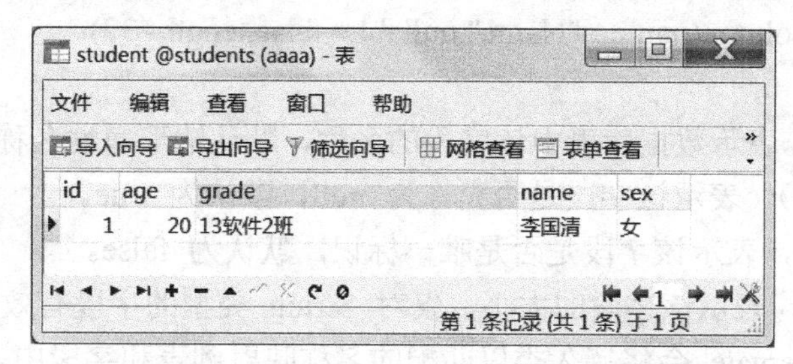

图 5-17 成功实现了数据库表的建立及数据的插入

注意：本案例中实体类和数据库表是对应的，字段也是统一的。

如果表名和实体类不一致，则需加注解：@Table(name="tablename")，其中 tablename 是数据库表名。如果数据库表中字段名和实体类中字段名不一致，则需在 getXXX 方法上加注解：@Column(name="fieldname")，其中 fieldname 是数据库表的字段名。

5.4.3 Hibernate 注解使用方式概述

通过案例 5-2 的步骤可以了解 Hibernate 注解方式的使用过程。本小节就对常用的注解、注解的配置及使用等方面进行简单的介绍。

1. 常用注解简介

常用的 Hibernate 注解有以下几种。

（1）@Entity 注解。

@Entity 指明需持久化实体类，通过这个注解便知这个类是做持久化操作的。该注解是任何 Hibernate 的 ORM 映射对象所必需的。该实体类也是一个普通的类，但它只是具备了持久性注解，使用该注解需导入包 javax.pesistence。

使用格式：@Entity(name=" ")，该注解将一个类声明为一个实体 bean。

（2）@Table 注解。

格式：@Table(name =“tablename”)，它声明此对象映射到哪个表，是必需的。通常和@Entity 配合使用，只能标注在实体的 class 定义处，表示实体对应的数据库表的信息。

其中 name（可选）对应数据库中的一个表。若表名与实体类名相同，则可以省略。

（3）@Id 注解。

@Id 声明属性为主键，该注解是任何 Hibernate 的 ORM 映射对象所必需的。它定义了映射到数据库表的主键的属性，一个实体只能有一个属性被映射为主键，置于 getXxxx() 前。

（4）@GeneratedValue 注解。

表示主键生成策略，可选，与@Id 同时使用，一般写在 get()方法上面。

使用格式：@GeneratedValue(strategy=GenerationType,generator="")。

Strategy 取值主要有以下几种。

- GenerationType.AUTO：根据底层数据库自动选择（默认），相当于 xml 时的 native。
- GenerationType.INDENTITY：根据数据库的 Identity 字段生成，支持 DB2、MySQL 等数据库的 Identity 类型主键。

（5）@Column 注解。

声明数据库表字段和类属性对应关系。

使用格式：如@Column(name ="Name",nullable=false,length=32)。

属性含义：

- name（可选），表示数据库表中该字段的名称，默认情形属性名称一致。
- nullable（可选），表示该字段是否允许为 null，默认为 true。
- unique（可选），表示该字段是否是唯一标识，默认为 false。
- length（可选），表示该字段的大小，仅对 String 类型的字段有效，默认值为 255。

默认情况下，Hibernate 会将持久类以匹配的名称映射到表和字段中。@Column 可将属性映射到列，使用该注解来覆盖默认值，@Column 描述了数据库表中该字段的详细定义。可以通过@Table 和@Column 注解定制自己数据库的持久性映射。

例如，如下实体类的注解：

```
@Entity
@Table(name="TABLE1 ")
public class ModelPlane {
        private Long id;
        private String name;
        @Id
        @Column(name="TID")
        public Long getId() {
            return id;
        }
        public void setId(Long id) {
            this.id = id;
        }
        @Column(name="TNAME")
        public String getName() {
            return name;
        }
        public void setName(String name) {
            this.name = name;
        }
}
```

该内容将映射到下表中。

```
CREATE TABLE TABLE1
(
        TID long,
        TNAME varchar
)
```

（6）@Temporal 注解。

用于定义映射到数据库的时间精度。例如：

```
@Temporal(TemporalType=DATE)日期；
@Temporal(TemporalType=TIME)时间；
@Temporal(TemporalType=TIMESTAMP) 两者兼具。
```

（7）@Transient 注解。

@Transient 表示此属性与表没有映射关系，是一个暂时的属性，不要与数据库对应。默认情况下任何属性都被假定为持久的，除非使用 @Transient 注释来说明其他情况。这简化了代码，相对使用旧的 XML 映射文件来说，大幅地减少了输入工作量。

（8）@OneToMany 注解

两个实体类之间是一对多关联关系声明。

使用格式如 @OneToMany(mappedBy="order",cascade = CascadeType.ALL, fetch = FetchType.LAZY)。

其他关联方式，如单向、双向关联；一对一、多对一、多对多等也有相应的注解，这里不再一一介绍。

（9）@JoinColumn 注解。

可选，用于描述一个关联的字段。

@JoinColumn 和@Column 类似，描述的不是一个简单字段，而是一个关联字段，例如描述一个 @ManyToOne 的字段。

（10）@OrderBy 注解。

表明对数据的排序方式。

使用格式如@OrderBy (value = “id ASC”)

（11）@Cache 注解。

此注解表示此对象应用缓存。

使用格式如@Cache (usage= CacheConcurrencyStrategy.READ_WRITE)。

2. Hibernate 注解方式的配置简述

注解方式在实体类中引入了注解，从而建立了 ORM 映射关系，Hibernate Annotation 支持包根据这些配置进行持久化实现。同样，Hibernate 注解方式需要获取 Hibernate 会话（Session）工厂创建会话进行持久化操作。但在 Hibernate 注解方式中是使用 AnnotationConfiguration 类来建立会话工厂的。

```
sessionFactory = newAnnotationConfiguration().buildSessionFactory();
```

这一点是与使用 Hibernate 框架的 hbm.xml 仅有的不同。建立会话工厂需要根据 Hibernate 的配置文件 hibernate.cfg.xml 进行。在 Hibernate 注解方式中需要修改该配置文件以完成注解方式的配置。需要使用 <mapping> 元素对加入注解的持久化实体类进行声明，如：

```
<mapping class="entity.Student "/>
```

在 hibernate.cfg.xml 添加下列语句，就可以实现自动生成数据表。

```
<property name="hibernate.hbm2ddl.auto">update</property>
```

其中：

- update：表示自动根据实体类对象更新表结构，启动 Hibernate 时会自动检查数据库，如果缺少表，则自动建表；如果表里缺少列，则自动添加列。如果没有此方面的需求可以设置该值为 none。

另外，还有其他的一些参数。

- create：启动 Hibernate 时，自动删除原来的表，新建所有的表。如果采用这种方式，每次启动后的以前数据都会丢失。
- create-drop：启动 hibernate 时自动创建表，程序关闭时，自动把相应的表都删除。如果采用这种方式，程序结束后，数据库表和数据也不会再存在。
- validate：加载 Hibernate 时，验证创建数据库表结构。

但是要注意，数据库要预先建立好，因为 Hibernate 只会建表，不会建库。

如果发现数据库表丢失或新增，需检查 hibernate.hbm2ddl.auto 的配置，可设置 <property name="hibernate.hbm2ddl.auto" value="none" />。

一旦完成了定义与配置，就可以像调用其他 Hibernate 持久化操作功能一样来调用它们。

Hibernate 注释提供了强大而灵活的 API，简化了 Java 数据库持久化编码。本节只进行了简单的讨论，读者可以选择遵从标准的持久化 API，也可以利用这些 Hibernate 注解方式的扩展，这些功能可能损失了一些可移植性，但提供了更为强大的功能和更高的灵活性。总之，通过消除对 hbm.xml 映射文件的依赖，Hibernate 注释简化了应用程序的编码与维护，能提高软件的开发效率。

5.4.4 利用 Hibernate 注解方式实现持久化操作

前面介绍了利用 Hibernate 注解方式进行持久化操作的准备，包括添加 Hibernate 注解的支持包、在实体类中引入注解等。下面介绍利用 Hibernate 注解方式如何实现 MVC 模式的数据库持久化程序编写。

在案例 5-2 中已经实现了引入注解并进行持久化操作的测试，下面以此为基础介绍利用 Hibernate 注解方式进行 MVC 模式的数据库持久化程序编写。

【案例 5-3】 利用 Hibernate 注解方式实现 MVC 模式的数据库表（如学生表）进行增加、删除、修改、列表显示等操作的编程。

1. 实现思路及准备

在案例 5-2 中已经实现了 Hibernate 注解方式的数据库操作，并进行了测试。但是该方式没有对会话工厂等类的创建进行封装，代码的重用性不高。另外，模型层对数据库的新增、修改、删除、查询等 DAO 操作也没有进行封装。该案例中需要完成以下几个步骤。

第一步，创建新 Java EE 项目 chapter53，在添加 Hibernate 框架支持时（如图 4-12 所示）勾选 Create SessionFactory class ?，创建 HibernateSessionFactory 类以封装 HibernateSession 工厂类等操作（如图 5-18 所示）。

第二步，创建学生实体类 Student，并引入相关注解（该步操作见前面介绍）。

第三步，创建对实体类 Student 操作的模型层（DAO 层）代码，这些代码封装了对该类持久化操作的各种方法（如新增 save()、修改 update()、删除 delete()等方法）。其实这些代码也可以由 MyEclipse 自动生成。具体操作如下。

将 MyEclipse 切换到 MyEclipse Database Explorer（数据库资源管理器）视图，操作如图 4-8 所示，对已创建的数据库 studentdb 的表 student 进行逆向工程操作，直至出现图 4-9 所示的对话框。在图 4-9 所示的对话框中取消“Create POJO<>DB Table mapping information”与“Java

Data Object(POJO<>DB Table)”复选框的勾选，勾选“Java Data Access Object(DAO)(Hibernate 3 only)”复选框（如图 5-19 所示），然后单击 Finish 按钮完成操作。

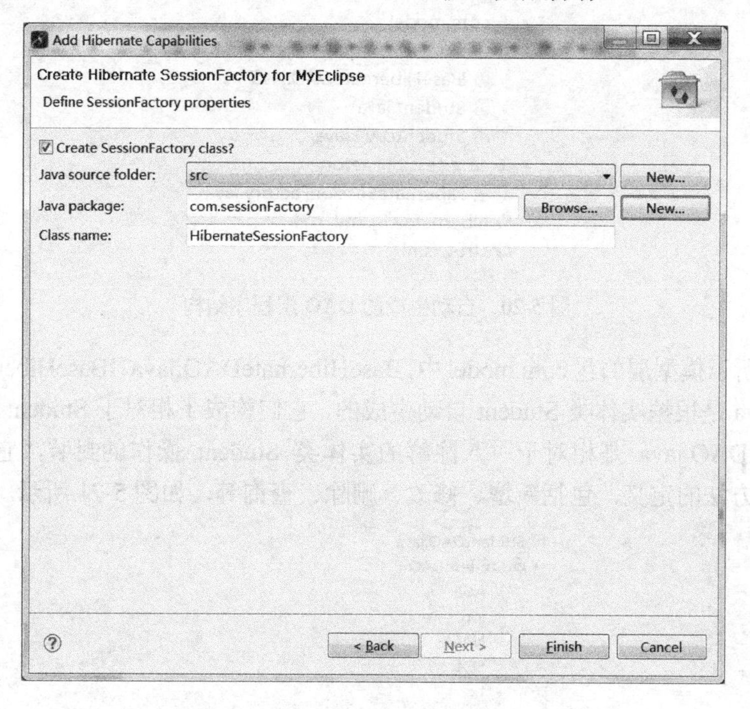

图 5-18　创建 HibernateSessionFactory 类

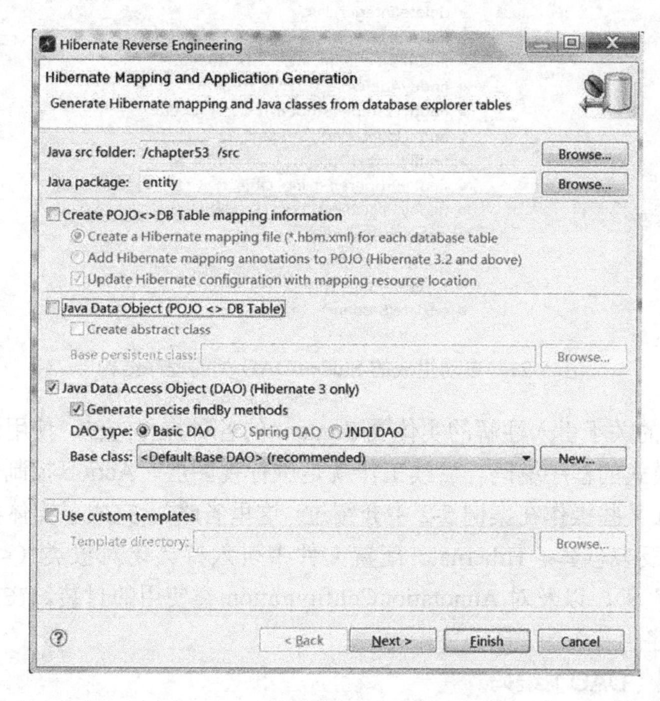

图 5-19　Hibernate 逆向工程对话框

该步操作完成后则自动生成实体类 Student 对应 DAO 层的程序代码，如图 5-20 所示。

```
▲ chapter53
  ▲ src
    ▷ com.action
    ▲ com.model
      ▷ BaseHibernateDAO.java
      ▷ IBaseHibernateDAO.java
      ▷ Student.java
      ▷ StudentDAO.java
    ▲ com.sessionFactory
      ▷ HibernateSessionFactory.java
    hibernate.cfg.xml
    struts.xml
```

图 5-20　自动生成的 DAO 层程序结构

在图 5-20 所示模型层的包 com.model 中，BaseHibernateDAO.java、IBaseHibernateDAO.java、StudentDAO.java 是根据实体类 Student 自动生成的，它们构成了相对于 Student 类操作的 DAO 层。而 StudentDAO.java 是相对于引入注解的实体类 Student 操作的封装，它包括许多关于 Student 类操作方法的定义，包括新增、修改、删除、查询等，如图 5-21 所示。

```
▲ StudentDAO.java
  ▲ StudentDAO
      AGE
      log
      NAME
      SEX
      tx
      attachClean(Student) : void
      attachDirty(Student) : void
      delete(Integer) : void
      findAll() : List
      findAllByPage(int, int) : List<Student>
      findByAge(Object) : List<Student>
      findByExample(Student) : List<Student>
      findById(Integer) : Student
      findByName(Object) : List<Student>
      findByProperty(String, Object) : List
      findBySex(Object) : List<Student>
      getpageCount(int) : int
      merge(Student) : Student
      save(Student) : void
      update(Student) : void
```

图 5-21　自动生成的 StudentDAO 类的程序结构

图 5-21 是生成的关于引入注解的实体类 Student 的各种操作方法，使用这些操作方法就可以完成相应 MVC 模式的程序编码。后续工作就是进行视图层、Action 控制器的编程工作。

通过上述操作（某些操作在案例 5-2 中介绍过，这里省略），完成了实体类 Student 的创建、注解引入、数据库及表创建、Hibernate 配置文件中引入持久化对象类（< mapping class=” com.model. Student” >），以及对 AnnotationConfiguration 类使用的封装。在此基础上，就可以编写持久化操作程序。

2. 数据处理层（DAO）编码

首先在控制器中编写新增、修改、删除、查找等业务处理方法：add()、update()、delete()、findById()、list()。然后在控制器中调用这些方法。

控制器中业务数据定义如下。

```
private static final long serialVersionUID = 1L;
	private Student student;
	private List<Student> list;
	private int pageNow = 1;	// 初始化为 1，默认从第一页开始显示
	private int pageSize = 5;	// 每页显示 5 条记录
	private int pageCount;	// 总页数
	private int dataCount;	// 统计数据总行数
	StudentDAO dao = new StudentDAO();
```

新增方法代码如下。

```
public String add() throws Exception {
		dao.save(student);
		System.out.println("新增成功 ");
		return SUCCESS;
	}
```

修改方法代码如下。

```
public String update() {
		try {
			dao.merge(student);
			System.out.println("Update 成功！ ");
			return SUCCESS;
		} catch (Exception e) {
			e.printStackTrace();
			return ERROR;
		}
	}
```

删除方法代码如下。

```
public String delete() {
		try {
			HttpServletRequest request = ServletActionContext.getRequest();
			int id = Integer.parseInt(request.getParameter("id"));
			dao.delete(id);
			System.out.println("删除成功!");
			return SUCCESS;
		} catch (Exception e) {
			e.printStackTrace();
			return ERROR;
		}
	}
```

根据 id 进行查询的方法代码如下。

```
public String findById() {
		System.out.println("id=" + student.getId());
		student = dao.findById(student.getId());
		System.out.println("--------------------" + student.getName());
```

```
        return SUCCESS;
    }
```

列表查询方法的代码如下。

```
public String list() throws Exception {
        try {
            dataCount = dao.getpageCount(pageSize);
            System.out.println("数据总条数为：" + dataCount);
            // 设置总页数
            if (dataCount % pageSize == 0) {
                pageCount = dataCount / pageSize;
            } else {
                pageCount = dataCount / pageSize + 1;
            }
            System.out.println("共有" + pageCount + "页");
            int per = pageNow;                        // 设置当前页码
            if (per <= 0) {
                int i = 1;
                this.setPageNow(i);
            } else
                this.setPageNow(per);
            System.out.println("当前页码:" + per);  // 输出当前页码
            list = dao.findAllByPage(pageNow, pageSize);
            System.out.println("查询成功 ");
            return SUCCESS;
        } catch (Exception e) {
            e.printStackTrace();
            return ERROR;
        }
    }
```

上述代码实现了基于StudentDAO类对信息进行分页显示。

3. 视图层JSP程序的编写

视图层开发是对学生信息的新增、删除、修改、查询的JSP页面程序代码编写（程序介绍省略）。

4. 项目运行

通过上述步骤的开发完成了案例5-3的程序开发。在浏览器中输入如下地址：

```
http://localhost:8080/chapter53/index.jsp
```

则出现图5-22（a）所示的主页面，在该主页面中选择“查看学生信息”链接，则出现图5-22（b）所示的对学生信息进行增、删、改、查操作的界面。通过该界面可以完成对学生信息的新增、修改、删除、查询等操作。

图5-22中显示了对一个实体类Student（对应一个数据库表student）的持久化操作，而Hibernate注解方式对具有关联关系的多个数据库表操作具有很强的灵活性及强大的功能。Hibernate注解方式对关联关系数据库操作的重点是关联关系注解引入。下节对这种方式的关联关系映射与配置进行简单介绍。

（a）案例 5-3 主页面

学生信息列表

后查看 删除的信息将不能复

添加学生信息 按学号查询

学号	姓名	性别	年龄	操作	
101	张三	男	20	编辑	删除
102	李四	女	20	编辑	删除
103	王五	男	21	编辑	删除
104	刘六	男	19	编辑	删除
105	小七	女	22	编辑	删除

共有 7条数据 页次 1/2 已是首页 下一页 尾页

（b）对学生信息进行增、删、改、查操作的页面

图 5-22 案例 5-3 运行效果

5.4.5 Hibernate 注解的关联关系映射简介

Hibernate 注解也能方便地配置实体类之间的关联关系（对应多数据库表之间的关联关系）。这些关联关系包括一对一、单向多对一、单向一对多、双向一对多、双向多对多等多种类型的关联关系映射。

在 5.3 节已经介绍过多表关联关系的映射的实体类的设计及配置。例如，多对一关系中该类是多方，与此关联的类是一方。在进行实体类设计时，该类设计一个对象类型的属性与一方关联，而在配置文件里配置该属性为<many-to-one>，这种配置称为单向多对一关系；如果在一方定义该多方的对象 SET 集合属性，则构成双向多对一关系，而该一方的配置为单向一对多关系<one-to-many>。

对于注解方式关联关系的配置，需要在这些实体类的定义中加上这些关联关系的注解，以实现它们关联关系的 ORM 映射。

例如，在前面介绍的数据模型中，班级 Classes 与学生 Student 之间是一对多关系。它们实体类的定义介绍如下。

班级类 Classes 的定义如下。

```
public class Classes implements java.io.Serializable {
    // 域
    private Integer cid;
    private String cname;
    private Set students = new HashSet(0);

    // 其他 Sett/getter 方法省略
    public Set getStudents() {
        return this.students;
    }
    public void setStudents(Set students) {
        this.students = students;
    }
}
```

班级与学生之间是一对多关系，该类中定义了多方的学生对象 SET 类型的属性 students 以及它的 sett/getter 方法。通过注解方式定义一对多映射则在 public Set getStudents()方法之前。

```
@OneToMany(cascade = CascadeType.ALL, fetch = FetchType.LAZY)
@JoinColumn(name="classid")
```

上面两个语句定义了 Classes 类与 Student 类之间的一对多关联关系，该关系通过外键 classid 进行关联。

学生实体类 Student 代码如下。

```
public class Student implements java.io.Serializable {
    // 域
    private Integer sid;
    private Classes classes;
    private String name;
    private String sex;
    private Integer age;
    private Float score;
    // Sett/getter 方法省略
    public Classes getClasses() {
        return this.classes;
    }
    public void setClasses(Classes classes) {
        this.classes = classes;
    }
}
```

学生与班级之间是多对一关系，该类中定义了一方的班级对象 Classes 类型的属性 classes 以及它的 sett/getter 方法。通过注解方式定义多对一对映射则在 public Classes getClasses()方法之前。

```
@ManyToOne(fetch = FetchType.LAZY)
@JoinColumn(name = "classid")
```

上面两个语句定义了 Student 类到 Classes 类之间的多对一关联，它们通过外键 classid 进行关联。

上面两个类 Classes 及 Student 的注解定义属于双向一对多映射关系。如果单一对班级类 Classes 进行注解@OneToMany 定义，属于单向一对多关系配置；而单一对学生类 Student 进行注解@ManyToOne 定义，属于单向多对一关系配置。这些多表关联关系的定义如下。

- 单向一对多：一方有 SET 集合属性，包含多个多方，而多方没有一方的引用。
- 单向多对一：多方有一方的引用，一方没有多方的引用。
- 双向一对多：两边都有多方的引用，方便查询。
- 单向多对多：各方都有对方 SET 集合类型多方的引用，且需要一个中间表来维护两个实体表。
- 单向一对一：数据唯一，数据库数据也是一对一。一方有另一方的引用，而另一方则没有。
- 主键相同的一对一：使用同一个主键，省掉外键关联。

在单向关联的情况下，关系写哪边，就由谁管理。在双向关联的情况下，一般由多方管理。这些关系配置针对应用需要进行，定义关联关系注解放在该属性的 get()方法上面。

下面对常用的关联关系映射配置进行简单介绍。

1. 单向多对一映射

单向多对一映射注解如下。

（1）@ManyToOne。

（2）指定关联列@JoinColumn(name="外键名")。

2. 单向一对多映射

单向一对多映射注解如下。

（1）@OneToMany，默认会使用连接表做一对多的关联。

（2）添加@JoinColumn(name="外键名")后，就会使用外键关联，而不需要使用连接表了。

3. 双向一对多映射

双向一对多映射注解如下。

（1）在多端添加如下注解。

```
@ManyToOne
@JoinColumn(name="外键名")
```

（2）在一端添加如下注解。(一对多关联，把关系维护权交给多端更有效率)。

```
@OneToMany(mappedBy="多端的关联属性名")
@JoinColumn(name="外键名")
```

4. 一对一映射

一对一映射注解如下。

```
@OneToOne(optional = false, cascade = CascadeType.REFRESH)
```

5. 双向多对多映射

多对多关联声明如下。

```
@ManyToMany(cascade = "", fetch ="")
```

多对多关联一般都有关联表，需要如下的关联配置。

```
@JoinTable(name = "teacherstudent",joinColumns = {@JoinColumn(name = "Teacherid_ID", referencedColumnName = "teacherid")},inverseJoinColumns = {@JoinColumn(name = "Student_ID", referencedColumnName = "studentid")})
```

上述代码是“教师”与“学生”的多对多关联映射注解配置，其中 teacherstudent 是关联表，而 Teacher_ID 和 Student_ID 是其对应的外键。

以下是上述关联映射（@OneToOne、@OneToMany、@ManyToOne、ManyToMany）的一些共有属性。

- fetch：配置加载方式，有以下几种取值。
  - Fetch.EAGER：及时加载，多对一默认是 Fetch.EAGER。
  - Fetch.LAZY：延迟加载，一对多默认是 Fetch.LAZY。
- cascade：设置级联方式，有以下几种取值。
  - CascadeType.PERSIST：保存。
  - CascadeType.REMOVE：删除。
  - CascadeType.MERGE：修改。
  - CascadeType.REFRESH：刷新。
  - CascadeType.ALL：全部。
- mappedBy 属性：用在双向关联中，把关系的维护权反转，即让对方来管理。
- targetEntity 属性：配置集合属性类型，表示多对多关联的另一个实体类的全名，如：@OneToMany(targetEntity=MyClass.class)。

6. 命名查询

Hibernate 注解优秀的功能之一是它能够在映射文件配置时声明命名查询，包括简单查询及关联查询。命名查询定义好后就可以在代码中通过该名称调用此类查询。这种方式可以使程序员专注于查询，避免 SQL 或者 HQL 代码分散于整个应用程序中。

可以使用 @NamedQueries 和 @NamedQuery 注释来实现命名查询，如以下代码所示。

```
@NamedQueries(
{
    @NamedQuery(
      name="Student.findByCid",
      query="select name from Student s left join fetch s.classes where cid=:cid"
    ),
    @NamedQuery(
      name="Classes.findAll",
      query="select name from Classes"
    ),
    @NamedQuery(
            name="Student.delete",
            query="delete from Student where classid=:cid"
        )
}
```

上述代码分别定义了 3 个查询名称：Student.findByCid、Classes.findAll、Student.delete，通过这 3 个查询可以分别实现“通过班级号 cid 查询该班所有学生姓名”、“查询所有班级名称”、“删除某个班级号的所有学生记录”查询功能。

5.5 用 MyBatis 技术实现数据库持久化操作

类似于 Hibernate 框架，MyBatis 也是一款使用方便的数据访问工具，也可作为数据持久层的框架，目前应用越来越多。和 ORM 框架（如 Hibernate 框架）将数据库表直接映射为 Java 对象相比，MyBatis 是将 SQL 语句映射为 Java 对象。相对于全自动 SQL 的 Hibernate，MyBatis 允许你对 SQL 有完全控制权，可以视为半自动的数据访问工具。本节简单介绍一下 MyBatis 的应用。

MyBatis 的前身称为 iBatis，iBatis 一词来源于“internet”与“abatis”的组合，是一个由 Clinton Begin 在 2002 年发起的开放源代码项目。于 2010 年 6 月被谷歌托管，改名为 MyBatis。MyBatis 是一个基于 SQL 映射支持 Java 和.NET 的持久层框架。

与 Hibernate 一样，MyBatis 也是对操作数据库访问的封装，均可以动态地生成 SQL 语句来操作数据库。只不过 Hibernate 封装得比较全面，MyBatis 只是局部封装，懂 JDBC 的程序员可以快速上手。

MyBatis 可以从 https://github.com/mybatis/mybatis-3/releases 免费下载。

5.5.1 用 MyBatis 进行持久化操作简介

下面通过案例介绍利用 MyBatis 框架进行软件开发的过程。

【案例 5-4】 利用 MyBatis 对数据库表进行新增、修改、删除、查询等持久化操作。

1. 实现思路

利用 MyBatis 框架对数据库进行操作首先需要有数据库。本案例是在数据库 student 中对用户表 user 利用 MyBatis 框架进行新增、修改、删除、查询操作。

首先创建数据库 student 及表 user，并插入相应数据，如图 5-23 所示。

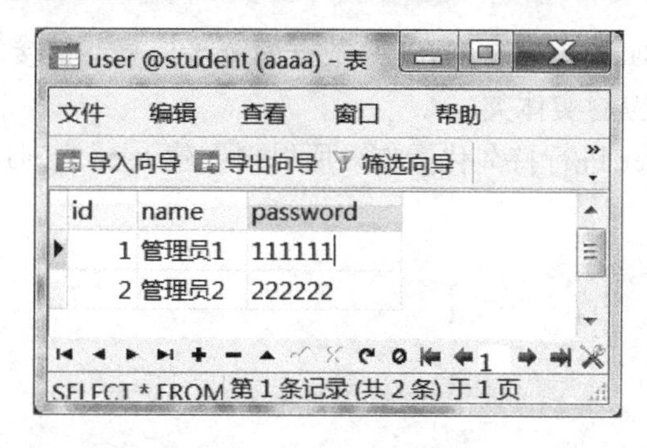

图 5-23 案例 5-4 数据环境

然后新建项目，在项目中配置 MyBatis 环境，创建数据库链接配置文件，编写 SQL 操作的 XML 文件，编写 Java 代码进行持久化操作。

2. 案例实现

（1）在项目中配置 MyBatis 环境。

本案例实现之前首先要下载 MyBatis 支持包及 MySQL 数据库连接驱动包。

然后创建 Java EE 项目，在其中添加 MyBatis 支持包及数据库驱动包，添加成功的项目如图 5-24 所示。

Referenced Libraries
- mybatis-3.2.7.jar
- mysql-connector-java-5.1.5-bin.jar

图 5-24　在项目中成功添加了 MyBatis 开发包

（2）创建数据库链接配置文件。

类似于 Hibernate 数据库链接配置文件 hibernate.cfg.xml，MyBatis 框架也需要创建自己的数据库链接配置文件。在项目的根包 src 中创建 MyBatis 数据库链接配置文件 Configuration.xml，其代码如下。

```
<?xml version="1.0" encoding="UTF-8" ?>
<!DOCTYPE configuration PUBLIC
    "-//mybatis.org//DTD Config 3.0//EN"
    "http://mybatis.org/dtd/mybatis-3-config.dtd">
<configuration>
    <environments default="development">
        <environment id="development">
            <transactionManager type="JDBC"/>
            <dataSource type="POOLED">
                <property name="driver" value="com.mysql.jdbc.Driver"/>
                <property name="url" value="jdbc:mysql://localhost:3306/student"/>
                <property name="username" value="root"/>
                <property name="password" value="root"/>
            </dataSource>
        </environment>
    </environments>
</configuration>
```

上述代码配置了 MyBatis 框架的 MySQL 数据库链接信息，链接的数据库名为 student。

（3）创建数据库表对应的实体类。

由于要对数据库表 user 进行持久化操作，所以要创建 user 表对应的实体类 User.Java，其代码如下。

```
package model;
  public class User {
    private int id;
    private String name;
    private String password;
    //setter/getter 方法（省略）
  }
```

（4）编写 SQL 操作的 XML 映射文件。

创建好实体类 User.java 之后，就可以编写对数据库 SQL 操作的 XML 映射文件了。该文件包含了需要对数据库进行操作的 SQL 语句，这些语句定义了对数据库操作的接口并进行了命名。Java 程序可以通过该名称及接口参数调用这些 SQL 语句。

其实，这些 SQL 语句通过实体类的操作来实现对其映射的数据库表的操作。本案例定义的 SQL 操作的 XML 映射文件为 SqlMap.xml，其代码如下。

```
<?xml version="1.0" encoding="UTF-8" ?>
<!DOCTYPE mapper PUBLIC "-//ibatis.apache.org//DTD Mapper 3.0//
EN" "http://ibatis.apache.org/dtd/ibatis-3-mapper.dtd">
<mapper namespace="org.mapper">
    <select id="selectUser" parameterType="int" resultType="model.User">
        select * from user where id = #{id}
    </select>
    <insert id="insertUser" parameterType="model.User">
        insert into user (id,name,password) values (#{id},#{name},#{password})
    </insert>
    <update id="updateUser" parameterType="model.User">
        update user set name=#{name},password=#{password} where id=#{id}
    </update>
    <delete id="deleteUser" parameterType="int">
        delete from user where id=#{id}
    </delete>
</mapper>
```

上述 SQL 代码操作命名空间为“org.mapper”，它定义并配置了数据库持久化操作的以下 4 个方法。

- 新增方法 insertUser：根据 User 数据对象将数据插入到数据库表 user 中。
- 修改方法 updateUser：根据 User 数据对象修改数据库。
- 删除方法 deleteUser：根据一个 int 类型的数据删除对应 id 号的用户。
- 查询方法 selectUser：根据一个 int 类型的数据查询对应 id 号的用户信息，并存放到 User 类型的对象中。

要在 Java 程序中调用这些方法来实现数据库的持久化。创建与配置了该 SQL 操作映射文件后，还需要将该映射文件添加到数据库链接配置文件中，即在 Configuration.xml 中加入如下语句。

```
<mappers>
        <mapper resource="SqlMap.xml"/>
    </mappers>
```

上述工作完成后，就可以编写 Java 程序进行数据库持久化操作。

（5）编写 Java 程序实现数据库持久化操作。

通过以上对 MyBatis 的准备，即添加 Batis 的支持、创建数据库链接配置文件、创建数据库表及对应的实体类、编写 SQL 操作的 XML 映射文件，下面就可以编写 Java 程序实现对数据库的操作。

下面的代码（程序文件 MyBatisTest.java）实现了对数据库表的查询操作，即查询并显示了数据库 student 的 user 表的 1 号用户的信息。

```
import java.io.IOException;
import java.io.Reader;
import model.User;

import org.apache.ibatis.io.Resources;
import org.apache.ibatis.session.SqlSession;
import org.apache.ibatis.session.SqlSessionFactory;
import org.apache.ibatis.session.SqlSessionFactoryBuilder;

public class MyBatisTest {
    public static void main(String[] args) throws IOException {
        String resource="Configuration.xml";
        Reader reader=Resources.getResourceAsReader(resource);
        SqlSessionFactory ssf=new SqlSessionFactoryBuilder().build(reader);
        SqlSession session=ssf.openSession();
        try {
            User user=(User) session.selectOne("selectUser", 1);
            System.out.print(user.getId()+"号用户账号："+user.getName());
            System.out.println("   密码："+user.getPassword());
          } catch (Exception e) {
            e.printStackTrace();
        }finally{
            session.close();
        }
    }
}
```

上述程序中的如下 4 条语句：

```
String resource="Configuration.xml";
Reader reader=Resources.getResourceAsReader(resource);
SqlSessionFactory ssf=new SqlSessionFactoryBuilder().build(reader);
SqlSession session=ssf.openSession();
```

是根据 Configuration.xml 配置文件，创建数据库操作的 session 会话对象。然后使用该对象实现查询操作，见以下语句。

```
User user=(User) session.selectOne("selectUser", 1);
```

该语句通过 session 对象的查询方法 selectOne()，通过 selectUser 查询方法（该查询方法的定义见 SqlMap.xml 中相应的定义）查询“1”号用户，将查询结果存放在 user 对象中。执行该 Java 程序（Run As->Java Application），则在控制台显示了 1 号用户的信息，如图 5-25 所示。

```
1号用户账号：管理员1   密码：111111
```

图 5-25　查询出 1 号用户信息

从图 5-25 中可以看出，该测试 Java 程序完成了数据库的查询操作。另外，以下代码实现了新增操作。

```
User user=new User();
            user.setId(3);
            user.setName("管理员 3");
            user.setPassword("333333");
            session.insert("org.mapper.insertUser",user);
        session.commit();
```

上述代码是将 3 号用户信息插入到数据库中。新增时，首先创建一个 user 对象，再将需要新增的数据存放到 user 的各属性中，然后调用 session 的 insert()方法实现数据库新增。

上述修改 Java 代码段需要类似 MyBatisTest.java 的编码，只需要替换 try{ }catch()中的代码即可。修改后的数据库如图 5-26 所示。

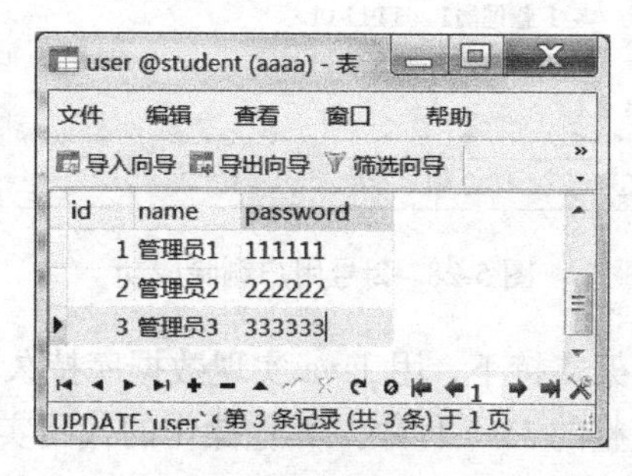

图 5-26 新增 3 号用户信息

新增语句使用 session 对象的新增方法 insert()，通过 insertUser 新增方法（该新增方法的定义见 SqlMap.xml 中相应的定义）新增“3”号用户数据到数据库中。

用下列代码可修改数据库，其代码实现与上述新增数据的实现类似。

```
User user=new User();
            user.setId(2);
            user.setName("admin2");
            user.setPassword("admin2");
            session.update("org.mapper.updateUser",user);
        session.commit();
```

修改语句使用 session 对象的修改方法 update()，通过 updateUser 修改方法（该修改方法的定义见 SqlMap.xml 中相应的定义）修改“2”号用户数据。修改后的数据库如图 5-27 所示。

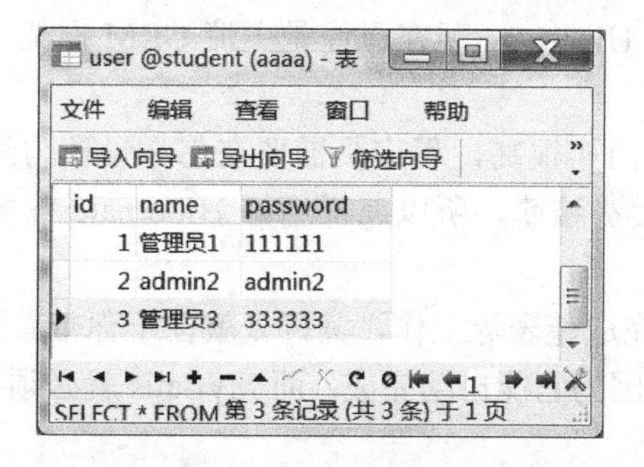

图 5-27 2 号用户信息修改成功

如果要删除一条记录，则可以采用如下编码实现。

```
session.delete("org.mapper.deleteUser", 2);
session.commit();
```

上述代码删除 2 号用户的记录。删除语句使用 session 对象的删除方法 delete()，通过 deleteUser 删除方法（该删除方法的定义见 SqlMap.xml 中相应的定义）删除数据库中“2”号用户数据。删除后的数据库如图 5-28 所示。

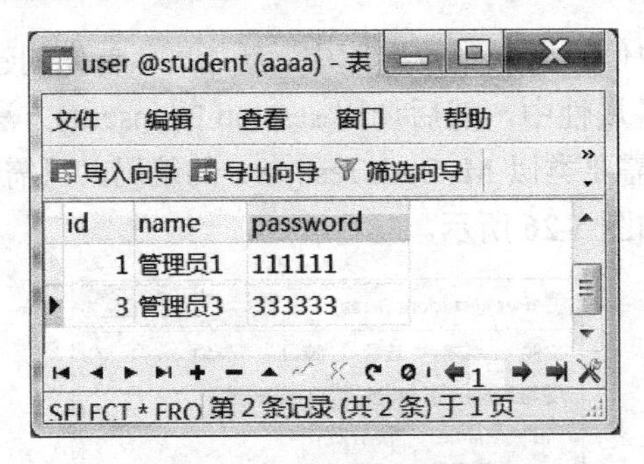

图 5-28　2 号用户删除成功

上面介绍了在 MyBatis 框架支持下，用 Java 实现数据库持久化操作，包括查询、新增、修改与删除。其中查询代码是完整的 Java 程序，其他操作的代码实现程序类似。

本节介绍了用 MyBatis 实现数据库的持久化操作步骤，其中业务逻辑的实现与封装在 SqlMap.xml 中。该文件定义了对数据库的操作业务功能，且是基于灵活的 SQL 语句，避免了 Hibernate 复杂的 ORM 配置，它是一种灵活的数据库持久化实现。

5.5.2　MyBatis 与 Hibernate 的比较

Hibernate 对数据库结构提供了较为完整的封装，Hibernate 的 ORM 映射实现了实体类（POJO）和数据库表之间的映射，以及 SQL 的自动生成和执行。程序员往往只需定义好了实体类到数据库表的映射关系，即可通过 Hibernate 提供的方法完成持久层操作。程序员甚至不需要熟练掌握 SQL，Hibernate 会根据制定的映射关系，自动生成对应的 SQL，从而实现对数据库的持久化操作。

Hibernate 具有功能强大、ORM 映射能力强、数据库无关性好等特点。如果对 Hibernate 相当精通，对 Hibernate 进行适当的封装，那么项目整个持久层代码会相当简单，需要写的代码很少，开发速度会很快。Hibernate 现在已经是主流 ORM 框架，具有丰富的文档和完善的产品系列。

但是要精通 Hibernate 门槛很高，程序员需要在怎么设计与维护 ORM 映射、系统性能和对象模型之间的权衡上大费脑筋。所以怎样用好 Hibernate 需要程序员具有相当的经验和能力。

Hibernate 还能够自动完成建表等工作，其好处就在于你带着这个程序，无论在什么机器上，都可以不建数据库表，因为它能自动完成。而 MyBatis 就必须要有相应的数据库表才能进行移植。

但 MyBatis 入门简单，即学即用，提供了数据库查询的自动对象绑定功能，而且延续了很好的 SQL 使用经验，对于没有那么高对象模型要求的项目来说非常适合。

MyBatis 的最大优点是简便，轻量级，仅需 MyBatis 的一个 JAR 包和数据库的驱动即可运行，而且使用 MyBatis 仅需掌握 SQL 和 XML 的用法即可，而不像 Hibernate 那样需要配置对象间的关系。学习 MyBatis 的过程要比 Hibernate 快很多，在项目中，若人员水平不太一致时，使用 MyBatis 代替 Hibernate 作为数据访问工具可以有效提升开发效率。

MyBatis 的 SQL 语句需要手工编写，这样虽然有点烦琐，但对于复杂数据库的操作非常灵活，弥补了 Hibernate 的部分不足。如果系统属于二次开发，或无须对数据库结构做到控制和修改，这种情况下 MyBatis 的灵活性将比 Hibernate 更好。如果系统数据处理量巨大，性能要求极为苛刻，这时往往必须使用高度优化的 SQL 语句（或存储过程）才能达到系统性能要求，这种情况下 MyBatis 也会更适合。

小　结

对于复杂的业务处理会体现在复杂的数据库逻辑结构上。Hibernate 对复杂的数据库结构，提供了 ORM 关联关系映射机制，程序员需要配置这些复杂的关联关系。本章通过一个双向一对多关系级联操作的案例，介绍了多表 ORM 关联关系的配置原理以及级联操作（新增、删除、修改、查询），并实现 ORM 关联关系下实现 MVC 模式的应用程序编写。

另外，本章还介绍 Hibernate 注解方式的持久化操作及关联关系的配置，也介绍了一种小型的持久化框架——MyBatis 框架。这些技术在数据库持久化领域中均有广泛的应用，在此供有这方面要求的读者学习。

习　题

一、填空题

1. 映射关联关系一般包括单向和双向________、________与________等关系。
2. 数据库级联操作能在 Hibernate 的一个事务中同时完成，能保证数据库完成更新操作后使整个数据处于________状态。
3. 如果设计实体类之间的一对多关联关系，一方没有多方的数据对象，但多方有一方的数据对象，则上述设计是________。
4. 如果在 Hibernate 中使用注解，需要在项目中添加________。
5. 类似于 Hibernate 框架，MyBatis 也是一款使用方便的数据访问工具，也可作为________框架。

二、简答题

1. 数据库关联操作的作用有哪些？为什么 Hibernate 需要对数据库进行级联操作？
2. 请说说 Hibernate 对数据库进行级联操作的类型及操作过程。
3. ORM 映射关联关系一般包括哪几种类型？配置过程有哪些步骤？
4. 使用 Hibernate 注解方式进行数据库持久化有什么优势？请说明其操作过程。
5. 简述如何使用 Hibernate 注解方式进行关联关系映射配置。

综合实训

实训 1 某仓库通过货物清单表登记货物的库存情况，同时用出入库明细登记货物的出入库情况。请配置双向一对多关系映射实现 Hibernate 的 ORM 关系，并编写程序查询某个货物信息，同时显示其出入库明细情况。

实训 2 请在实训 1 的数据库及 ORM 映射关系配置的基础上，编写一个 MVC 模式 Web 应用程序对货物库存及出入库进行级联操作。

第6章 使用Spring框架实现对象管理

本章学习目标

- 了解 Spring 的作用及在项目中的配置过程。
- 掌握开发基于 Spring 框架的 Web 应用的整体过程。
- 了解 Spring 框架核心技术 IoC 与 AOP 的作用及编程过程。
- 了解 Spring 声明式事务及编程过程。

Spring 是分层的 Java SE/EE 应用的轻量级开源框架，作为 Java 领域的第一开源项目，从诞生到现在已有 12 个年头。

本章介绍了 Spring IoC、AOP 以及声明式事务等基础知识、Spring Web 程序开发及环境搭建过程，并通过案例形式介绍了如何用 Spring 框架的各种控制、MVC 以及 JDBC 技术搭建并进行项目的开发。

6.1 Spring 概述

前面章节介绍了 Struts 和 Hibernate 框架，利用它们可以实现基于 MVC 模式的软件单元，即功能模块。一个软件中功能模块比较多，而这些模块的功能是由 M、V、C 各层中不同的对象来完成的，它们之间的关系既相对独立又互相关联。

如果在软件开发中，这些模块、对象耦合关系比较紧密，则不利于软件的修改及团队开发。所以在软件开发时应该尽量将它们之间的耦合性降到最低。Spring 就是用来管理 Struts 和 Hibernate 实现的内容的，使各软件模块处于松散耦合状态下运行。Spring 是一个开源框架，是为了解决企业应用开发的复杂性而创建的。Spring 框架由 Rod Johnson 创建，它使用基本的 JavaBean 来完成以前只能由 EJB 完成的事情。

最初人们常用 EJB 来开发 J2EE 程序，但 EJB 开始的学习和应用非常困难。学习 EJB 的高昂代价和极低的开发效率，造成了 EJB 的使用困难。而 Spring 出现的初衷就是为了解决类似的这些问题。Spring 的出现带来了复杂的 J2EE 开发的春天。它为 J2EE 应用提供了全方位的整合框架，在 Spring 框架下实现多个子框架的组合，这些子框架之间既可以彼此独立，也可以使用其他的框架方案加以代替。

Spring 以反转控制 IoC（Inverse of Control）和面向切面编程 AOP（Aspect Oriented Programming）为内核，提供了展现层 Spring MVC、持久层 Spring JDBC 以及业务层事务管理等众多的企业级应用技术。Spring 还整合了众多的第三方框架和类库，逐渐成为使用最多的 Java EE 企业级应用开源框架。

Spring 一直致力于最简洁的开发实现与测试，同时功能齐全。它给我们带来了许多意想不到的优势。

- 方便解耦，易于开发。
- 支持 AOP 编程。
- 支持声明式事务。
- 测试方便。
- 便于集成其他框架。
- 降低了 Java API 的使用难度。

Spring 框架是一个分层架构，由 1 400 多个类构成，由 7 个定义良好的模块组成。Spring 模块构建在核心容器之上，核心容器定义了创建、配置和管理 Bean 的方式。Spring 框架的组成如图 6-1 所示。

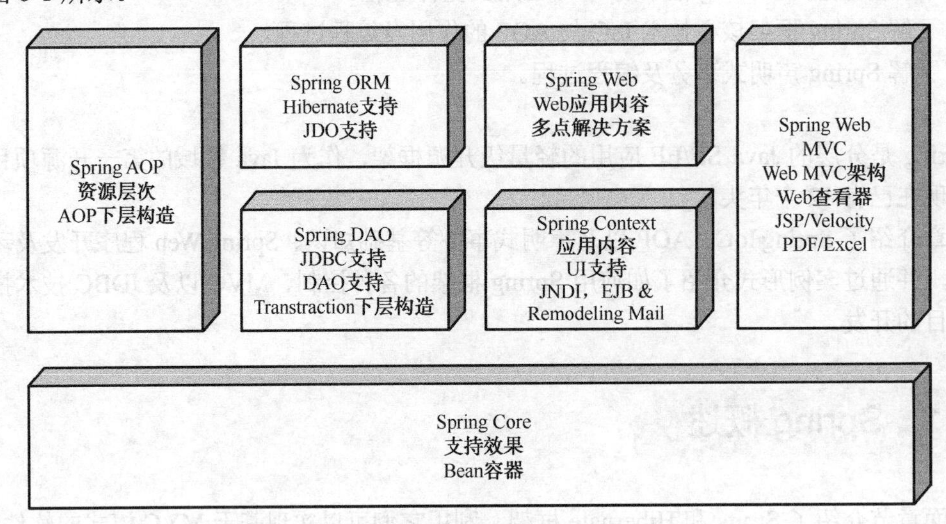

图 6-1　Spring 框架组成

6.2　Spring 框架的依赖注入及其实现案例

Spring 框架的依赖注入由容器控制业务对象之间的依赖关系，是 Spring 核心内容之一。而在传统实现中，这些关系是由程序代码直接操控。通过 IoC，程序之间的耦合关系就比较松散，只需在配置文件中进行它们之间关系的配置，就可以避免停机修改等操作带来的不便。下面通过案例演示 Spring 依赖注入管理模型层对象的使用。

【案例 6-1】 使用 Spring 框架的依赖注入操作模型层中的对象。

6.2.1 实现思路及过程介绍

假设在模型层有一个类需要运行，一般是在程序中通过 new 语句实例化该类，然后调用其中的属性或方法。如果希望在此使用模型层中另外一个类，则需要修改该 new 语句。

Spring 依赖注入可以在不修改程序代码的基础上，使程序调用与运行不同的类。但是，调用其他类需要在配置文件中进行修改。因为修改配置文件不需要终止程序运行，当系统加载该配置文件时，其中的配置信息就生效了。

该案例的实现包括如下步骤。

（1）创建一个新的 Web 项目，并添加 Spring 框架的支持。

（2）创建一个类作为模型层中被调用的类。

（3）在 Spring 的配置文件中对该类进行依赖注入配置。

（4）编写测试类，通过配置文件的依赖注入运行模型层的类。

6.2.2 案例实现

1. 创建 Web 项目并添加 Spring 框架的支持

创建 Web 项目 chapter61。然后用鼠标右键单击项目名称，执行 MyEclipse→Add Spring Capabilities...命令，出现图 6-2（a）所示的 添加 Spring 支持对话框，单击 Next 按钮，出现图 6-2（b）所示的创建 XML 配置文件对话框，使用默认值，单击 Finish 按钮，则完成对项目的 Spring 框架的支持。

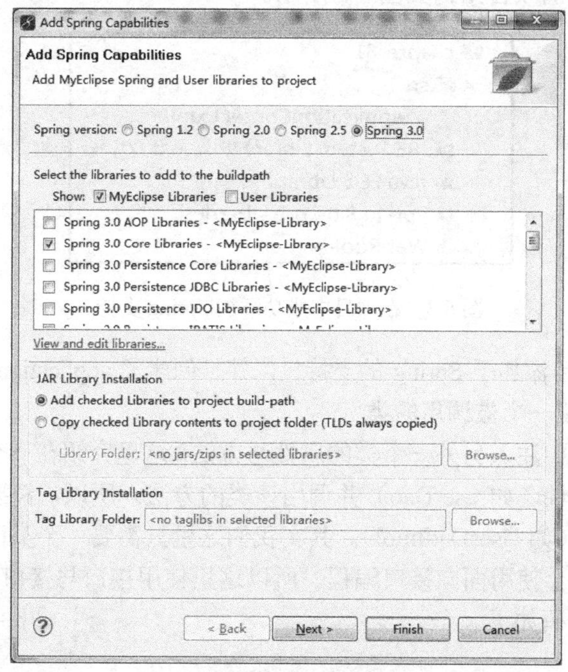

（a）添加 Spring 支持对话框

图 6-2 添加 Spring 支持

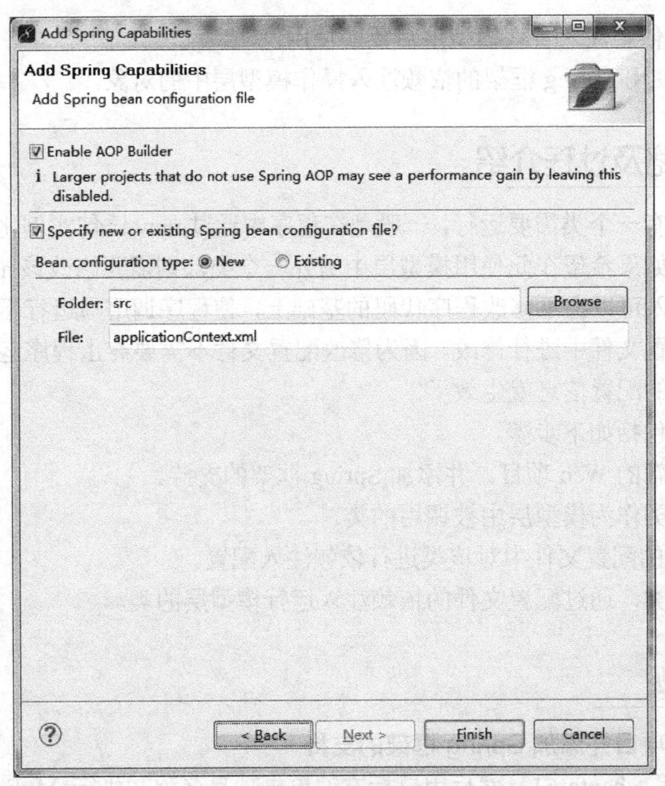

（b）创建 XML 配置文件对话框

图 6-2　添加 Spring 支持（续）

添加 Spring 框架后的项目结构如图 6-3 所示。

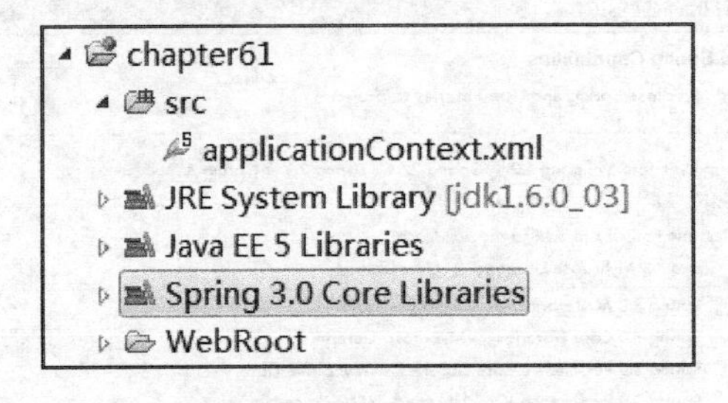

图 6-3　在项目中成功添加 Spring 支持

在图 6-3 中显示项目添加了 Spring 的支持包，并且创建了 applicationContext.xml 配置文件。

2. 在模型层中创建一个被调用的类

我们需要在一个类中注入另外一个类的属性与方法。这里介绍在一个主类（如 UserService 类）中注入一个类的属性（如 userDao）并调用该类的方法。所以，需要先编写一个接口（如 UserDao）及其实现类（如 UserDaoImpl）。其实我们这里只需要一个类而已，但在实际项目开发的过程中，我们一般会使用面向接口编程。所以这里使用接口与接口实现的形式。

接口 UserDao 的代码如下。

```
package dao;
public interface UserDAO {
```

```
        public void save();
}
```

实现类 UserDaoImpl 的代码如下。

```
package dao;
public class UserDAOImpl implements UserDAO
{
        public void save()
        {
                System.out.println("save user");
        }
}
```

该接口的实现类仅仅在控制台显示一个字符串“save user”，以表示接口的 save()方法已运行。

3. 编写测试类

编写一个测试类 UserService，该类以依赖注入的方式调用上面接口的 save()方法。该测试类的代码如下。

```
public class UserService {
        private UserDAO userDAO;
        public void setUserDAO(UserDAO userDAO) {
                this.userDAO = userDAO;
        }
        public void addUser() {
                userDAO.save();
        }
        public static void main(String[] args) {
                ApplicationContext ac = new ClassPathXmlApplicationContext(
                                "applicationContext.xml");
                UserService us = (UserService) ac.getBean("UserService");
                us.addUser();
        }
}
```

上面测试类的代码中，定义了一个接口 UserDAO 类型的属性 userDAO，以及调用它的 save()方法的 addUser()方法，然后在 main()方法中进行调用。

在 main()方法中，调用 addUser()方法是根据 applicationContext.xml 配置文件中的类进行的。

4. 在配置文件中进行依赖注入配置

在 applicationContext.xml 配置文件中定义了用于被注入的接口 UserDAO 及其实现类，以及注入到的 UserService 类及注入的属性 userDAO（UserDAO 类型）。该配置文件的代码如下。

```
<beans xmlns="http://www.springframework.org/schema/beans"
        xmlns:xsi="http://www.w3.org/2001/XMLSchema-instance"
xmlns:p=http://www.springframework.org/schema/p
        xsi:schemaLocation="http://www.springframework.org/schema/beans
http://www.springframework.org/schema/beans/spring-beans-3.0.xsd">

        <bean id="UserDAO" class="dao.UserDAOImpl" />
```

```
        <bean id="UserService" class="UserService">
            <property name="userDAO">
                <ref bean="UserDAO" />
            </property>
        </bean>
    </beans>
```

通过 applicationContext.xml 配置文件，将被注入类（Bean）与注入类（Bean）“装配”成完整的可执行代码。这里不需要在 Java 程序中进行“硬”编码，在修改时只需要修改该配置文件即可。

5. 运行测试类

执行主类 UserService，在控制台显示图 6-4 所示的结果。

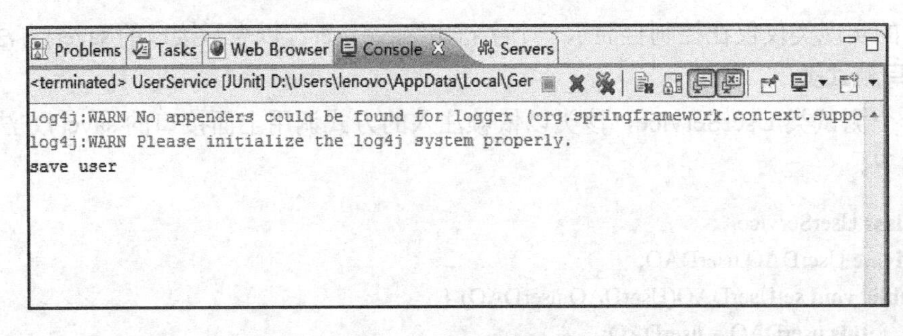

图 6-4 主类运行的结果

从图 6-4 运行的结果可以看出，通过依赖注入的方式主类调用了接口 UserDAO 的 save() 方法。

此案例说明了 Spring 依赖注入的概念及使用方法。依赖注入也是所谓“控制反转”（IoC，Inverse of Control）的概念所在，即控制权由应用代码中转到了外部容器，控制权的转移即是所谓“反转”。控制器转移带来的好处就是降低了业务对象之间的依赖程度。

6.2.3 依赖注入概述

1. 依赖注入概念

对于“依赖注入”（Dependency Injection），Martin Fowler 的一篇经典文章“Inversion of Control Containers and the Dependency Injection pattern”为其正名。相对 IoC（Inverse of Control）而言，“依赖注入”的确更加准确地描述了这种古老而又流行的设计理念。从名字上理解，所谓依赖注入，即组件之间的依赖关系由容器在运行期决定，形象地说，即由容器动态地将某种依赖关系注入到组件之中。

用一句话概括依赖注入就是“不要来找我，我会去找你”，也就是说，一个类不需要去查找或实例化它们所依赖的类。对象间的依赖关系是在对象创建时由负责协调项目中各个对象的外部容器来提供并管理的。也就是说，强调了对象间的某种依赖关系是由容器在运行期间注入调用者的，控制程序间关系的实现交给了外部的容器来完成。这样，当调用者需要被调用者对象时，调用者不需要知道具体实现细节，它只需要从容器中拿出一个对象来使用就可以了。依赖注入（或称 IoC）技术是 Spring 框架的核心技术之一。

2. 依赖注入 Bean 装配

在案例 6-1 的实现中已经介绍过在配置文件 applicationContext.xml 中对 Bean（模型层类与对象）进行装配。applicationContext.xml 中 Bean 的配置信息又称 Bean 的元数据信息，它们由以下 4 个方面组成：

（1）Bean 的实现类。

（2）Bean 的属性信息。

（3）Bean 的依赖关系。

（4）Bean 的行为配置。

Bean 的配置信息文件定义了 Bean 的实现和依赖关系。Spring 容器根据 Bean 配置信息在容器内部建立 Bean 并获取其定义注册表，然后根据注册表加载、实例化 Bean，并建立 Bean 之间的依赖关系。最后将这些准备就绪的 Bean 放到 Bean 缓存池中，以供外层的应用程序调用。

在配置文件 applicationContext.xml 中 Bean 的配置代码格式如下。

```
<?xml version="1.0" encoding="UTF-8"?>
< beans    xmlns=http://www.springframework.org/schema/beans
xmlns:xsi=http://www.w3.org/2001/XMLSchema-instance
xsi:schemaLocation="http://www.springframework.org/schema/beans
http://www.springframework.org/schema/beans/spring-beans-2.5.xsd">
    < bean id="……"    class="……">
            ……………………
    </bean>
    < /beans>
```

其中标签< beans>是 XML 配置文件中顶层的元素，它下面可以包含 0 个或者 1 个<description>标签，以及多个<bean>、<import>、<alias>、<bean>等标签。

在<bean>中，id 是这个 bean 的名字，通过容器的 getBean(" ")即可获取对应的 bean。class 属性制定了 bean 对应的实现类。

3. 属性注入与构造方法注入

（1）属性注入。

属性注入即通过 setXxx()方法注入 Bean 的属性值或依赖对象，由于属性注入方法灵活，因此属性注入是实际应用中最常采用的注入方式，如以下类 Cattle 的代码。

```
package com;
public class Cattle {
    private String name;
    private double weight;
    public String getName() {
        return name;
    }
    public void setName(String name) {
        this.name = name;
    }
    public double getWeight() {
        return weight;
```

```
        }
        public void setWeight(double weight) {
                this.weight = weight;
        }
}
```

代码默认构造函数和 Setter/Getter，该 Bean 的配置信息如下。

```
<bean id="niumowang" class="com.Cattle">
<property name="name"><value>niumowang</value></property>
<property name="weight"><value>500</value></property>
</bean>
```

在上面的配置文件中，定义了一个 id 为 niumowang 的 bean，并使用 property 标签为 bean 的两个属性提供了值，name 是属性的名称，之间是该属性的值。上述配置信息是：定义了一个 Cattle 类型的 bean，其名称为 niumowang，它有两个属性 name、weight，它们的值分别是“niumowang”及 500。

（2）构造方法注入。

如果上述 Cattle 类的所有对象在实例化时都必须提供 name 和 weight 值，则使用属性注入方式不能强制实现。这时通过构造方法注入可以满足这一要求。使用构造方法注入的前提是 Bean 必须提供带参的构造方法。

有些时候，容器在加载 XML 配置的时候，因为某些原因，无法明确配置项与对象的构造方法参数列表的一一对应关系，就需要用<constructor-arg>的 type 或者 index 属性加以标明。

① 按类型匹配入参。

如果为 Cattle 增加一个可设置 name 和 weight 属性的构造方法的代码如下。

```
package com;
public class Cattle {
......
public Cattle(String name,double weight)
{
   this.name=name;
   this.weight=weight;
}
......
}
```

构造方法注入的配置方式和属性注入方式有所不同。按照 Spring 的 IoC 容器配置格式，要通过构造方法注入方式为当前业务对象注入其所依赖的对象，需要使用<constructor-arg>标签。

```
<bean id="niumowang" class="com.Cattle">
<constructor-arg type="java.lang.String">
<value>niumowang</value>
</constructor-arg>
<constructor-arg type="double">
<value>500</value>
</constructor-arg>
</bean>
```

上述代码配置了一个带参数的构造方法的注入信息，主要是设置该构造方法的两个参数及它们的初始值。

② 按索引匹配入参。

当类中属性的类型相同时，就不能使用上面的 type 入参了，这时需要使用索引匹配入参。修改上述的 Cattle 类，增加一个 double 类型的 height 属性。修改后的 Cattle 类的代码如下。

```
package com;
public class Cattle {
private String name;
private double weight;
private double height;
public Cattle(String name,double weight,double height)
{
   this.name=name;
   this.weight=weight;
   this.height=height;
}
......
}
```

该 Bean 的配置信息如下。

```
<bean id="niumowang" class="com.Cattle">
<constructor-arg index="0">
<value>niumowang</value>
</constructor-arg>
<constructor-arg index="1">
<value>500</value>
</constructor-arg>
<constructor-arg index="2">
<value>3.9</value>
</constructor-arg>
</bean>
```

上述代码增加了索引变量 index，它的值指出了该参数对应于构造方法中的位置。注意，index="0"表示第一个入口参数，其他依此类推。

③ 联合使用类型和索引匹配入参。

假设 Cattle 拥有两个重载的构造方法，并且参数个数相同，例如将 Cattle 的代码修改如下。

```
package com;
public class Cattle {
   private String name;
   private double weight;
   private double height;
   private int age;
   public Cattle(String name,double weight,double height)
   {
     this.name=name;
```

```
        this.weight=weight;
        this.height=height;
    }
    public Cattle(int age,double weight,double height)
    {
        this.age=age;
        this.weight=weight;
        this.height=height;
    }
......
}
```

这时，如果使用以下的配置信息：

```
<bean id="niumowang" class="com.Cattle">
<constructor-arg index="0">
<value>niumowang</value>
</constructor-arg>
<constructor-arg index="1">
<value>500</value>
</constructor-arg>
<constructor-arg index="2">
<value>3</value>
</constructor-arg>
</bean>
```

Spring 将根据入参的类型，使用第二个构造方法，把 3 赋值给 age 属性。当然，为了让信息更准确，我们建议将 type 和 index 结合使用，其代码如下所示。

```
<bean id="niumowang" class="com.Cattle">
<constructor-arg index="0" type="java.lang.String">
<value>niumowang</value>
</constructor-arg>
<constructor-arg index="1" type="double">
<value>500</value>
</constructor-arg>
<constructor-arg index="2" type="int">
<value>3</value>
</constructor-arg>
</bean>
```

因为 Java 独有的反射机制，当入参类型可辨别时，即使构造方法注入的配置不提供类型和索引信息，Spring 仍然可以正确完成构造方法的注入。但是为了避免某些可能的歧义和错误，我们建议使用显式指定的 index 和 type，这是一个更为良好的配置习惯。

6.2.4 Bean 注入参数详解

1. 基本类型

可以通过<value>元素标签注入 Java 基本数据类型。在前面的所有例子中，使用的都是基本类型属性注入。

2. 引用其他 Bean

Spring IoC 容器中定义的 Bean 可以相互引用。下面的代码演示了其引用过程。

```
package com;
public class Human {
    private Cattle cattle;
    public Cattle getCattle() {
        return cattle;
    }

    public void setCattle(Cattle cattle) {
        this.cattle = cattle;
    }
}
```

Cattle 还是前面例子中的类。但还有一个 Human 类，它拥有一个 Cattle 类型的属性。配置 Human 类的一个实例为 farmer，它的 Bean 通过<ref>元素引用 niumowang Bean，建立了 farmer 对 niumowang 的依赖。具体配置清单如下。

```
<bean id="niumowang" class="com.Cattle">
<constructor-arg >
<value>niumowang</value>
</constructor-arg>
<constructor-arg>
<value>500</value>
</constructor-arg>
<constructor-arg >
<value>3</value>
</constructor-arg>
</bean>
<bean id="farmer" class="com.Human">
<property name="cattle"><ref bean="niumowang"/></property>
</bean>
```

<ref>元素可以通过以下 3 个属性引用容器中其他的 Bean。

- Bean：该属性可以引用同一容器或父容器的 Bean，这是最常用的方式。
- Local：该属性只能引用同一配置文件中定义的 Bean。
- Parent：该属性引用父容器中的 Bean。

3. 集合类型

集合类型主要有 List、Set、Map、Properties，Spring 为这些类型提供了专门的配置标签。

（1）List 集合。

例如，为 Human 添加一个 List 类型的 favorites 属性，其代码如下。

```
package com;
......
public class Human {
    ......
```

```
    private List favorites;
    public List getFavorites() {
        return favorites;
    }
    public void setFavorites(List favorites) {
        this.favorites = favorites;
    ......}
}
```

然后进行相应的bean配置，配置信息如下。

```
<bean id="farmer" class="com.Human">
<property name="cattle"><ref bean="niumowang"/></property>
<property name="favorites">
<list>
<value>read</value>
<value>music</value>
<value>movie</value>
</list>
</property>
</bean>
```

List属性的value值既可以是普通value值，也可以通过ref引用其他Bean。

最后进行测试，测试代码如下。

```
@Test
public void test()
{
    ApplicationContext ac=new ClassPathXmlApplicationContext("applicationContext.xml");
    Human us=(Human)ac.getBean("farmer");
    System.out.println(us.getFavorites());
}
```

执行该测试代码后，控制台打印结果如下。

```
[read, music, movie]
```

通过上述代码的执行结果，说明了List集合的配置及使用。

（2）Map集合。

为Human添加一个Map类型的relatives属性，其代码如下。

```
private Map relatives;
public Map getRelatives() {
    return relatives;
}
public void setRelatives(Map relatives) {
    this.relatives = relatives;
}
```

配置文件中Map的键与值配置如下。

```
<property name="relatives">
<map>
<entry><key><value>1</value></key><value>father</value></entry>
<entry><key><value>2</value></key><value>mother</value></entry>
<entry><key><value>3</value></key><value>sister</value></entry>
</map>
</property>
```

（3）Properties。

Properties 属性的键和值都只能是字符串，为 Human 添加一个 properties 类型的 pets 属性，其代码如下。

```
private Properties pets;
public Properties getPets() {
    return pets;
}
public void setPets(Properties pets) {
    this.pets = pets;
}
```

配置信息如下所示。

```
<property name="pets">
<props>
<prop key="dog">hei</prop>
<prop key="cat">tom</prop>
<prop key="pig">maidou</prop>
</props>
</property>
```

通过上述代码展示了 List、Map、Properties 集合类型的定义及配置，读者可以按照这种格式对这些集合类型数据进行配置，以实现在 Bean 中注入数据。

6.2.5 基于注解的配置

Spring 从 2.0 版本开始引入了基于注解的配置方式，在 3.1 版本中，得到了进一步的完善，使用更方便。采用 XML 的配置方式时，Bean 的配置信息和实现类是分离的。采用基于注解的配置，可以二者合一。

【案例 6-2】 使用 Spring 的注解方式进行依赖注入，以操作模型层中的对象。

1. 实现思路

本案例与案例 6-1 类似，只是通过 Spring 注解方式配置依赖注入。同样先创建一个接口 UserDAO 及其一个实现类 UserDAOImpl，然后编写一个测试类并通过配置注解方式依赖注入，操作接口中的方法。该案例的运行结果如图 6-4 所示。

2. 案例的实现

（1）定义接口并创建其实现类。

定义接口 UserDAO 的方法与案例 6-1 相同，此处介绍略。

然后定义该接口的实现类 UserDAOImpl，并使用注解将其定义为一个 DAO 的 Bean，具体代码如下。

```
package dao;
import org.springframework.stereotype.Component;
@Component("userDao")
public class UserDAOImpl implements UserDAO {
        public void save() {
                System.out.println("save user");
        }
}
```

上述代码中，在 UserDAO 类声明处使用@component 注解，它类似如下的 XML 配置：<bean id="userDao" class="com.UserDAO"/>，即根据该实现类创建一个 userDao 接口的 Bean 实例 userDao。

除了@component 以外，spring 提供了如下 3 个功能与之等效的注解。

- @Repository：用于对 DAO 实现类进行标注。
- @Service：对 Service 实现类进行标注。
- @Controller：对 Controller 实现类进行标注。

（2）编写测试类使用注解转配 Bean。

与案例 6-1 类似，编写测试类 UserService， Spring 通过@autowired 注解实现 Bean 的依赖注入。该测试类的代码如下。

```
package service;
import org.springframework.beans.factory.annotation.Autowired;
import org.springframework.beans.factory.annotation.Qualifier;
import org.springframework.context.ApplicationContext;
import org.springframework.context.support.ClassPathXmlApplicationContext;
import org.springframework.stereotype.Service;
import dao.UserDAO;
@Service("userService")
public class UserService {
        @Autowired
        @Qualifier("userDao")
  private UserDAO userDAO;
 public void setUserDAO(UserDAO userDAO) {
        this.userDAO = userDAO;
 }
  public void addUser()
  {
        userDAO.save();
  }
  public static void main(String[] args) {
            ApplicationContext ac=new ClassPathXmlApplicationContext("applicationContext.xml");
            UserService us=(UserService)ac.getBean("userService");
           us.addUser();
   }
}
```

上述代码中，@Service（"userService"），标注一个 Service 服务对象，名为 userService。@Autowired 与@Qualifier("userDAO")注入一个 userDAO 的对象。该测试类通过属性注入，调用接口 UserDAO 并执行其 save()方法。执行该测试类，运行结果与案例 6-1 的运行结果相同。

（3）使用注解配置信息。

在 applicationContext.xml 文件中进行注解方式的信息配置。在配置文件中，首先声明 context 的命名空间，然后通过 context 的 component-scan 的 base-package 属性指定需要扫描的基类包。

启动 Spring 容器，Spring 会扫描这个基类包内所有的类，并从类的注解信息中获取 Bean 的定义信息。其配置代码如下。

```
<?xml version="1.0" encoding="UTF-8"?>
<beans
    xmlns="http://www.springframework.org/schema/beans"
    xmlns:xsi="http://www.w3.org/2001/XMLSchema-instance"
    xmlns:context="http://www.springframework.org/schema/context"
    xmlns:p="http://www.springframework.org/schema/p"
    xsi:schemaLocation="http://www.springframework.org/schema/beans
    http://www.springframework.org/schema/beans/spring-beans-3.0.xsd
    http://www.springframework.org/schema/context
    http://www.springframework.org/schema/context/spring-context-3.0.xsd">
<context:component-scan base-package="dao,service">
<context:include-filter type="annotation" expression="org.springframework.stereotype.Service"/>
<context:include-filter type="annotation" expression="org.springframework.stereotype.Component"/>
</context:component-scan>
</beans>
```

上述配置代码中，设置注解过滤器，该过滤器只扫描 Service 和 Component 的类。当配置信息完成后，运行上面的测试类 Userservice，运行结果与图 6-4 所示相同。

通过该案例的实现，演示了 Spring 注解方式的依赖注入及其实现过程。

6.3　Spring 面向切面编程

在传统的面向对象编程（OOP）中，每个单元都是一个类。但是，如果每个单元都涉及的共同处理（例如安全问题的处理）都需要分别完成，则系统会有很大的冗余。而类似于安全性方面的问题，它们通常不能集中在一个类中处理，因为安全问题横跨多个类，遍布于整个项目，从而导致代码无法重用。

AOP（Aspect Oriented Programming，面向切面编程）应运而生，专门解决一些具有横切性质的系统性服务，如事务管理、安全检查、缓存、对象池管理等。可以这样理解：面向对象编程（OOP）是从静态角度考虑程序结构，而面向切面编程（AOP）是从动态角度考虑程序运行过程。

6.3.1 实现面向切面编程

【**案例 6-3**】 使用 Spring AOP 实现面向切面编程。

1. 实现思路

本案例首先创建一个模型层的类 UserDAOImpl，然后编写一个增强类 UserDAOBeforeAdvice。通过 applicationContext.xml 配置文件，在不修改业务代码的情况下，使得在该增强类中织入 UserDAOImpl 的功能。

2. 案例的实现

本案例的实现步骤如下。

（1）创建项目并添加 Spring AOP 的支持。

创建 Web 项目 chapter63。然后右键单击该项目名，执行 MyEclipse→Add Spring Capabilities...菜单命令，出现类似案例 6-1 中图 6-2（a）所示的添加 Spring 支持对话框（如图 6-5 所示）。但是为了添加 Spring AOP 的支持，需要在图 6-5 所示对话框中勾选“Spring 3.0 AOP Libraries”复选框，使其成为选中状态。

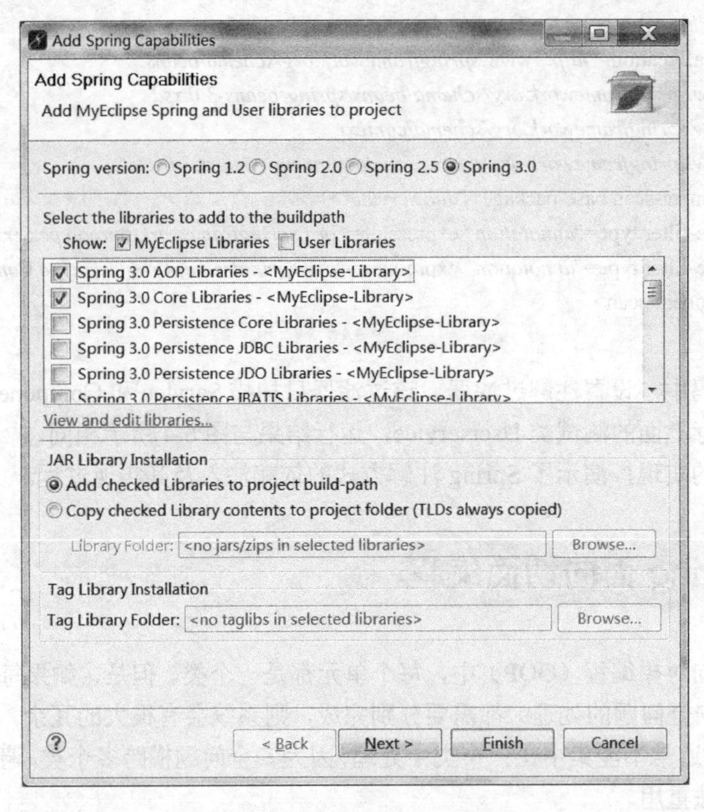

图 6-5 添加 Spring AOP 支持的对话框

其后操作同案例 6-1 操作相同，即单击 Next 按钮出现创建 XML 配置文件，使用默认值，单击 Finish 按钮，完成对项目的 Spring AOP 的支持。

（2）定义模型层接口并创建其实现类。

定义一个接口 UserDAO 及其实现类 UserDAOImpl（与案例 6-1 相同），主要的目的是说明一个模型层中的类，其功能将被织入到一个增强类中。该模型层实现类的运行只是显示“save user”字符串。

本案例将通过面向界面的编程，实现对该模型类的调用与操作执行。由于该接口与实现类的代码与案例 6-1 相同，此处介绍略。

（3）创建 Advice 增强类。

创建增强类 UserDAOBeforeAdvice，以设置连接点织入上述实现类的功能。此增强类为前置增强，其代码如下。

```
package dao;
import java.lang.reflect.Method;
import org.springframework.aop.MethodBeforeAdvice;
import org.springframework.context.ApplicationContext;
import org.springframework.context.support.ClassPathXmlApplicationContext;

public class UserDAOBeforeAdvice implements MethodBeforeAdvice{
    public void before(Method method, Object[] args, Object obj)
            throws Throwable {
        // TODO Auto-generated method stub
        System.out.println("I am before advice! "+obj.getClass().getName()+" "+method.getName());
    }
    public static void main(String[] args) {
        ApplicationContext ac=
        new ClassPathXmlApplicationContext("applicationContext.xml");
        UserDAO us=(UserDAO)ac.getBean("userDAO");
        us.save();

    }
}
```

UserDAOBeforeAdvice 增强类实现 MethodBeforeAdvice 接口，并重写 public void before(Method method, Object[] args, Object obj)方法。其目的是在此设置切点，以便目标对象的织入。该增强类将拦截对 userDAO 业务对象（组件）save()方法的调用，并在其运行之前执行 before 的处理方法。在此 before 方法的参数中，对应被调用的对象名、方法名及参数。

此处是前置增强（MethodBeforeAdvice）类型。其实 Spring 支持 5 种类型的增强。按增强在目标类中方法的连接点位置，可分为前置增强 MethodBeforeAdvice、后置增强 AfterReturningAdvice、环绕增强 MethodInterceptor、异常抛出增强 ThrowsAdvice 和引介增强 DelegatingIntroductionInterceptor。

（4）对 AOP 进行配置。

在配置文件 applicationContext.xml 对此 AOP 进行配置，其配置代码如下。

```
<?xml version="1.0" encoding="UTF-8"?>
<beans xmlns="http://www.springframework.org/schema/beans"
    xmlns:xsi="http://www.w3.org/2001/XMLSchema-instance"
xmlns:context="http://www.springframework.org/schema/context"
    xmlns:p="http://www.springframework.org/schema/p"
    xsi:schemaLocation="http://www.springframework.org/schema/beans
    http://www.springframework.org/schema/beans/spring-beans-3.0.xsd
```

```
http://www.springframework.org/schema/context
http://www.springframework.org/schema/context/spring-context-3.0.xsd">
<bean id="beforeAdvice" class="dao.UserDAOBeforeAdvice" />
<bean id="target" class="dao.UserDAOImpl" />
<bean id="userDAO" class="org.springframework.aop.framework.ProxyFactoryBean"
    p:proxyInterfaces="dao.UserDAO"
    p:interceptorNames="beforeAdvice"
    p:target-ref="target" />
</beans>
```

在此配置文件中配置了以下 3 个 Bean。

- 增强类 Bean：被织入增强类 UserDAOBeforeAdvice 的实例，被命名为 beforeAdvice，又称增强或通知（Advice）。
- 目标类 Bean：模型层业务实现类 UserDAOImpl 的实例，被命名为 target，又称目标对象。
- AOP 代理 Bean：ProxyFactoryBean 类的实例，被命名为 userDAO。通过它实现将目标类织入到增强类中，即通过 AOP 实现在增强类中织入目标类的功能。

在配置文件中，ProxyFactoryBean 负责为其他 Bean 创建代理实例。其属性 proxyInterfaces 指定代理的接口 UserDAO，属性 interceptorNames 设置增强类 beforeAdvice，属性 target-ref 设置被织入的目标对象 target。

通过上述步骤完成了案例 6-3 的编程工作，执行增强类 UserDAOBeforeAdvice，则在控制台显示图 6-6 所示的结果。

```
Problems  Tasks  Web Browser  Servers  Console
<terminated> UserDAOBeforeAdvice (1) [Java Application] C:\P
log4j:WARN No appenders could be found for logger (org.springframework.co
log4j:WARN Please initialize the log4j system properly.
I am before advice!  dao.UserDAOImpl save
save user
```

图 6-6　案例 6-3 的运行结果

图 6-6 中显示增强类 UserDAOBeforeAdvice 与目标类 UserDAOImpl 均已运行，说明目标类织入了增强类之中，也即 Spring AOP（面向切面的编程）已经实现。另外，增强类 UserDAOBeforeAdvice 在目标类 UserDAOImpl 之前运行，这是因为该增强类是前置增强，在拦截了目标类后先运行，然后再运行目标类中的方法。

前置增强类 UserDAOBeforeAdvice 实现了 MethodBeforeAdvice 接口，并且实现了 before 方法。before 方法的参数 obj 是拦截的目标类 dao.UserDAOImpl，参数 method 是该目标类执行的方法 save()。由于 save()中没有参数，否则这些参数值将存放在 args[]数组中。

通过案例 6-3 的运行结果可以看出，在不需要修改业务类及增强类中的业务逻辑代码的情况下，通过 Spring AOP 可使目标类织入到增强类中，以实现完整的功能。

6.3.2　Spring AOP 概述

Spring AOP 是 AOP 技术在 Spring 中的具体实现，它与 IoC 一起构成了 Spring 的重要技术。Spring 3.1 增加了对 AspectJ 更直接的支持。

在 Spring 中，AOP 代理由 Spring 的 IoC 容器负责生成和管理，其依赖关系也由 IoC 容器负责管理。因此，AOP 代理可以直接使用容器中的其他 Bean 实例作为目标，这种关系可由 IoC 容器的依赖注入提供。Spring 默认使用 Java 动态代理来创建 AOP 代理，这样就可以为任何接口实例创建代理了。当需要代理的类不是代理接口的时候，Spring 会自动切换为使用 CGLIB 代理，也可强制使用 CGLIB。

AOP 相关的术语有连接点、切点、增强、目标对象、引介、织入、代理、切面等，下面分别进行简单的介绍。

1. 连接点（Joinpoint）

在一段代码中，具有边界性质的特定点被称为“连接点”。Spring 仅支持方法的连接点，即仅能在方法调用前、方法调用后、方法抛出异常时等这些程序执行点进行织入增强。

连接点由两个信息确定：第一个是用方法表示的程序执行的位置；第二个是用相对点表示的方位（前、后、环绕等）。如在 UserDAOImpl.addUser()方法执行前的连接点，执行点为 UserDAOImpl.addUser()，方位为该方法执行前的位置。Spring 使用切点对执行点进行定位，而方位则在增强类型中定义。

2. 切点（Pointcut）

一个拥有多个方法的类，则拥有多个连接点。AOP 通过“切点”定位特定的连接点。切点和连接点不是一对一的关系，一个切点可以匹配多个连接点。

在 Spring 中，切点通过 org.springframework.aop.Pointcut 接口进行描述，它使用类和方法作为连接点的查询条件，SpringAOP 的规则解析引擎负责解析切点所设定的查询条件，找到对应的连接点。其实确切地说，应该是执行点而非连接点，因为连接点是方法执行前、执行后等包含方位信息的具体程序执行点，而切点只定位到某个方法上，所以说如果希望定位到某个连接点上，还需要提供方位信息。

3. 增强（Advice）

增强或称为通知（Advice）是织入到目标类连接点上的一段程序代码。在 Spring 中，增强除了用于描述一段程序代码外，还拥有另一个和连接点相关的信息，即执行点的方位。结合执行点方位信息和切点信息，我们就可以找到特定的连接点了。正因为增强既包含了用于添加到目标连接点上的一段执行逻辑，又包含了用于定位连接点的方位信息，所以 Spring 所提供的增强接口都是带方位名的，如 BeforeAdvice 等。所以只有结合切点和增强两者才能确定特定的连接点，并实施增强逻辑。

4. 目标对象（Target）

增强逻辑的织入目标类。如果没有 AOP，目标业务类需要自己实现所有逻辑。在 AOP 的帮助下，那些只实现了非横切逻辑的程序逻辑（如性能监视和事务管理等横切逻辑），才可以使用 AOP 动态织入到特定的连接点上。

5. 引介（Introduction）

引介是一种特殊的增强，它为类添加一些属性和方法。这样，即使一个业务类原本没有实现某个接口，通过 AOP 的引介功能，也可以动态地为该事务添加接口的实现逻辑，让业务类成为这个接口的实现类。

6. 织入（Weaving）

织入是将增强添加到目标类具体连接点上的过程，AOP 像一台织布机，这台织布机将目标类增强或引介 AOP 天衣无缝地编织在一起。

7. 代理（Proxy）

一个类被 AOP 织入增强后，就产生了一个结果类，它是融合了原类和增强逻辑的代理类。根据不同的代理方式，代理类既可能是和原类具有相同接口的类，也可能是原类的子类，所以我们可以采用与调用原类相同的方式调用代理类。

8. 切面（Aspect）

切面由切点和增强（引介）组成，它既包括了横切逻辑的定义，也包括了连接点的定义。SpringAOP 就是负责实施切面的框架，它将切面所定义的横切逻辑织入到切面所指定的连接点中。

6.3.3 创建 AOP 增强

AOP 的工作重心在于如何将增强应用于目标对象的连接点上。这里首先包括两个工作：第一，如何通过切点和增强定位到连接点上；第二，如何在增强中编写切面的代码。AOP 编程由以下 3 个部分构成。

- 定义普通业务组件，例如案例 6-3 中的 UserDAOImpl 类，也即目标对象。
- 定义切入点，一个切入点可能横切多个业务组件。例如案例 6-3 中前置增强类 UserDAOBeforeAdvice 的 before 方法处为增强的切入点。
- 定义增强处理，增强处理就是在 AOP 框架为普通业务组件织入的处理动作。例如案例 6-3 中前置增强类 UserDAOBeforeAdvice 的 before 方法中被重写的处理。

所以进行 AOP 编程的关键就是定义切入点和定义增强处理。一旦定义了合适的切入点和增强处理，AOP 框架将会自动生成 AOP 代理，即代理对象的方法 = 增强处理 + 被代理对象的方法。

Spring 支持 5 种类型的增强，按增强在目标类中方法的连接点位置，分为以下 5 类。

- 前置增强：org.springframework.aop.MethodBeforeAdvice。
- 后置增强：org.springframework.aop.AfterReturningAdvice。
- 环绕增强：org.aopalliance.intercept.MethodInterceptor。
- 异常抛出增强：org.springframework.aop.ThrowsAdvice。
- 引介增强：org.springframework.aop.support.DelegatingIntroductionInterceptor。

案例 6-3 展示的就是前置增强。后置增强和环绕增强的用法和前置增强类似，这里就不举例演示了。下面简单介绍异常抛出增强（throwException）的使用。

如果是异常增强，与案例 6-3 相同，首先要创建 UserDAO 接口和其实现类 UserDAOImpl，但稍有区别，其代码如下。

```
package dao;
import java.sql.SQLException;
public interface UserDAO {
        public void save()   throws SQLException;
}

package dao;
import java.sql.SQLException;
```

```
import org.springframework.stereotype.Component;
public class UserDAOImpl implements UserDAO
{
        public void save() throws SQLException
        {
                System.out.println("save user");
                throw new SQLException("add user error");
        }
}
```

其次，创建异常抛出增强类，其代码如下。

```
package dao;
import java.lang.reflect.Method;
import java.sql.SQLException;
import org.junit.Test;
import org.springframework.aop.ThrowsAdvice;
import org.springframework.context.ApplicationContext;
import org.springframework.context.support.ClassPathXmlApplicationContext;
public class ExceptionAdvice implements ThrowsAdvice{
public void afterThrowing(Method method,Object[] args ,Object target,Exception ex) throws Throwable
{
        System.out.println("throw an exception"+ex.getMessage());
        }
}
```

异常抛出增强类 ExceptionAdvice 实现了 ThrowsAdvice 接口，并且实现了 afterThrowing 方法，会在目标类执行后执行。在 applicationContext.xml 中配置 Spring AOP 如下。

```
<?xml version="1.0" encoding="UTF-8"?>
<beans
     xmlns="http://www.springframework.org/schema/beans"
     xmlns:xsi="http://www.w3.org/2001/XMLSchema-instance"
     xmlns:context="http://www.springframework.org/schema/context"
     xmlns:p="http://www.springframework.org/schema/p"
     xsi:schemaLocation="http://www.springframework.org/schema/beans
     http://www.springframework.org/schema/beans/spring-beans-3.0.xsd
     http://www.springframework.org/schema/context
     http://www.springframework.org/schema/context/spring-context-3.0.xsd">
<bean id="exceptionAdvice" class="dao.ExceptionAdvice"/>
<bean id="target" class="dao.UserDAOImpl"/>
<bean id="userDAO" class="org.springframework.aop.framework.ProxyFactoryBean"
p:proxyInterfaces="dao.UserDAO"
p:interceptorNames="exceptionAdvice"
p:target-ref="target"/>
```

最后编写如下测试代码。

```
@Test
public void test() throws SQLException
```

```
{
        ApplicationContext ac=new ClassPathXmlApplicationContext("applicationContext.xml");
                UserDAO us=(UserDAO)ac.getBean("userDAO");
        us.save();
}
```

此处，用到了测试框架 JUnit。使用 JUnit 的好处是不需要破坏程序结构，只需要在需测试的方法前加@Test 注解，并引入 junit.Test 包（import org.junit.Test）就可以运行测试代码。通过上述编程，测试结果如图 6-7 所示。

使用 JUnit 框架的@Test 注解进行测试可以不创建 main()方法，从而在不破坏程序结构的情况下随时对任何需要测试的代码段进行测试。这样可以让程序员将重点放在代码（方法）的功能和逻辑的思考上，通过单元测试保证整体代码的稳定性。

运行测试代码比较简单，只需用鼠标右键单击测试@Test 注解所在的程序，然后选择 Run As→JUnit Test 快捷菜单命令就可以运行测试代码段了。本书之后章节的单元测试将采用 JUnit 框架。运行本案例@Test 注解标注的 test()方法的结果如图 6-7 所示。

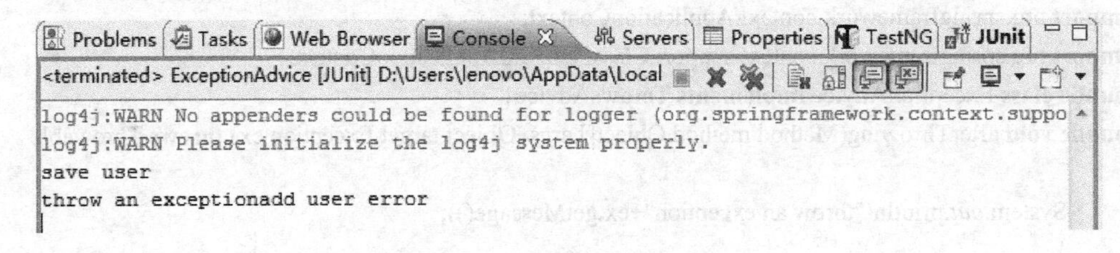

图 6-7　抛出异常增强运行结果

从图 6-7 显示的结果可见，抛出异常增强在目标类执行后执行了。

6.3.4　创建切面

通过前面的案例我们会发现，增强被织入了目标类的所有方法中。如果我们需要将增强织入某些特定的方法中，就需要使用切点来进行目标类连接点的定位了。

Spring 通过 PointCut 接口描述切点，PointCut 由 ClassFilter 和 MethodMatcher 构成。通过 ClassFilter 定位到某些特定类，然后通过 MethodMatcher 定位到某些特定方法。Spring 支持静态方法匹配器和动态方法匹配器两种。因为动态匹配对性能影响很大，所以不经常使用。

【案例 6-4】 通过 Spring AOP 创建切面，并在所有 save 方法调用前注入一个增强。

1. 实现思路

本案例需要创建两个模型层的类 UserDAOImpl 和 StudentDAOImpl，它们均有一个 save()方法，并创建前置增强类 BeforeAdvice。然后，使用 StaticMethodMatcherPointcutAdvisor 定义静态方法匹配的切面，它将在所有 save 方法调用前织入一个前置增强。最后在 applicationContext.xml 文件中配置切面，并编写测试方法进行测试。

2. 案例的实现

本案例的实现步骤如下。

（1）创建项目并添加 Spring AOP 的支持。

该步操作同案例 6-3，此处介绍略。

（2）创建模型层业务处理类。

创建模型层 UserDAO 接口和 UserDAOImpl,StudentDAOImpl 实现类，它们的代码如下。

```
package dao;
import java.sql.SQLException;
public interface UserDAO {
    public void save()  throws SQLException;
}

package dao;

import java.sql.SQLException;
import org.springframework.stereotype.Component;
public class UserDAOImpl implements UserDAO
{
    public void save() throws SQLException
    {
        System.out.println("save user");
    }
    public void update()
    {
        System.out.println("updating");
    }
}
```

上述代码定义了一个接口 UserDAO 及其实现类 UserDAOImpl。其中，实现类 UserDAOImpl 不仅重写了接口 UserDAO 的 save()方法，而且定义了一个新的方法 update()。

另外，定义一个普通类 StudentDAOImpl 的代码如下。

```
package dao;
public class StudentDAOImpl {
    public void save()
    {
        System.out.println("student saved");
    }
}
```

（3）创建前置增强类。

创建一个前置增强类 BeforeAdvice，其代码如下。

```
package dao;
import java.lang.reflect.Method;
import java.sql.SQLException;
import org.junit.Test;
import org.springframework.aop.MethodBeforeAdvice;
import org.springframework.context.ApplicationContext;
import org.springframework.context.support.ClassPathXmlApplicationContext;

public class BeforeAdvice implements MethodBeforeAdvice{
```

```
        public void before(Method method, Object[] args, Object obj)
                throws Throwable {
            System.out.println("i am before advice!");
        }
}
```

（4）创建切面。

切面由切点和增强组成，在此使用 StaticMethodMatcherPointcutAdvisor 定义的切面，在所有 save 方法调用前织入一个增强。该切面的创建代码如下。

```
package dao;
import java.lang.reflect.Method;
import org.springframework.aop.support.StaticMethodMatcherPointcutAdvisor;
public class Advisor extends StaticMethodMatcherPointcutAdvisor{
        public boolean matches(Method method, Class<?> clazz) {
                return "save".equals(method.getName());
        }
}
```

（5）配置切面。

在 applicationContext.xml 文件中，配置静态方法匹配的切面，其配置代码如下。

```
<?xml version="1.0" encoding="UTF-8"?>
<beans
        xmlns="http://www.springframework.org/schema/beans"
        xmlns:xsi="http://www.w3.org/2001/XMLSchema-instance"
        xmlns:context="http://www.springframework.org/schema/context"
        xmlns:p="http://www.springframework.org/schema/p"
        xsi:schemaLocation="http://www.springframework.org/schema/beans
        http://www.springframework.org/schema/beans/spring-beans-3.0.xsd
        http://www.springframework.org/schema/context
        http://www.springframework.org/schema/context/spring-context-3.0.xsd">
<bean id="beforeAdvice" class="dao.BeforeAdvice"/>
<bean id="userTarget" class="dao.UserDAOImpl"/>
<bean id="studentTarget" class="dao.StudentDAOImpl"/>
<bean id="advisor" class="dao.Advisor" p:advice-ref="beforeAdvice"/>
//向切面注入一个前置增强类
<bean id="parent" abstract="true" //通过一个父 bean 定义公共的配置信息 class="org.springframework.
aop.framework.ProxyFactoryBean"
        p:interceptorNames="advisor"
        p:proxyTargetClass="true"/>
<bean id="user" parent="parent" p:target-ref="userTarget"/>
<bean id="student" parent="parent" p:target-ref="studentTarget"/>
</beans>
```

在该配置文件中，配置了一个前置增强类 beforeAdvice，以及两个目标类 userTarget 与 studentTarget。同时，配置了一个切面 advisor 并向该切面注入上述前置增强类 beforeAdvice。

最后，通过配置一个父 bean 创建一个 AOP 代理 bean，命名为 parent，通过它实现目标类织入到增强类中。该 AOP 代理的拦截器为 advisor 切面，定义 parent 两个子 bean：分别为目标类 userTarget 与 studentTarget，即这两个目标类将被注入到增强类中。

（6）编写测试方法。

在增强类中应用@Test 注解定义测试方法 test()，其代码如下。运行该测试方法，在控制台出现图 6-8 所示的显示结果。

```
@Test
    public void test() throws SQLException
    {
        ApplicationContext ac=new ClassPathXmlApplicationContext("applicationContext.xml");
        UserDAOImpl user=(UserDAOImpl)ac.getBean("user");
        StudentDAOImpl student=(StudentDAOImpl)ac.getBean("student");
        user.save();
        user.update();
        student.save();
    }
```

上述测试代码先后调用目标对象 Bean：user 的 save()方法与 update()方法；然后调用目标对象 Bean：student 的 save()方法。在调用每个目标对象时都会先运行前置增强类。所以，该测试方法运行的结果如图 6-8 所示。

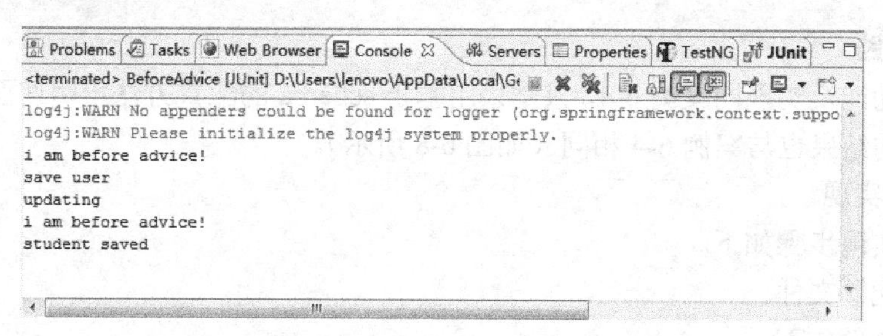

图 6-8 案例 6-4 测试方法运行的结果

通过图 6-8 所示的运行结果可见，在 user 和 student 的 save 方法运行前运行了前置增强方法，而在 user 的 update 方法运行前没有执行前置增强。

注意：在配置切面信息时，可以使用正则表达式的写法，如*，.，{n}这样的字符，读者可参考相关文献。

6.3.5 自动创建代理

Spring 提供了自动代理机制，让容器自动生成代理。在 Spring 内部，使用 BeanPostProcessor 自动完成代理创建。

使用 BeanNameAutoProxyCreator 的配置清单如下。

```
<bean id="beforeAdvice" class="dao.BeforeAdvice"/>
<bean id="user" class="dao.UserDAOImpl"/>
<bean id="student" class="dao.StudentDAOImpl"/>
<bean   class="org.springframework.aop.framework.autoproxy.BeanNameAutoProxyCreator"
p:beanNames="user,student"
```

```
p:interceptorNames="beforeAdvice"
p:optimize="true"/>
```

使用 DefaultAdvisorAutoProxyCreator，可以将增强和切点织入，配置清单如下。

```
<bean id="beforeAdvice" class="dao.BeforeAdvice"/>
<bean class="org.springframework.aop.framework.autoproxy.DefaultAdvisorAutoProxyCreator"/>
<bean id="user" class="dao.UserDAOImpl"/>
<bean id="student" class="dao.StudentDAOImpl"/>
<bean   id="advisor" class="org.springframework.aop.support.RegexpMethodPointcutAdvisor"
p:pattern=".*save"
p:advice-ref="beforeAdvice"
```

6.3.6 基于 schema 配置切面

Spring 提供了基于 schema 的配置方法，可以完成替代@AspectJ 注解声明切面的方式。使用 schema 的切面定义，切点、增强类型的注解信息会从切面类中剥离出来。

下面通过案例演示一个具有命名切点的前置增强切面配置。

【案例 6-5】 通过 Spring AOP 的基于 schema 的配置方法实现一个具有命名切点的前置增强切面。

1. 实现思路

该案例的功能及实现同案例 6-4，只是采用基于 schema 的配置方法声明切面，其他内容保持不变。运行的结果也与案例 6-4 相同（如图 6-8 所示）。

2. 案例的实现

本案例的实现步骤如下。

（1）修改配置文件。

修改配置文件如下。

```
<bean id="beforeAdvice" class="dao.BeforeAdvice"/>
<bean id="user" class="dao.UserDAOImpl"/>
<bean id="student" class="dao.StudentDAOImpl"/>
<aop:config proxy-target-class="true">
<aop:aspect ref="beforeAdvice">
<aop:pointcut id="before" expression="execution(* dao.UserDAO.save(..))"/>
<aop:before method="before" pointcut-ref="before"/>
</aop:aspect>
</aop:config>
```

该配置文件使用了<aop:aspect> </aop:aspect>声明切面。

（2）修改增强类。

这里一定要将增强类的实现接口去掉，并且修改 before 方法。增强类代码清单如下。

```
package dao;

import java.lang.reflect.Method;
import org.junit.Test;
```

```
import org.springframework.aop.MethodBeforeAdvice;
import org.springframework.context.ApplicationContext;
import org.springframework.context.support.ClassPathXmlApplicationContext;

public class BeforeAdvice {
    public void before()
            throws Throwable {
        System.out.println("i am before advice!");
    }
}
```

其他与案例 6-4 保持不变。执行测试方法，运行结果如图 6-9 所示。

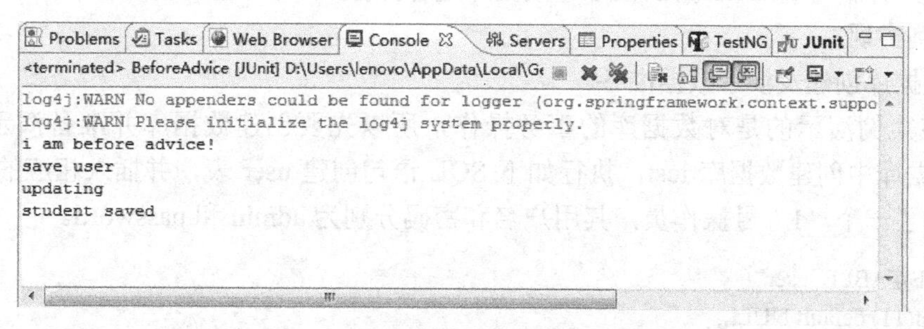

图 6-9　案例 6-5 测试方法运行的结果

通过图 6-9 可见，在 UserDAOImpl 的 save 方法前执行了增强类的 before 方法。也就是说，在配置文件中使用 schema 的切面定义，切点、增强类型的注解信息从切面类中剥离出来，同样实现了 AOP 面向切面的编程。

6.4　Spring 声明式事务

所谓事务（Transaction）是指并发控制的单位，它是一个不可分割的工作单位。数据库的操作事务是用户定义的一个数据库操作序列，这些操作要么全做，要么都不做，从而保证了所谓的事务性。

对数据库的操作要保证其事务性，以便保证对业务操作的原子性及一致性。但这些事务性的保证一般需要编写一系列的代码，这样程序员就会分散一部分精力，从而不能将精力集中在业务处理代码中。

Spring 事务管理是 Spring AOP 技术的精彩应用，它作为一个切面织入目标业务方法，使得业务代码从事务代码中解脱出来。Spring 为事务管理提供了一致的编程模板，不管是 Spring JDBC、Hibernate、JPA 还是 MyBatis，Spring 都让用户可以使用统一的编程模型进行事务管理。

Spring 采用声明式事务管理，事务配置非常简单，只用提供切点信息和控制事务行为的属性信息即可。

6.4.1 声明式事务实现案例

本案例采用 Spring AOP 方式，通过配置文件实现数据库操作的事务性。即将数据库操作的业务代码与事务管理代码分开，事务性处理工作统一在 Spring 配置文件中进行。

【案例 6-6】 通过 Spring 声明式事务配置实现数据库操作的事务性。

1. 实现思路与过程

本案例的实现首先需要创建一个数据库，并准备演示数据。然后编写对数据库操作的 Java 代码。这里通过 Spring JDBC 模板实现对数据库的操作。最后通过 Spring 配置文件进行声明式事务的配置，并编写 Service 测试程序对数据库进行操作，以验证声明式事务是否配置成功。

2. 案例实现

（1）数据库创建及演示数据准备。

因为该案例演示的是对数据库的事务操作，所以先要创建数据库并准备演示数据。在 MySQL 数据库中创建数据库 test，执行如下 SQL 语句创建 user 表，并插入相应的演示数据。这样就创建了一个“1”号操作员，其用户名和密码分别为 admin 和 password。

```
CREATE TABLE `user` (
  `id` int(11) default NULL,
  `username` varchar(255) default NULL,
  `password` varchar(255) default NULL
) ENGINE=InnoDB DEFAULT CHARSET=utf8;
INSERT INTO `user` VALUES ('1', 'admin', 'password');
```

（2）创建项目并添加 Spring 的支持。

创建 Web 项目 chapter66，同案例 6-3 中的图 6-5 所示操作添加 Spring 框架的支持。这里需要勾选 Spring 3.0 Persistence JDBC Libraries 以支持对数据库操作的声明式事务，如图 6-10 所示。

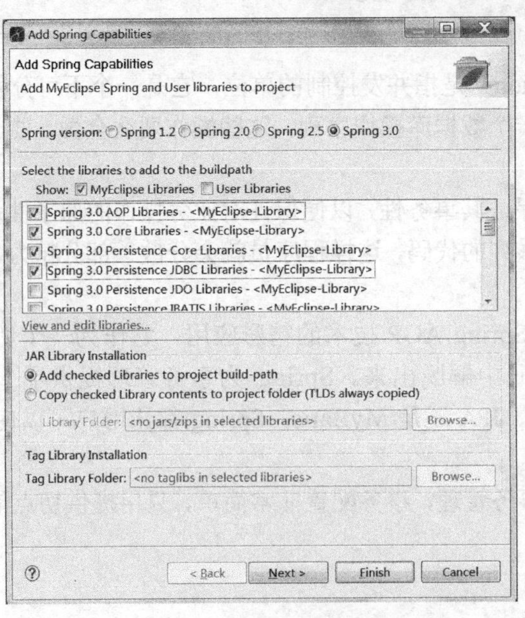

图 6-10　案例 6-6 添加 Spring 支持对话框

（3）创建实体类 User 及业务类 UserDAOImpl。

创建数据库表 user 对应的实体类 User，其代码如下。

```
package dao;
public class User {
private int id;
private String username;
private String password;
 //setter/getter 方法省略
}
```

业务类 UserDAOImpl 代码如下。

```
package dao;
import java.sql.ResultSet;
import java.sql.SQLException;
import java.util.List;
import javax.sql.DataSource;
import org.springframework.jdbc.core.JdbcTemplate;
import org.springframework.jdbc.core.RowMapper;

public class UserDAOImpl    {
        private JdbcTemplate jdbcTemplate;
        /**
         * 通过 dataSource 的 setter 方法，在运行时注入一个 dataSource 对象，
         *然后根据这个对象创建一个 JdbcTemplate 对象
         * @param dataSource
         */
        public void setDataSource(DataSource dataSource){
                this.jdbcTemplate = new JdbcTemplate(dataSource);
        }
        /**
         * 根据 id 获取单个数据是通过 queryForObject 方法
         * 实现 RowMapper 接口，必须实现里面的 mapRow(ResultSet rs, int rowNum)方法
         * 这个方法通过 ResultSet 把一条记录放到一个实体类对象中，并返回这个实体类对象
         */
        public User getUserById(Integer id) {
                User user = jdbcTemplate.queryForObject("select * from user where id=?",
                new Object[]{id},
                new int[]{java.sql.Types.INTEGER}, new RowMapper<User>() {
              public User mapRow(ResultSet rs, int rowNum) throws SQLException {
                          User user = new User();
                           user.setId(rs.getInt("id"));
                           user.setUsername(rs.getString("username"));
                           user.setPassword(rs.getString("password"));
                           return user;
                              }
                });
                return user;
        }
}
```

上述模型层业务处理类（包括 DAO）代码通过 Spring JDBC 的 jdbcTemplate 模板实现对数据库的操作，并将结果存放在 user 对象中。

（4）创建 UserService 类。

UserService 类代码如下。

```
package service;
import org.junit.Test;
import org.springframework.context.ApplicationContext;
import org.springframework.context.support.ClassPathXmlApplicationContext;
import dao.User;
import dao.UserDAOImpl;
public class UserService {
        private UserDAOImpl userDAO;
        public UserDAOImpl getUserDAO() {
              return userDAO;
        }
        public void setUserDAO(UserDAOImpl userDAO) {
              this.userDAO = userDAO;
        }
        public User getUser(int id)
        {
              return    userDAO.getUserById(id);
        }
        @Test
        public void test()
        {
        ApplicationContext ac=new ClassPathXmlApplicationContext("applicationContext.xml");
        UserService us=(UserService)ac.getBean("userService");
        System.out.println(us.getUser(1).getUsername()+us.getUser(1).getPassword());
        }
}
```

服务类 UserService 通过 Spring AOP，使它作为一个切面织入目标业务处理方法。这里没有事务处理代码，从而使得业务代码从事务代码中解脱出来。而事务处理则通过声明式事务的方式在配置文件中进行配置与维护。

（5）配置 applicationContext.xml 文件。

applicationContext.xml 配置文件代码如下。

```
<?xml version="1.0" encoding="UTF-8"?>
<beans xmlns="http://www.springframework.org/schema/beans"
      xmlns:xsi="http://www.w3.org/2001/XMLSchema-instance"
xmlns:p="http://www.springframework.org/schema/p"
      xmlns:context="http://www.springframework.org/schema/context"
      xmlns:aop="http://www.springframework.org/schema/aop"
    xmlns:tx="http://www.springframework.org/schema/tx"
xsi:schemaLocation="http://www.springframework.org/schema/beans
http://www.springframework.org/schema/beans/spring-beans-3.0.xsd
          http://www.springframework.org/schema/context
http://www.springframework.org/schema/context/spring-context-3.0.xsd
          http://www.springframework.org/schema/aop
```

```
http://www.springframework.org/schema/aop/spring-aop-3.0.xsd
        http://www.springframework.org/schema/tx
        http://www.springframework.org/schema/tx/spring-tx-3.0.xsd">

    <!-- 配置数据源 -->
    <bean id="dataSource"
        class="org.apache.commons.dbcp.BasicDataSource"
         destroy-method="close">
        <!-- jdbc 连接的 4 个必须参数 -->
         <property name="driverClassName" value="com.mysql.jdbc.Driver"/>
        <property name="url" value="jdbc:mysql://127.0.0.1:3306/test"/>
        <property name="username" value="root"/>
         <property name="password" value="root"/>
         <!-- 连接池启动初始值 -->
        <property name="initialSize" value="5"/>
         <!-- 最大空闲值 -->
         <property name="maxIdle" value="20"/>
      <!-- 最小空闲值 -->
        <property name="minIdle" value="5"/>
        <!-- 最大连接值 -->
         <property name="maxActive" value="500"/>
    </bean>

    <!-- 指定事务管理器 -->
    <bean id="txManager" class="org.springframework.jdbc.datasource.DataSourceTransactionManager">
        <property name="dataSource" ref="dataSource"></property>
    </bean>

    <tx:advice id="txAdvice" transaction-manager="txManager">
        <tx:attributes>
            <tx:method name="get*" read-only="true"/>
            <tx:method name="add*" rollback-for="Exception"/>
          <tx:method name="update*"/>
        </tx:attributes>
    </tx:advice>

    <!-- 作用 Schema 的方式配置事务 -->
    <aop:config>
        <aop:pointcut id="servicePointcut" expression="execution(* service.*Service*.*(..))" />
        <aop:advisor advice-ref="txAdvice" pointcut-ref="servicePointcut"/>
    </aop:config>
    <!-- 把相关的 Bean 交由 Spring 管理 -->
    <bean id="userDao" class="dao.UserDAOImpl">
        <property name="dataSource" ref="dataSource"></property>
    </bean>
   <bean id="userService" class="service.UserService">
        <property name="userDAO" ref="userDao"></property>
    </bean>
</beans>
```

上述 Spring 配置文件 applicationContext.xml 除了配置 MySQL 数据库的 JDBC 数据源、数据库连接池等信息外，还以 Schema 方式配置事务，并以 AOP 方式将其设置到业务层。最后将需要进行事务操作的 Bean 交给 Spring 管理，以在业务数据库操作代码中实现事务操作功能。

（6）执行测试方法。

执行 UserService 类中的测试方法@Test，在控制台运行的结果如图 6-11 所示。

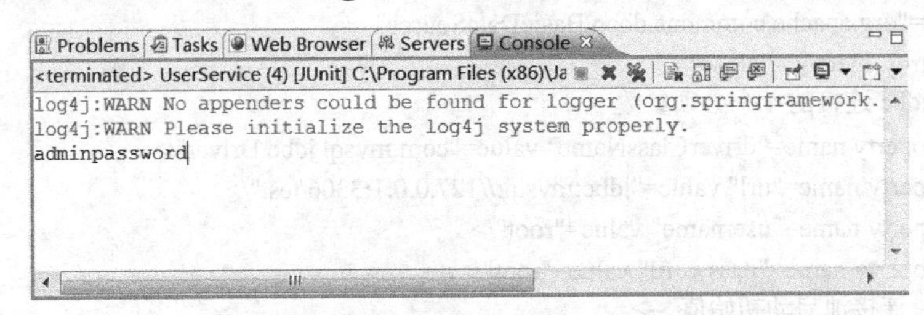

图 6-11　案例 6-6 运行的结果

本案例虽然实现的是查询语句的事务处理，但对其他更新操作（新增、修改、删除）编码过程相同，只需要修改相应的数据库操作 SQL 语句便可。

6.4.2　使用 Spring 实现声明式事务概述

1. 事务并发产生的问题

数据库事务并发带来的问题包括更新丢失、脏读、不可重复读、幻像读。

（1）更新丢失：指一个事务的更新覆盖了另一个事务的更新。事务 A：向银行卡存钱。事务 B：向银行卡存钱。A 和 B 同时读到银行卡的余额，分别更新余额，后提交的事务 B 覆盖了事务 A 的更新。更新丢失本质上是写操作的冲突，其解决办法是一个一个地写。

（2）脏读：指一个事务读取了另一个事务未提交的数据。事务 A：该人给妻子转账 1000 元。事务 B：该人查询余额。事务 A 转账后（还未提交），事务 B 查询多了 1000 元。事务 A 由于某种问题（比如超时），进行回滚。事务 B 查询到的数据是假数据。脏读本质上是读写操作的冲突，其解决办法是写完之后再读。

（3）不可重复读：一个事务两次读取同一个数据，两次读取的数据不一致。事务 A：该人妻子给该人转账 1000 元。事务 B：该人两次查询余额。事务 B 第一次查询余额，事务 A 还没有转账，第二次查询余额，事务 A 已经转账了，导致一个事务中，两次读取同一个数据，读取的数据不一致。不可重复读本质上是读写操作的冲突，其解决办法是读完再写。

（4）幻像读：一个事务两次读取一个范围的记录，两次读取的记录数不一致。事务 A：该人妻子两次查询该人有几张银行卡。事务 B：该人新办一张银行卡。事务 A 第一次查询银行卡数的时候，该人还没有新办银行卡，第二次查询银行卡数的时候，该人已经新办了一张银行卡，导致两次读取的银行卡数不一样。幻像读本质上是读写操作的冲突，其解决办法是读完再写。

所以，对数据库这些并发操作产生的问题，需要通过事务管理来解决。为了保证对数据库操作的事务性，即保证业务逻辑的原子性及一致性。在编码时，事务通常以 BEGIN TRANSACTION 开始，以 COMMIT 或 ROLLBACK 结束。COMMIT 表示提交，即提交事务的所有操作。具体地说就是将事务中所有对数据库的更新写回到磁盘上的物理数据库中去，事务正常结束。ROLLBACK 表示回滚，即在事务运行的过程中发生了某种故障，事务不能继续进行，系统将事务中对数据库所有已完成的操作全部撤销，回滚到事务开始的状态。

事务的特性有如下几个方面。

- 原子性(Atomicity)。即事务是数据库的逻辑工作单位，事务中包括的诸操作要么全做，要么全不做。
- 一致性（Consistency)。事务执行的结果必须是使数据库从一个一致性状态变到另一个一致性状态。一致性与原子性是密切相关的。
- 隔离性（Isolation)。一个事务的执行不能被其他事务干扰。
- 持续性/永久性（Durability)。一个事务一旦提交，它对数据库中数据的改变就应该是永久性的。

而 Spring 可以通过 AOP 方式实现声明式事务，以便业务操作编码分离。

2. 使用 Spring 实现声明式事务

通过案例6-6可以看出，在Spring配置文件中，事务配置由3部分组成，分别是DataSource、TransactionManager 和代理机制。DataSource、TransactionManager 会根据数据访问方式有所变化，例如使用 Hibernate 进行数据访问时，DataSource 实现为 SessionFactory，TransactionManager 的实现为 HibernateTransactionManager。具体 Spring 实现声明式事务的方式配置如图 6-12 所示。

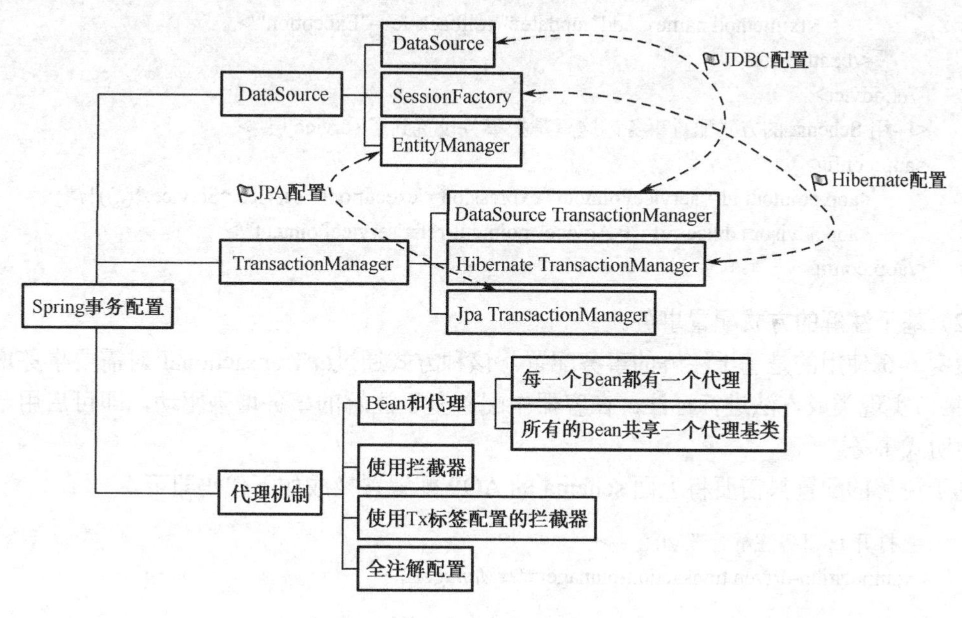

图 6-12 Spring 事务配置内容

Spring 给我们提供了如下几种类型的事务传播行为。

(1) PROPAGATION_REQUIRED：支持当前事务，如果当前没有事务，就新建一个事务。这是最常见的选择。

(2) PROPAGATION_SUPPORTS：支持当前事务，如果当前没有事务，就以非事务方式执行。

(3) PROPAGATION_MANDATORY：支持当前事务，如果当前没有事务，就抛出异常。

(4) PROPAGATION_REQUIRES_NEW：新建事务，如果当前存在事务，就把当前事务挂起。

(5) PROPAGATION_NOT_SUPPORTED：以非事务方式执行操作，如果当前存在事务，就把当前事务挂起。

(6) PROPAGATION_NEVER：以非事务方式执行，如果当前存在事务，则抛出异常。

可以通过事务的 propagation 属性来进行配置。

3. 事务的配置方式

Spring 事务的配置方式有基于 schema 的方式与基于注解的方式。下面分别简单介绍这两种方式的配置。

（1）基于 schema 的方式配置事务。

Spring 在基于 schema 的基础上，添加了 tx 命名空间，明确用结构化的方式定义事务属性，配合 AOP 命名空间所提供的切面定义，使得业务类方法事务配置大大简化。基于 schema 的方式配置清单如下。

```
<!-- 指定事务管理器 -->
<bean id="txManager"            class="org.springframework.jdbc.datasource.DataSourceTransactionManager">
        <property name="dataSource" ref="dataSource"></property>
    </bean>
        <!-- 设置事务增强 -->
    <tx:advice id="txAdvice" transaction-manager="txManager">
        <tx:attributes>
            <tx:method name="get*" read-only="true"/>
            <tx:method name="add*,update*" rollback-for="Exception"/>
        </tx:attributes>
    </tx:advice>
    <!--用 Schema 的方式配置事务，这里是把事务设置到了 service 层-->
    <aop:config>
        <aop:pointcut id="servicePointcut" expression="execution(* service.*Service.*(..))" />
        <aop:advisor advice-ref="txAdvice" pointcut-ref="servicePointcut"/>
    </aop:config>
```

（2）基于注解的方式配置事务。

案例 6-6 使用的是基于注解的事务配置。该种方式通过@Transactional 对需要事务增强的 Bean 接口实现类或方法进行标注。在容器中配置基于注解的事务增强驱动，即可启用基于注解的声明式事务。

基于注解的配置只需要将上面 schema 的 AOP 配置置换成如下代码即可。

```
<!-- 打开 tx 事务注解管理功能 -->
<tx:annotation-driven transaction-manager="txManager"/>
```

然后在业务 Bean 使用@transactional 做注解，如图 6-13 所示。

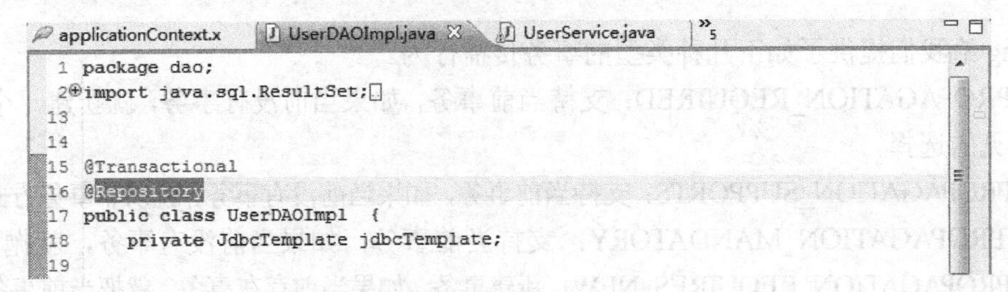

图 6-13　给业务 Bean 代码增加注解

图 6-13 显示了在业务类中使用注解的方式。

小 结

Spring 通过 IoC 降低了组件间的耦合度，实现软件各层的解耦。它提供了单例模式、众多辅助工具类等，使程序员更专注于上层的应用。通过 Spring 与其他框架的无缝结合，可以降低其他框架及 Java EE API 的使用难度。

本章介绍了 Spring 框架的作用及应用。通过案例的形式介绍了如何在项目中获取 Spring 的支持并进行配置。重点介绍了 Spring 的核心技术：依赖注入 IoC、面向切面的编程 AOP 以及声明式事务。

Spring IoC 是由容器控制业务对象之间的依赖关系。通过 IoC，程序之间的耦合关系就比较松散，只需要在配置文件中配置它们之间的关系，即可避免停机修改等操作带来的不便。本章介绍了属性注入、方法注入的配置，也介绍了基于注解的 Spring 依赖注入的配置。

AOP 专门解决一些具有横切性质的系统性服务，如事务管理、安全检查、缓存、对象池管理等。面向切面编程 AOP 是从动态角度考虑程序运行过程。本章通过案例的形式介绍了 Spring AOP 的相关概念以及进行面向切面编程的过程。

另外，本章还介绍了 Spring 声明式事务。在声明式事务的支持下，程序员不需要再手动编码去维护事务。可以用非容器依赖的编程方式进行几乎所有的数据库事务性编程工作。

习 题

一、填空题

1．在软件开发时应该尽量使软件模块之间的________降到最低。Spring 用于管理 Struts 和 Hibernate 实现的内容，使各软件模块处于_________状态。

2．Spring 框架能使用基本的_________来完成以前只可能由 EJB 完成的事情。

3. Spring 框架以_________和_________为内核，提供了展现层 Spring MVC、持久层 Spring JDBC 以及业务层事务管理等众多的企业级应用技术。

4．Spring AOP 是 AOP 技术在 Spring 中的具体实现，它的工作重心在于如何将增强应用于目标对象的___________上。

5．数据库的操作事务是用户定义的一个数据库__________，对数据库的操作要保证其事务性，以便保证业务操作的原子性及___________。

二、简答题

1．Spring 框架有什么作用？它有哪些优势？它包括哪些主要内容？

2．请说说依赖注入的概念，以及依赖注入方式在程序开发中的好处。

3．简述在项目中采用 Spring IoC 技术进行程序开发的过程。

4．简述 Spring AOP 的概念、作用及优势。

5．简述 Spring 声明式事务的作用与特点，以及在程序中使用 Spring 声明式事务的过程。

综合实训

实训 1 编写 MVC 模式的仓库库存信息管理应用程序，采用 Spring IoC 方式将业务层注入到系统中。

实训 2 采用 Spring AOP 面向切面编程实现 MVC 模式的仓库库存信息管理应用程序。

实训 3 采用 Spring 声明式事务的形式实现仓库库存信息管理程序的编写。

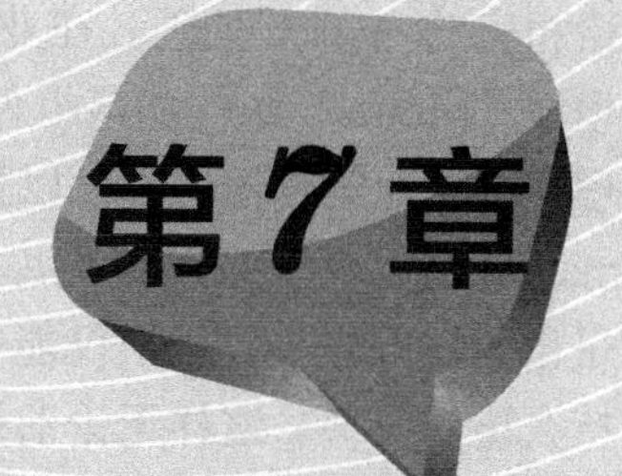

第7章 SSH集成开发实战

本章学习目标

- 掌握 Spring 与 Struts 2 集成的配置与编程。
- 掌握 Spring 与 Hibernate 集成的配置与编程。
- 会使用 Struts 2、Hibernate 与 Spring 进行集成并进行综合编程。
- 了解 Spring MVC 框架并能进行配置与应用。

第 2～6 章分别介绍了 Struts 2、Hibernate、Spring 三大框架及其应用。将 Struts 2、Spring、Hibernate 三大框架集成为 SSH 框架，是目前较流行的一种 Web 应用程序开发技术。SSH 框架将 Struts 2、Hibernate、Spring 三大框架集成起来，可以发挥各自的优点，并充分发挥了 Spring 框架的作用，即使系统之间的耦合性进一步松散，有利于程序员提高程序的开发效率。本章以案例的形式介绍 Spring 如何与 Struts 2 和 Hibernate 框架集成为著名的 SSH 框架，以搭建 Web 项目进行应用程序开发。

另外，本章还介绍了更轻量级的框架——Spring MVC 及其应用。使用 Spring MVC 框架开发的程序性能更高，目前得到了许多程序员的广泛应用。本章介绍了 Spring MVC 框架的概念及其优点，并以案例的形式介绍了使用 Spring MVC 框架进行程序开发的过程。

7.1 使用 Spring 集成 Hibernate 和 Struts 2

Spring 与 Struts 2 和 Hibernate 的集成框架 SSH 可以帮助开发人员快速搭建结构清晰、可复用性好、维护方便的 Web 应用程序。其中使用 Struts 2 作为系统的整体基础架构，负责 MVC 的分离，在 Struts 2 框架的模型部分，控制业务跳转；利用 Hibernate 框架对持久层提供支持；Spring 做管理，管理 Struts 2 和 Hibernate。

集成 SSH 框架的系统从职责上分为 4 层：表示层、业务逻辑层、数据持久层和域模块层。

系统的基本业务流程是：在表示层中，首先通过 JSP 页面实现交互界面，负责接收请求（Request）和传送响应（Response），然后 Struts 2 根据配置文件（struts.xml）将 Action 接收到的 Request 委派给相应的 Action 处理。在业务层中，管理服务组件的 Spring IoC 容器负责向 Action 提供业务模型（Model）组件和该组件的协作对象数据处理（DAO）组件完成业务逻辑，并提供事务处理、缓冲池等容器组件，以提升系统性能和保证数据的完整性。而在持久层中，则依赖于 Hibernate 的对象化映射和数据库交互，处理 DAO 组件请求的数据，并返回处理结果。

采用上述开发模型，不仅能实现视图、控制器与模型的彻底分离，而且还能实现业务逻辑层与持久层的分离。这样无论前端如何变化，模型层只需很少的改动，并且数据库的变化也不会对前端有所影响，从而大大提高系统的可复用性。而且由于不同层之间耦合度小，有利于团队成员并行工作，大大提高开发效率。

下面分别介绍 Spring 集成 Struts 2、Spring 集成 Hibernate 的过程与配置。

7.1.1 使用 Spring 集成 Struts 2

Spring 框架允许将 Struts 2 作为 Web 框架无缝连接到基于 Spring 开发的业务层和持久层中。下面通过案例的形式介绍 Spring 与 Struts 2 框架的集成。

【案例 7-1】 通过案例演示 Spring 与 Struts 2 框架的集成。

1. 实现思路及过程介绍

该案例的实现包括如下步骤。

（1）新建 Web 项目并添加 Spring 框架的支持。

（2）添加 Struts 支持，注意要导入 struts2-spring 集成包。

（3）修改 web.xml 文件。

（4）编写 Action 控制器类，并进行配置。

（5）配置 Spring 文件。

（6）编写视图层 JSP 文件以显示数据。

2. 案例实现

（1）新建 Web 项目 chapter71，并添加 Spring 框架的支持。

该步操作同案例 6-1（见图 6-2），这里不再赘述。

（2）添加 Struts 支持。

在 MyEclipse 中给项目 chapter71 添加 Struts 2 支持。用鼠标右键单击项目名，选择 MyEclipse→Add Struts Capabilities 命令，出现添加 Struts 2 框架的对话框。选择添加 Struts 2.1 框架（如第 2 章图 2-15 所示），并单击 Next 按钮，出现图 7-1 所示的对话框。

在图 7-1 所示的对话框中，不但要选中 Struts 2 Core Libraries 库，而且还要选中 Struts 2 Spring Libraries 库。

如果是手工引入 Struts 2 支持包，记得导入 Struts 2 与 Spring 集成的支持包，如 struts2-spring-plugin-2.2.3.1.jar。

（3）修改 web.xml 文件。

配置 web.xml 文件，使其加载 Spring 监听器和 Struts 过滤器，并指明 applicationContext.xml 文件的路径。配置后的 web.xml 代码如下所示。

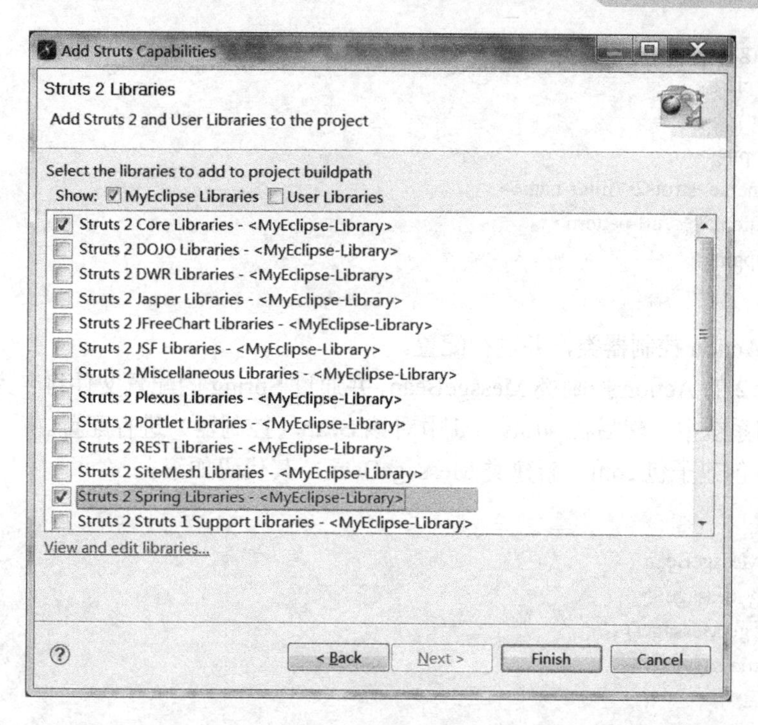

图 7-1　添加 Struts 2 支持（注意勾选 Struts 2 Spring Libraries）

```
<?xml version="1.0" encoding="UTF-8"?>
<web-app version="2.5"
    xmlns="http://java.sun.com/xml/ns/javaee"
    xmlns:xsi="http://www.w3.org/2001/XMLSchema-instance"
    xsi:schemaLocation="http://java.sun.com/xml/ns/javaee
    http://java.sun.com/xml/ns/javaee/web-app_2_5.xsd">
  <welcome-file-list>
    <welcome-file>index.jsp</welcome-file>
  </welcome-file-list>
  <context-param>
  <param-name>contextConfigLocation</param-name>
  <param-value>classpath:/applicationContext.xml</param-value>
 </context-param>
 <listener>
  <listener-class>org.springframework.web.context.ContextLoaderListener</listener-class>
 </listener>
  <welcome-file-list>
  <welcome-file>index.jsp</welcome-file>
 </welcome-file-list>
 <login-config>
  <auth-method>BASIC</auth-method>
 </login-config>

  <filter>
     <filter-name>struts2</filter-name>
     <filter-class>
```

```
            org.apache.struts2.dispatcher.ng.filter.StrutsPrepareAndExecuteFilter
        </filter-class>
    </filter>
    <filter-mapping>
        <filter-name>struts2</filter-name>
        <url-pattern>/*</url-pattern>
    </filter-mapping>
</web-app>
```

（4）编写 Action 控制器类，并进行配置。

编写 Struts 2 的 Action 控制类 MessgeBean，并通过 Spring 的配置文件将名为 MessageBean 的 Bean 注入到系统中。然后在 struts.xml 中对该 Bean（控制器）进行配置。

在 src 包下创建子包 com，新建类 MessageBean，其代码如下。

```
package com;
public class MessgeBean {
private String message;
public String getMessage() {
    return message;
}
public void setMessage(String message) {
    this.message = message;
}
public String execute()
{ return "success";}
}
```

在 struts.xml 文件中对控制器进行配置。注意，class 指明的是 applicationContext.xml 文件中定义的 Bean 名称。struts.xml 的配置信息如下。

```
<?xml version="1.0" encoding="UTF-8" ?>
<!DOCTYPE struts PUBLIC "-//Apache Software Foundation//DTD Struts Configuration 2.1//EN"
"http://struts.apache.org/dtds/struts-2.1.dtd">
<struts>
<constant name="struts.objectFactory" value="spring"/>
<package name="default" extends="struts-default">
<action name="message" class="messageBean">
<result name="success">/success.jsp</result>
</action>
</package>
</struts>
```

其中，上述配置代码中：

```
<struts>
<constant name="struts.objectFactory" value="spring"/>
</struts>
```

用于通过 Struts 2-Spring 集成类包将 Struts 2 集成到 Spring 中。

上述控制器配置代码指明了 class 为 Spring 依赖注入的 Bean 名，将该控制器命名为

“message”，当其返回值为“success”时，则跳转到 success.jsp 页面中。

（5）修改 Spring 配置文件。

该 Spring 配置文件 applicationContext.xml 配置了控制器 class="com.MessgeBean" 为“messageBean"的 Bean。同时，设置其属性 message 的值（为"struts-spring 演示数据"）。修改后的 Spring 配置文件代码如下。

```
<?xml version="1.0" encoding="UTF-8"?>
<beans
        xmlns="http://www.springframework.org/schema/beans"
        xmlns:xsi="http://www.w3.org/2001/XMLSchema-instance"
        xmlns:p="http://www.springframework.org/schema/p"
        xsi:schemaLocation="http://www.springframework.org/schema/beans
http://www.springframework.org/schema/beans/spring-beans-3.0.xsd">

    <bean id="messageBean" class="com.MessgeBean">
    <property name="message" value="struts-spring 演示数据"/>
    </bean>
        </beans>
```

（6）编写视图文件。

编写视图文件 success.jsp，以显示控制器中属性的值，其代码如下。

```
<%@ page language="java" import="java.util.*" pageEncoding="gbk"%>
<!DOCTYPE HTML PUBLIC "-//W3C//DTD HTML 4.01 Transitional//EN">
<html>
  <head>

    <title>显示数据</title>
  </head>

  <body>
<h1>Struts 2 Spring 集成演示，传递的数据是:${message}</h1>
  </body>
</html>
```

通过上述步骤完成了案例 7-1 的编码工作。

3. 项目运行

通过上述开发完成案例 7-1 的编码工作后，部署项目 chapter71，启动服务器，在浏览器中输入如下地址：

```
http://localhost:8080/chapter71/message
```

运行结果如图 7-2 所示。

由图 7-2 可见，在 Spring 框架完成了对 Struts 2 的集成，并成功地运行。

图 7-2　案例 7-2 的运行结果

7.1.2　使用 Spring 集成 Hibernate

过去，在 Hibernate 框架中使用默认配置文件 hibernate.cfg.xml，配置数据源、SessionFactory 和事务管理器。当 Spring 集成 Hibernate 后，都交给 Spring 容器来管理，不再使用 hibernate.cfg.xml，而存放到 applicationContext.xml 文件中。同时，还可以使用 Spring 的 IoC 容器在配置 SessionFactory 时为其注入数据源的引用。

可以在 MyEclipse 中完成通过 Spring 集成 Hibernate 框架。通过 Spring 框架集成 Hibernate 包括如下几个操作步骤。

（1）创建 Web 项目，并添加 Spring 框架。

（2）在项目中添加 Hibernate 框架。

（3）配置 applicationContext.xml 配置文件。

通过上述步骤，可以实现 Spring 对 Hibernate 框架集成，然后可以在此集成环境下编写数据库应用程序。下面通过操作简单地介绍在 MyEclipse 中实现 Spring 集成 Hibernate 的过程。

1. 添加 Spring 框架

这个很简单，在加入 Spring 功能的步骤中，MyEclipse 提示是否需要给我们提供配置文件。如果是新的工程，一般都是需要的。

在 MyEclipse 中，用鼠标右键单击项目名称，选择 MyEclipse→Add Spring Capabilities 命令，出现添加 Spring 框架的对话框，如图 7-3 所示。

在图 7-3 所示的对话框中，单击 Next 按钮，出现图 7-4 所示的对话框。在图 7-4 所示的对话框中指定 Spring 配置文件。

在图 7-4 中，选择新创建 Spring 配置文件，然后单击 Finish 按钮完成 Spring 框架的添加。

2. 添加 Hibernate 框架

接着在该项目中添加 Hibernate 框架。在项目中添加 Hibernate 框架在第 4 章已经介绍过。但是，此处是在 Spring 中集成 Hibernate 框架，所以操作有些不同（大部分相同）。

在添加了 Spring 框架后，再在 MyEclipse 中用鼠标右键单击该项目名称，选择 MyEclipse→Add Hibernate Capabilities 命令，出现添加 Hibernate 框架的对话框，如图 7-5 所示。

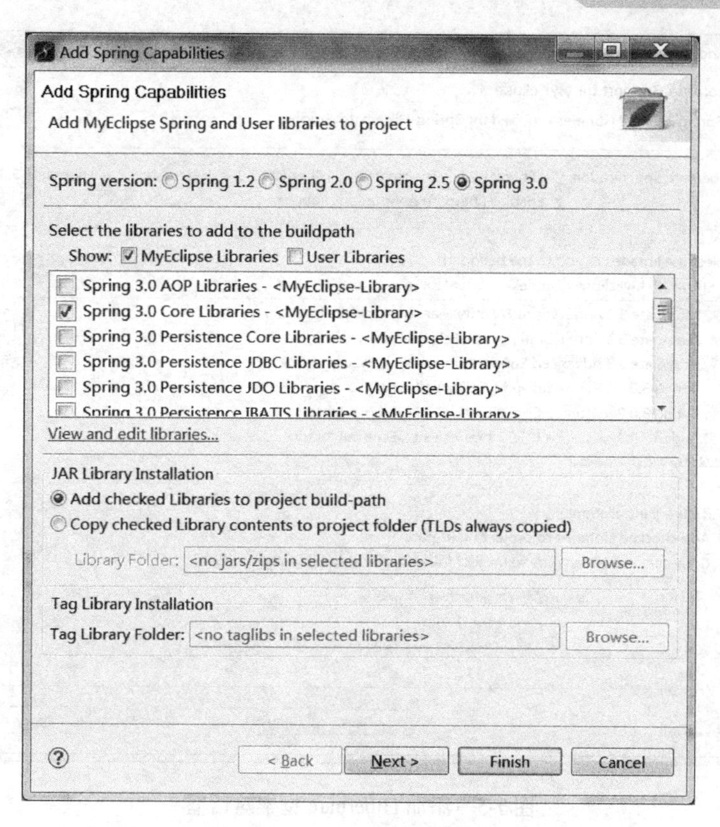

图 7-3　添加 Spring 框架

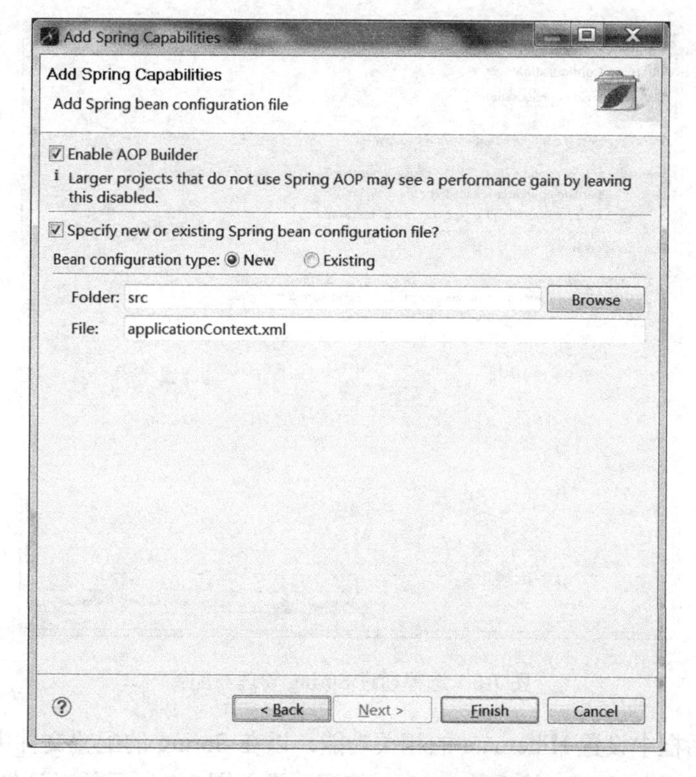

图 7-4　创建 Spring 配置文件对话框

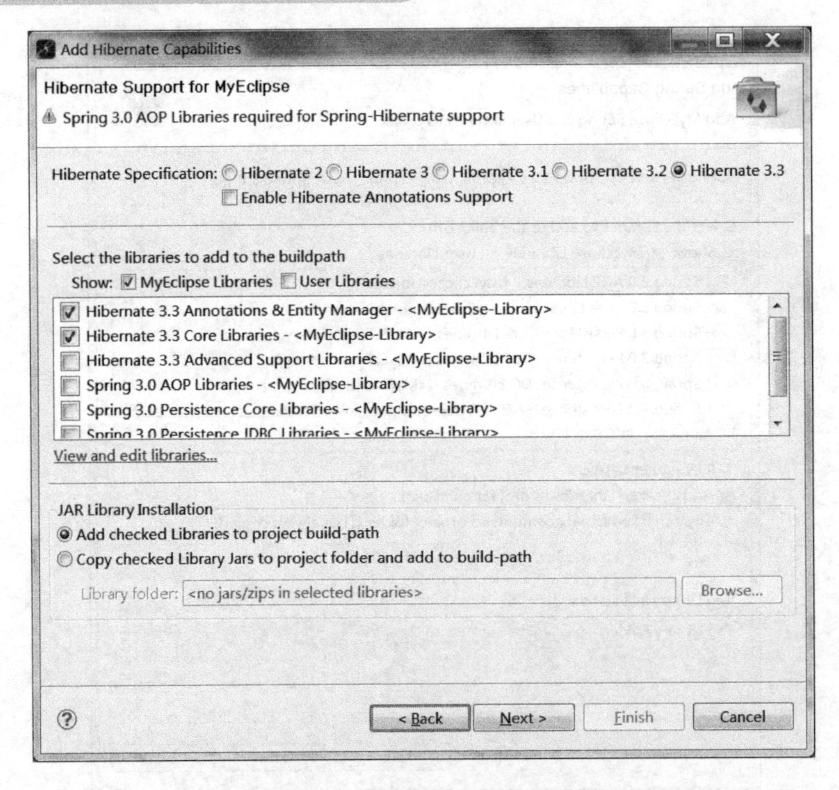

图 7-5　添加 Hibernate 框架对话框

在图 7-5 中单击 Next 按钮，出现图 7-6 所示的对话框。

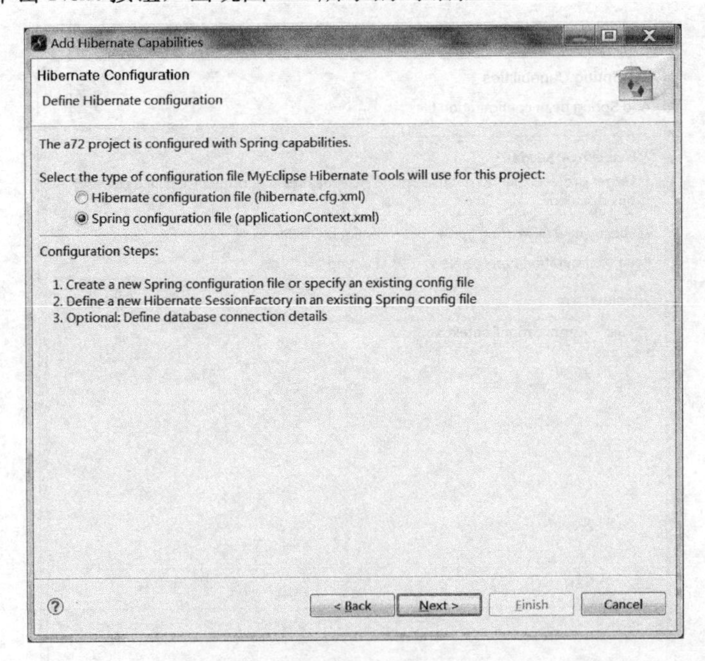

图 7-6　选择通过 Spring 管理与配置

在图 7-6 对话框中设置 Hibernate 的相关功能，以在 Spring 的配置文件中设置。所以勾选 Spring configuration file 选项，然后单击 Next 按钮，进入图 7-7 所示的对话框。

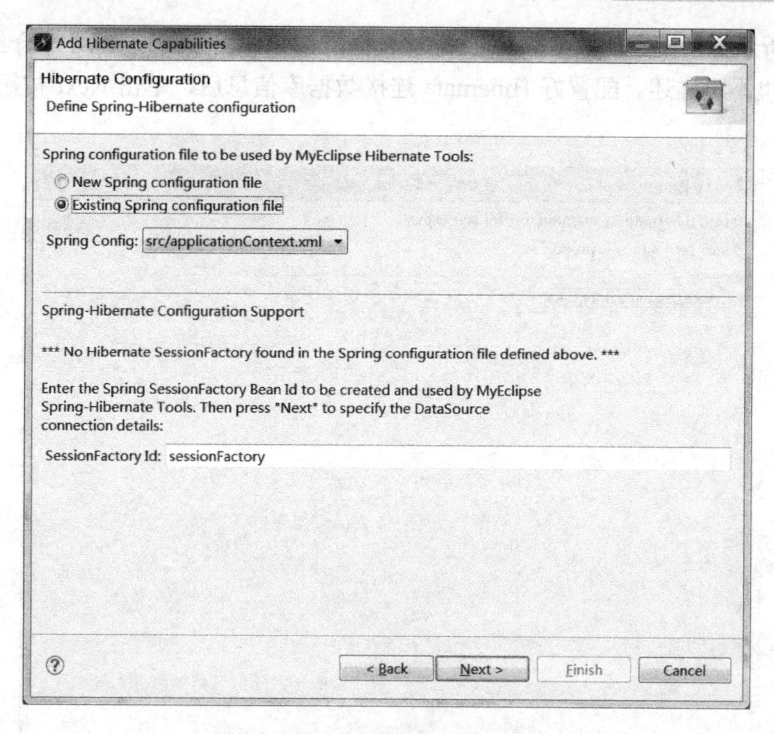

图 7-7　采用已有的 Spring 配置文件

在图 7-7 所示的对话框中，选择已有的 Spring 配置文件选项（勾选 Existing Spring configuration file，并指定已存在的 applicationContext.xml 配置文件）。然后单击 Next 按钮进入图 7-8 所示的对话框。

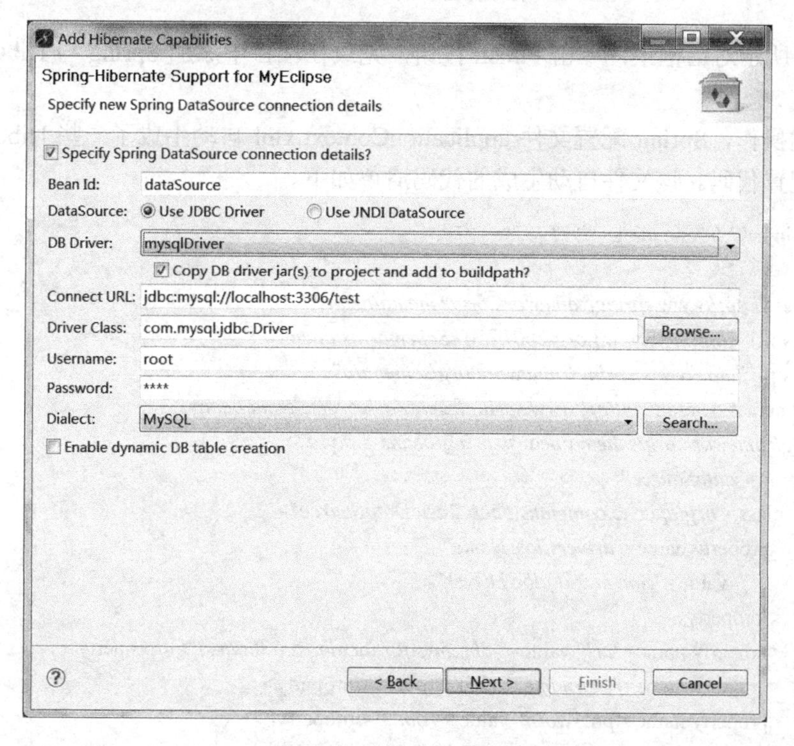

图 7-8　配置 Hibernate 连接数据库信息

在图 7-8 所示对话框中配置 Hibernate 连接数据库的信息，该步骤与第 4 章介绍的 Hibernate 配置相同，这里不再详述。配置好 Hibernate 连接数据库信息后，单击 Next 按钮，进入图 7-9 所示的对话框。

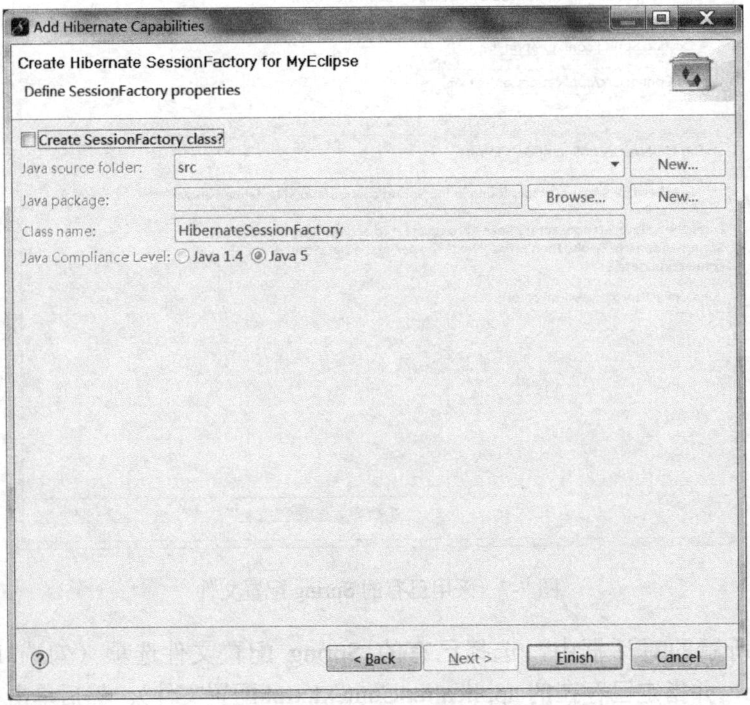

图 7-9　完成添加 Hibernate 框架的对话框

在图 7-9 所示对话框中，单击 Finish 按钮，完成在项目中添加 Spring 与 Hibernate 的集成操作。

通过上述操作，Spring 配置文件 applicationContext.xml 自动生成了一些 Hibernate 框架连接数据库的配置代码。该文件自动生成的代码清单如下。

```
<?xml version="1.0" encoding="UTF-8"?>
<beans
        xmlns="http://www.springframework.org/schema/beans"
        xmlns:xsi="http://www.w3.org/2001/XMLSchema-instance"
        xmlns:p="http://www.springframework.org/schema/p"
        xsi:schemaLocation="http://www.springframework.org/schema/beans
http://www.springframework.org/schema/beans/spring-beans-3.0.xsd">
        <bean id="dataSource"
                class="org.apache.commons.dbcp.BasicDataSource">
                <property name="driverClassName"
                        value="com.mysql.jdbc.Driver">
                </property>
                <property name="url" value="jdbc:mysql://localhost:3306/test"></property>
                <property name="username" value="root"></property>
                <property name="password" value="root"></property>
        </bean>
```

```
        <bean id="sessionFactory"
        class="org.springframework.orm.hibernate3.LocalSessionFactoryBean">
            <property name="dataSource">
                <ref bean="dataSource" />
            </property>
            <property name="hibernateProperties">
                <props>
                    <prop key="hibernate.dialect">
                        org.hibernate.dialect.MySQLDialect
                    </prop>
                </props>
            </property>
        </bean>
    </beans>
```

上述配置信息在项目开发过程中需要进行修改，以完善 Spring 集成 Hibernate 配置（例如添加实体类与数据库的映射文件等）。在上述文件中，dataSource 和 sessionFactory 都已配置好，并且将 dataSource 注入到了 sessionFactory 中。当其他 DAO 组件获得 SessionFactory Bean 的引用后，就可实现对数据库的访问。

本节介绍了 Spring 集成 Hibernate 框架的操作过程，结合前面介绍的 Spring 集成 Struts 2 框架可以进行 SSH 框架的集成与程序开发。下面通过案例的形式介绍如何在 Spring、Struts 2、Hibernate 集成环境下进行综合 Web 应用项目的开发。

7.2　Struts 2、Hibernate、Spring 整合案例

通过集成 Struts 2、Spring、Hibernate 三大框架而成的 SSH 框架进行应用程序的开发，它们从职责上分为 4 层：表示层、业务逻辑层、数据持久层和域模块层。

具体的做法：在程序开发时先采用面向对象的分析方法（OOA）并根据用户需求建立一些业务处理模型，将这些模型实现为基本的 Java 对象并构成一些域模块；然后编写这些处理模块的基本数据处理 DAO（Data Access Objects）接口，并给出 Hibernate 的 DAO 实现，采用 Hibernate 框架实现的 DAO 类来实现 Java 类与数据库间的转换和访问；最后由 Spring 来管理，管理 Struts 2 和 Hibernate。

在 7.1 节中分别介绍了 Spring 对 Struts 2 框架的集成与 Spring 对 Hibernate 框架的集成。下面通过案例的形式介绍 Spring 对 Struts 2 与 Hibernate 集成的综合项目开发。

【案例 7-2】 在 Spring 集成了 Struts 2 与 Hibernate 框架的环境下进行 Web 编程，实现显示数据库中所有用户信息。

7.2.1　案例实现思路与过程介绍

为了实现该案例，需要进行如下一些准备及编码工作。首先需要在 MySQL 数据库中创建表（myuser）用于存储用户信息。然后新建一个 Web 项目，并添加 Spring、Struts 2、Hibernate 框架的支持并进行相应的配置。在完成这些步骤后，就可以编写 MVC 结构的程序实现案例的功能。

7.2.2 案例的实现

1. 数据库的准备

在 MySQL 数据库下建立 test 数据库，并在其中创建表 myuser。其结构的创建见如下 SQL 代码。

```
CREATE TABLE `myuser` (
  `id` int(11) default NULL,
  `username` varchar(255) default NULL,
  `password` varchar(255) default NULL
) ENGINE=InnoDB DEFAULT CHARSET=utf8;
```

在 myuser 数据库表中添加图 7-10 所示的演示数据。

图 7-10 数据库表 myuser 及演示数据

2. 新建项目并添加与配置 Spring、Struts 2、Hibernate 框架

新建 Web 项目 chapter72，然后参考 7.1.1 节和 7.1.2 节介绍的步骤分别添加 Spring、Struts 2、Hibernate 框架的支持与它们的集成，并配置 web.xml、struts.xml、applicationContext.xml 文件。

由于要同时进行 SSH 框架的集成，则在如 7.1.2 节中的图 7-3 中添加 Spring 框架时，需要勾选“Spring 3.0 Persistence Core Libraries”等项。该步操作如图 7-11 所示。

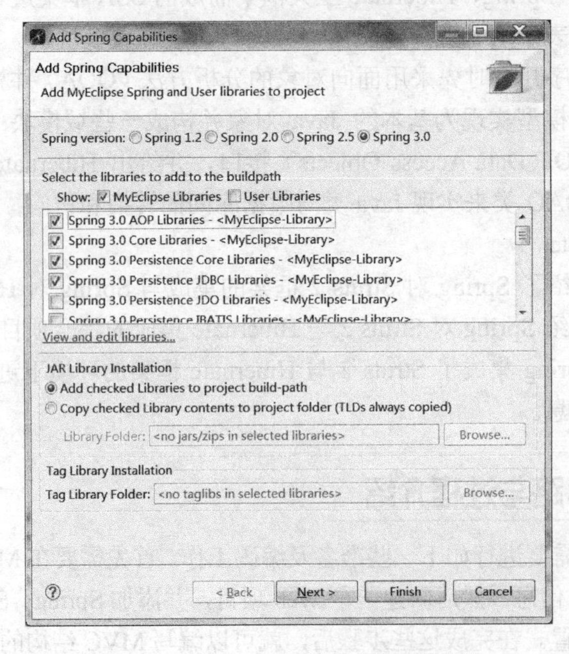

图 7-11 添加 Spring 框架支持时选择包

其他操作步骤同 7.1.1 节与 7.1.2 节的介绍。请读者参考上述相关内容，这里不再重复。添加 SSH 框架完成后的项目结构如图 7-12 所示。

```
chapter72
  src
    applicationContext.xml
    struts.xml
  JRE System Library [jdk1.6.0_03]
  Java EE 5 Libraries
  Spring 3.0 Core Libraries
  Spring 3.0 Persistence JDBC Libraries
  Spring 3.0 Persistence Core Libraries
  Spring 3.0 AOP Libraries
  Struts 2 Core Libraries
  Struts 2 Spring Libraries
  Hibernate 3.3 Annotations & Entity Manager
  Hibernate 3.3 Core Libraries
  Referenced Libraries
  WebRoot
```

图 7-12 添加 SSH 框架后的项目结构

添加 SSH 框架支持包后，还需要正确地配置 web.xml、struts.xml、applicationContext.xml 文件才能完成 SSH 开发环境的准备。

web.xml、struts.xml、applicationContext.xml 文件的创建在 7.1.1 节与 7.1.2 节中已经介绍过。web.xml 配置文件是添加 Spring、Struts 2 框架时自动生成的，读者可参考 7.1.1 节中的代码，这里不再重复。applicationContext.xml 文件会添加 Hibernate 链接数据库的信息，并根据程序的开发过程添加 ORM 映射文件、程序中进行的 IoC、AOP 等相关信息。而 struts.xml 会增加对开发的控制器进行配置。

3. 程序编码

当准备好数据库，创建项目，添加 SSH 框架的支持等工作完成后，就可以进行程序编码了。

（1）创建数据库表 myuser 对应的实体类，进行 ORM 映射关系配置。

在 src 目录下新建包 dao，创建实体类 Myuser.java，其代码如下。

```
package dao;
public class Myuser implements java.io.Serializable {
    private Integer id;
    private String username;
    private String password;
    public Myuser() {
    }
    public Myuser(String username, String password) {
        this.username = username;
        this.password = password;
    }
    public Integer getId() {
        return this.id;
    }
```

```
        public void setId(Integer id) {
                this.id = id;
        }
        public String getUsername() {
                return this.username;
        }
        public void setUsername(String username) {
                this.username = username;
        }
        public String getPassword() {
                return this.password;
        }
        public void setPassword(String password) {
                this.password = password;
        }
}
```

在 dao 包下创建实体类 Myuser 的映射文件 myuser.hbm.xml，其内容如下。

```
<?xml version="1.0" encoding="utf-8"?>
<!DOCTYPE hibernate-mapping PUBLIC "-//Hibernate/Hibernate Mapping DTD 3.0//EN"
"http://hibernate.sourceforge.net/hibernate-mapping-3.0.dtd">
<hibernate-mapping>
    <class name="dao.Myuser" table="myuser" catalog="test">
        <id name="id" type="java.lang.Integer">
            <column name="id" />
            <generator class="identity" />
        </id>
        <property name="username" type="java.lang.String">
            <column name="username" length="21" />
        </property>
        <property name="password" type="java.lang.String">
            <column name="password" />
        </property>
    </class>
</hibernate-mapping>
```

在上述代码中，类 class 中将实体类 dao.Myuser 对应的表定义为数据源 test 下的 myuser 数据库表，id 是主键，identity 说明主键产生是自增长。另外，username、password 属性分别对应表 myuser 中的两个列。

上述实体类与映射文件均可以通过 Hibernate 的逆向工程创建。

（2）在 dao 包下创建数据库访问类 MyuserDAO。

该类也可以使用 Hibernate 逆向工程生成，其代码如下。

```
package dao;
import java.util.List;
import org.hibernate.LockMode;
import org.slf4j.Logger;
```

```
import org.slf4j.LoggerFactory;
import org.springframework.context.ApplicationContext;
import org.springframework.orm.hibernate3.support.HibernateDaoSupport;

public class MyuserDAO extends HibernateDaoSupport {
    private static final Logger log = LoggerFactory.getLogger(MyuserDAO.class);
    // 属性常量
    public static final String USERNAME = "username";
    public static final String PASSWORD = "password";

    protected void initDao() {
        // 空
    }
    public List findAll() {
        log.debug("finding all Myuser instances");
        try {
            String queryString = "from Myuser";
            return getHibernateTemplate().find(queryString);
        } catch (RuntimeException re) {
            log.error("find all failed", re);
            throw re;
        }
    }
    public static MyuserDAO getFromApplicationContext(ApplicationContext ctx) {
        return (MyuserDAO) ctx.getBean("MyuserDAO");
    }
}
```

在上述代码中，findAll()方法调用数据库的访问方法，它使用 HQL 语句获取 Myuser 中所有数据。

（3）创建业务层类。

在 Service 包下创建业务层类 MyuserService，其代码如下。

```
package service;
import java.util.List;
import dao.Myuser;
import dao.MyuserDAO;
public class MyuserService {
private MyuserDAO myuserDAO;
private List<Myuser> users;
public List<Myuser> getUsers() {
    return users;
}
public void setUsers(List<Myuser> users) {
    this.users = users;
}
public void setMyuserDAO(MyuserDAO myuserDAO) {
    this.myuserDAO = myuserDAO;
```

```
    }
    public String   listAllUsers()
    {
        users=myuserDAO.findAll();
        return "listAllUsers";
    }
}
```

在上述代码中，属性 myuserDAO 依赖 Spring 容器注入 Bean，属性 users 是 DAO 层访问返回的 list 对象，传递给视图 JSP 页面显示。方法 listAllUsers()调用了 myuserDAO 的 findAll()方法，并返回到 struts.xml 文件中定义的 action 中定义的 listAllUsers 结果。

（4）视图层 JSP 页面文件的编写。

编写视图 listAllUsers.jsp，内容如下。

```
<%@ page language="java" import="java.util.*" pageEncoding="UTF-8"%>
<%@ taglib prefix="s" uri="/struts-tags" %>
<!DOCTYPE HTML PUBLIC "-//W3C//DTD HTML 4.01 Transitional//EN">
<html>
  <head>
    <title>显示用户信息</title>
</head>
<body>
<center>
      <h1>用户信息</h1>
   <table border="1" width="400">
     <tr>
        <th>用户 ID</th>
        <th>用户名</th>
        <th>密码</th>

   </tr>
   <s:iterator value="#request.users" id="st">
   <tr>
        <td align="center"><s:property value="#st.id"/> </td>
        <td align="center"><s:property value="#st.username"/> </td>
        <td align="center"><s:property value="#st.password"/> </td>
      </tr>
    </s:iterator>
    </table>
</center>
</body>
</html>
```

在上述 JSP 文件中，采用 Struts 标签 iterator 循环显示 users 对象中的所有数据的属性值。

（5）修改配置文件 applicationContext.xml。

修改配置文件 applicationContext.xml，添加 Bean 以及添加实体类的 XML 映射文件。修改后的 applicationContext.xml 代码如下。

```
<?xml version="1.0" encoding="UTF-8"?>
<beans
    xmlns="http://www.springframework.org/schema/beans"
    xmlns:xsi="http://www.w3.org/2001/XMLSchema-instance"
    xmlns:p="http://www.springframework.org/schema/p"
    xsi:schemaLocation="http://www.springframework.org/schema/beans
http://www.springframework.org/schema/beans/spring-beans-3.0.xsd  ">
    <bean id="dataSource"
    class="org.springframework.jdbc.datasource.DriverManagerDataSource">
        <property name="driverClassName"
            value="com.mysql.jdbc.Driver">
        </property>
        <property name="url" value="jdbc:mysql://localhost:3306/test"></property>
        <property name="username" value="root"></property>
        <property name="password" value="root"></property>
    </bean>
    <bean id="sessionFactory"
    class="org.springframework.orm.hibernate3.LocalSessionFactoryBean">
        <property name="dataSource">
            <ref bean="dataSource" />
        </property>
        <property name="hibernateProperties">
            <props>
                <prop key="hibernate.dialect">
                    org.hibernate.dialect.MySQLDialect
                </prop>
            </props>
        </property>
        <property name="mappingResources">
            <list>
                <value>dao/Myuser.hbm.xml</value></list>
        </property>
    </bean>

<bean id="txManager"
    class="org.springframework.orm.hibernate3.HibernateTransactionManager">
        <property name="sessionFactory" ref="sessionFactory"></property>
    </bean>

<bean id="myuserDAO" class="dao.MyuserDAO">
<property name="sessionFactory">
<ref bean="sessionFactory"/>
</property>
</bean>
<bean id="myuserService" class="service.MyuserService">
<property name="myuserDAO">
<ref bean="myuserDAO"/>
</property>
```

```
</bean>
</beans>
```

上述代码中，在 bean sessionFactory 中多了一个名为 mappingResources 的属性，它是一个 List 类型的值传递；另外，dao/Myuser.hbm.xml 就是映射文件。

上述代码中：

```
<bean id="txManager"
        class="org.springframework.orm.hibernate3.HibernateTransactionManager">
        <property name="sessionFactory" ref="sessionFactory"></property>
    </bean>
```

是事务的配置，可参考第 6 章案例 6-6 的写法，在 applicationContext.xml 中添加如下事务配置代码。

```
        <tx:advice id="txAdvice" transaction-manager="txManager">
        <tx:attributes>
            <tx:method name="get*" read-only="true"/>
            <tx:method name="add*" rollback-for="Exception"/>
        </tx:attributes>
    </tx:advice>
        <aop:config>
        <aop:pointcut id="pointcut"
            expression="execution(* cn.framelife.ssh.service..*(..))" />
        <aop:advisor pointcut-ref="pointcut" advice-ref="txAdvice" />
    </aop:config>
```

另外，bean myuserDAO 注入了 sessionFactory 的 bean 对象；bean myuserService 依赖注入了 myuserDAO 。

（6）修改 struts.xml 配置文件。

修改 struts.xml 文件以配置控制器，修改后的 struts.xml 文件的内容如下。

```
<?xml version="1.0" encoding="UTF-8" ?>
<!DOCTYPE struts PUBLIC "-//Apache Software Foundation//DTD Struts Configuration 2.1//EN"
"http://struts.apache.org/dtds/struts-2.1.dtd">
<struts>
<constant name="struts.objectFactory" value="spring"/>
<package name="default" extends="struts-default">
<action name="MyUserAction" class="myuserService">
<result name="listAllUsers">listAllUsers.jsp</result>
</action>
</package>
</struts>
```

在上面清单中，定义了一个名为 MyUserAction 的 action，类指向是 myuserService，实际上是 applicationContext.xml 文件中定义的 Bean。Result 定义的 listAllUsers 指向 webroot 下的 listAllUsers.jsp 视图文件。

4．项目运行

通过上述开发过程完成了案例 7-2 的程序编写。部署该项目并启动 Tomcat 服务器，在浏览器中输入以下网址。

```
http://localhost:8080/chapter72/MyUserAction!listAllUsers
```

运行结果如图 7-13 所示。

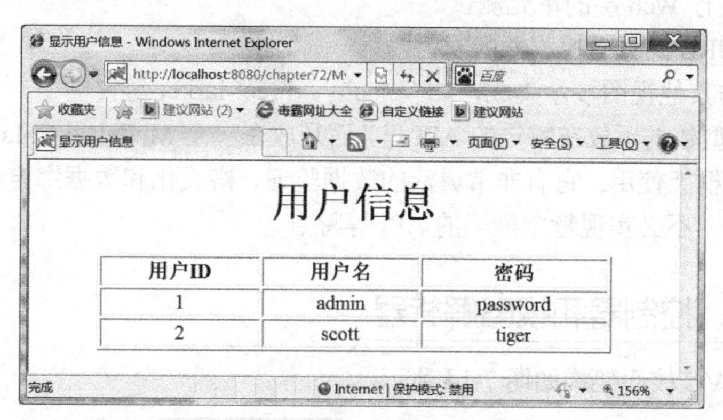

图 7-13 案例 7-2 的运行结果

图 7-13 的运行结果说明了通过 SSH 框架集成环境完成了 MVC 模式的程序编写，该程序成功访问并在视图中显示了数据库中的所有数据。

7.3 Spring MVC 框架及应用

Spring 框架提供了构建 Web 应用程序的全功能 MVC 模块，其由于更轻量级，得到程序员的广泛应用。

对于同样是 MVC 的框架 Struts 2，它的运行性能比较低，其原因是 OGNL 和值栈，并且通过 Spring 进行集成后加载的包也比较多，使得开发出的系统整体性能较低。如果采用 Spring MVC 框架，由于 Spring MVC 是 Spring 自己的东西，所以其内部整体结构紧凑，运行效率更高。另外，在开发效率上，Spring MVC 与 Struts 2 相比也不相上下。总之，与 Struts 2 框架相比，Spring MVC 更轻量，但是它没有 Struts 2 在 MVC 方面功能强大。

Spring Web MVC 框架是 Spring 框架的一个重要内容，是一种实现了 Web MVC 设计模式的、基于请求驱动类型的轻量级 Web 框架。也就是说，它使用了 MVC 架构模式的思想，将 Web 层进行解耦，目的就是帮助程序员简化开发。

Spring MVC 属于 SpringFrameWork 的后续产品，已经融合在 Spring Web Flow 中。Spring 框架提供了构建 Web 应用程序的全功能 MVC 模块。使用 Spring 可插入的 MVC 架构，从而在使用 Spring 进行 Web 开发时，读者可以选择使用 Spring MVC 框架或集成其他 MVC 开发框架（如 Struts 1、Struts 2 等框架）。

本节通过案例的形式介绍 Spring MVC 框架及其应用。

7.3.1 Spring MVC 框架特点

相对于 Spring 集成 Struts 2 提供的 MVC 模式的支持，Spring MVC 框架有下列特点。

- 能非常简单地设计出干净的 Web 层和薄薄的 Web 层。

- 能进行更简洁的 Web 层的开发。
- 天生与 Spring 框架集成（如 IoC 容器、AOP 等）。
- 提供强大的约定大于配置的契约式编程支持。
- 能简单地进行 Web 层的单元测试。
- 特灵活的 URL 到页面控制器的映射。
- 非常容易与其他视图技术集成，如 Velocity、FreeMarker 等。

另外，因为模型数据不放在特定的 API 里，而是放在一个 Model 里（Map 数据结构实现），因此很容易被其他框架使用。它有非常灵活的数据验证、格式化和数据绑定机制，能使用任何对象进行数据绑定，不必实现特定框架的 API 等特点。

7.3.2 分发器、控制器和视图解析器

Spring Web MVC 核心架构如图 7-14 所示。

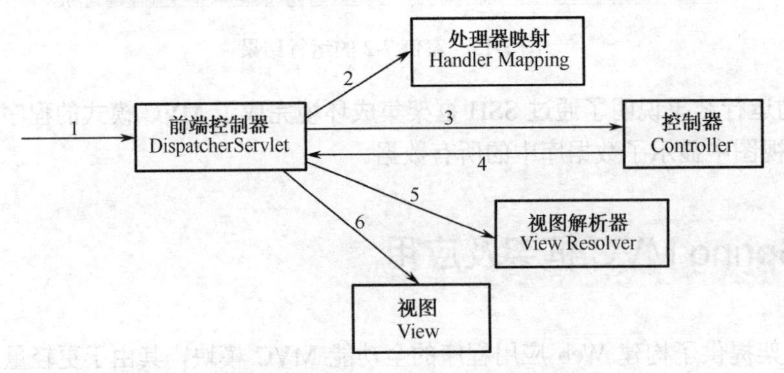

图 7-14 Spring Web MVC 核心架构

从图 7-14 中，我们可以看出 Spring MVC 处理请求的步骤。

（1）DispatcherServlet（web.xml 中的部署描述）拦截到 Spring Web MVC 的请求。

（2）HandlerMapping 将请求映射到处理器。

（3）DispatcherServlet 根据处理器映射来选择，并决定将请求发送给哪一个控制器。

（4）选定控制器后，DispatcherServlet 会将请求发送给 ViewResolver，在该控制器中处理发送的请求，并以 ModelAndView 的形式返回给 DispatcherServlet。

（5）DispatcherServlet 通过查询 ViewResolver 对象，将从控制器返回的逻辑视图名解析为一个具体的视图实现。

（6）如果 DispatcherServlet 找到对应的视图，则返回视图到客户端，否则抛出异常。

7.3.3 Spring MVC 综合实例

下面通过一个简单案例，介绍 Spring MVC 开发过程。开发环境仍然是 MyEclipse，使用 Spring 3.1。

【案例 7-3】 通过 Spring MVC 框架显示存放在数据对象中的用户名称。

1. 实现思路及过程介绍

该案例的实现包括如下步骤。

（1）创建 Web 项目并添加 Spring MVC 支持。

（2）创建一个 Spring MVC 控制器类。

（3）定义视图，显示字符串。

（4）定义 spring MVC 配置文件。

（5）将 Spring MVC 框架集成到 Web 应用中（只需修改 web.xml 文件即可）。

2. 案例实现

（1）创建 Web 项目并添加 Spring MVC 支持。

首先在 MyEclipse 中新建 Web Project，名称为 chapter73，然后用鼠标右键单击项目名，执行 MyEclipse→Add Spring Capabilities...命令，出现图 6-2（a）所示的对话框，在此对话框中再勾选“Spring 3.0 Web Libraries”选项（如图 7-15 所示），添加 Spring MVC 支持。

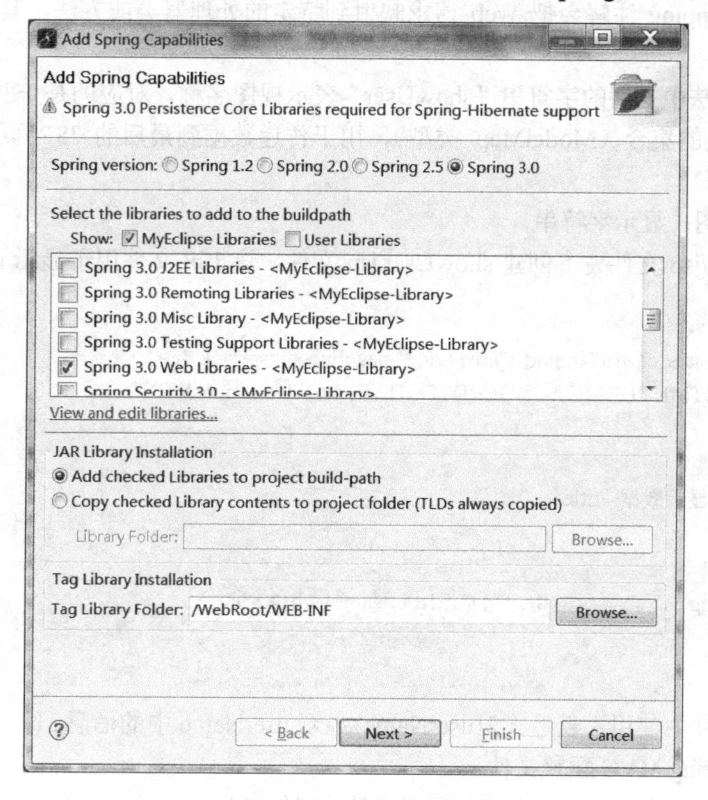

图 7-15　添加 Spring MVC 支持

该步骤其他操作同第 6 章案例 6-1，此处不再赘述。

（2）创建 Spring MVC 控制器类。

创建一个 Spring MVC 控制器类 UserController，其代码如下。

```
package controller;

import org.springframework.stereotype.Controller;
import org.springframework.ui.ModelMap;
import org.springframework.web.bind.annotation.RequestMapping;
import org.springframework.web.bind.annotation.RequestMethod;
```

```
@Controller
@RequestMapping("/showUser")
public class UserController {
    @RequestMapping(method=RequestMethod.GET)
    public String showUser(ModelMap model)
    {
        model.addAttribute("userName","张国强");
        return "showUser";
    }
}
```

该 Spring MVC 控制器类的作用是通过它处理请求，并显示 userName 消息。

@RequestMapping 注解会把 Web 请求映射到特定的处理器类或方法，其默认请求方法是 GET。

showUser 方法中返回的字符串“showUser”表示视图名称，对应的是 JSP 文件；而 model 则是 Spring 提供的集合（ModelMap 类型），用于传递数据到最后的 JSP 页面（后面介绍的 showUser.jsp 页面）。

（3）定义视图，显示字符串。

在 WEB-INF/jsp 文件夹下创建 showUser.jsp 文件。该 JSP 文件用于显示 userName 信息，其代码如下。

```
<%@ page language="java" import="java.util.*" pageEncoding="gbk"%>
<!DOCTYPE HTML PUBLIC "-//W3C//DTD HTML 4.01 Transitional//EN">
<html>
  <head>
      <title>显示数据</title>
  </head>
    <body>
<h1>通过 Spring MVC 显示的用户名是:${userName}</h1> <br>
  </body>
</html>
```

上面 JSP 文件中使用了表达式${userName}显示 userName 中的信息。

（4）定义 spring MVC 配置文件。

在 WEB-INF/文件夹中定义 spring 配置文件，文件名为 mvc-dispatcher-servlet.xml，其代码如下。

```
<?xml version="1.0" encoding="UTF-8"?>
<beans
    xmlns="http://www.springframework.org/schema/beans"
    xmlns:xsi="http://www.w3.org/2001/XMLSchema-instance"
    xmlns:tx="http://www.springframework.org/schema/tx"
    xmlns:context="http://www.springframework.org/schema/context"
    xmlns:mvc="http://www.springframework.org/schema/mvc"
    xsi:schemaLocation="http://www.springframework.org/schema/beans
    http://www.springframework.org/schema/beans/spring-beans-3.0.xsd
    http://www.springframework.org/schema/tx
```

```
        http://www.springframework.org/schema/tx/spring-tx-3.0.xsd
        http://www.springframework.org/schema/context
http://www.springframework.org/schema/context/spring-context-3.0.xsd
        http://www.springframework.org/schema/mvc
    http://www.springframework.org/schema/mvc/spring-mvc-3.1.xsd">
        <!-- 启用 spring mvc 注解 -->
        <context:component-scan base-package="controller"></context:component-scan>
    <!-- 添加注解驱动 -->
        <mvc:annotation-driven />
    <!-- 允许对静态资源文件的访问 -->
          <!-- 定义跳转的文件的前后缀 -->
        <bean id="viewResolver" class="org.springframework.web.servlet.view.InternalResourceViewResolver">
            <property name="prefix" value="/WEB-INF/jsp/" />
            <property name="suffix" value=".jsp" />
        </bean>
    </beans>
```

在上述配置代码中，context:component-scan 指定了要扫描的包名称，UserController 位于此目录下。

视图解析器 viewResolver 使用 InternalResourceViewResolver，prefix 指定了视图存放的位置，suffix 指定了视图的默认后缀名。

（5）将 spring 框架集成到 Web 应用中。

该步骤只需修改 web.xml 文件即可，即修改 web.xml 文件，声明 ContextLoaderListener 和 DispatcherServlet。修改后的 web.xml 文件的代码如下。

```
    <?xml version="1.0" encoding="UTF-8"?>
    <web-app version="2.5" xmlns="http://java.sun.com/xml/ns/javaee"
     xmlns:xsi="http://www.w3.org/2001/XMLSchema-instance"
xsi:schemaLocation="http://java.sun.com/xml/ns/javaee     http://java.sun.com/xml/ns/javaee/web-app_2_5.xsd">
     <context-param>
      <param-name>contextConfigLocation</param-name>
      <param-value>/WEB-INF/mvc-dispatcher-servlet.xml</param-value>
     </context-param>
     <listener>   <listener-class>org.springframework.web.context.ContextLoaderListener</listener-class>
     </listener>
     <servlet>
      <servlet-name>mvc-dispatcher</servlet-name>
<servlet-class>org.springframework.web.servlet.DispatcherServlet</servlet-class>
      <load-on-startup>1</load-on-startup>
     </servlet>
     <servlet-mapping>
      <servlet-name>mvc-dispatcher</servlet-name>
      <url-pattern>/</url-pattern>
     </servlet-mapping>
     <welcome-file-list>
      <welcome-file>index.jsp</welcome-file>
     </welcome-file-list>
```

```
  <login-config>
    <auth-method>BASIC</auth-method>
  </login-config>
</web-app>
```

在上述代码中，contextConfigLocation 指定了 Spring 配置文件的位置和名称（即，/WEB-INF/mvc-dispatcher-servlet.xml）。Servlet 指定了使用的前端控制器 org.springframework.web.servlet.DispatcherServlet，将其启动优先级 load-on-startup 设置为 1。

3. 项目运行

部署项目 chapter73，启动服务器，在浏览器中输入如下地址：

```
http://localhost:8080/chapter73/showUser
```

运行结果如图 7-16 所示。

图 7-16 案例 7-3 的运行结果

该案例通过 Spring MVC 框架提供的 MVC 方式，即视图为 showUser.jsp，控制器为 UserController（模型层简单地通过对 model 的操作）。该案例的实现，通过简单的 spring MVC 配置文件的定义，并通过 web.xml 文件的配置将 Spring 框架集成到 Web 应用中就可以进行基于 MVC 模式的应用开发。

小 结

本章分别介绍了在 MyEclipse 开发环境下 Spring 与 Struts 2 框架、Spring 与 Hibernate 框架的集成过程，以及 SSH 框架的集成过程与应用程序开发过程。SSH 框架将三大框架集成起来，可以发挥各自的优点，充分发挥 Spring 框架的作用，使得系统之间的耦合性进一步松散。本章通过案例的形式介绍了基于 SSH 框架进行 MVC 程序开发过程。

另外，本章还介绍了更轻量级的框架——Spring MVC 及其应用。使用 Spring MVC 框架开发的程序性能更高，得到了许多程序员的青睐。本章介绍了 Spring MVC 框架的优点及程序开发的过程，以供有兴趣的读者参考。

一、填空题

1. SSH 框架将 Struts 2、Hibernate、Spring 三大框架集成起来，以降低系统之间的________，

有利于团队成员并行工作，提高软件开发效率。

2．Spring 框架集成 Struts 2 框架时，需要在配置文件 web.xml 中加载________和________，并指明________文件的路径。

3．过去在 Hibernate 框架中使用默认配置文件 hibernate.cfg.xml 配置相关信息。当 Spring 集成 Hibernate 后，都交给 Spring 容器来管理，这些信息将放到________文件中进行配置。

4．Spring 框架提供了构建 Web 应用程序的全功能 MVC 模块________，由于其更轻量级，得到程序员的广泛应用。

二、简答题

1．将 Struts 2、Hibernate、Spring 集成在一起进行程序开发有什么优点？

2．简单介绍 Spring 集成 Struts 2、Hibernate 框架的过程。

3．Spring MVC 框架有什么优点？请简单介绍使用它开发 MVC 应用程序的过程。

综合实训

实训 1 采用 SSH 框架开发基于 MVC 模式的仓库管理信息系统，要求包括货物入库、出库及库存管理等模块。

实训 2 将实训 1 的项目通过 Spring MVC 框架进行实现。

第8章 基于SSH的学生管理系统项目的开发

本章学习目标

- 了解一个综合应用项目的开发过程及过程描述。
- 了解利用SSH框架进行综合应用开发的过程。
- 了解基于SSH框架实现一个综合应用项目。
- 掌握基于SSH框架进行综合应用系统的开发。

本章介绍基于SSH框架完成一个简单的“学生管理信息系统”的开发。该系统的实现基于Struts 2.1+Hibernate 3.2+Spring 2.5+MySQL技术。该系统的业务简单，重点展示一个项目的开发过程。主要完成的功能包括用户登录、学生信息管理、教师信息管理、课程信息管理及学生成绩管理等。

8.1 引言

本章以软件工程方法展示项目的开发过程，包括需求分析、数据库设计、软件设计、项目实现等。根据本章的介绍，读者不但可以了解基于SSH框架实现一个软件项目的过程，而且能了解软件开发文档的编写方法。为了使读者了解基于SSH框架的综合软件开发，以及项目开发文档各关键部分的编写，所以本章案例的用户需求尽量简单。如果读者领悟了本章的内容，今后复杂的项目开发只是在需求、业务逻辑、功能模块等方面更多些而已，其技术方法基本一致。

【案例】 基于SSH框架开发一个简易学生信息管理系统。

8.2　需求分析

需求分析是分析师通过用户调查、研究、分析来了解用户的需求，并通过文档表达出来的过程。本节将通过业务描述、用例模型、功能需求等方面描述用户的需求，为后续的软件设计奠定基础。

8.2.1　业务描述

项目名称：学生信息管理系统的开发。

本项目是采用 SSH 框架技术开发一个简单的高校学生信息管理系统。该系统围绕学生的学习信息进行计算机管理，包括学生的基本信息、课程信息、教师信息及学生的学习成绩信息等。

学生进入学校学习后，学校教务管理员需要建立学生个人档案信息，并进行分班级学习。教务员根据教学计划对每个班级进行排课，即安排每个班级的某个课程的上课教师、时间、地点等。上课教师根据该课程安排对该班级进行授课，并在学期结束后给每个学生一个学习成绩分。

另外，为了使软件能正常有序地运行，需要管理员对每个操作员都进行权限管理与控制。本项目要求使用 SSH 框架+MySQL 数据库技术进行 Web 应用程序开发完成。

8.2.2　用例建模

通过对该项目的用户类型的分析，以及对各类用户操作的分析，建立了用例模型，它是从用例的角度说明系统的业务需求。

通过用例模型可以了解到这个系统有哪些“操作者”，这些“操作者”与系统是如何进行交互的，以及交互细节如何。通过用例模型可以在业务描述的基础上进一步对需求进行分析，从软件的用户角色（哪些操作者）、用户操作（哪些用例）的角度对用户需求进行更进一步的描述。

本系统有 3 种操作者（也称 3 类角色），分别是学生、教师、管理员（教务员）。而每个操作者与系统之间的交互与操作如下。

（1）学生：主要是查看自己要学习的课程，并可以查询自己学习的成绩。

（2）教师：可以查看自己授课的课程安排以及对应的班级和学生情况，可以对学生的学习成绩进行登分。

（3）管理员：录入学生、教师、课程等信息，并安排课程及授课教师。同时，管理员还需要对系统的操作者进行权限管理。

本系统的用例模型如图 8-1 所示。

由图 8-1 可知，系统有 3 类角色及每种角色的交互（操作用例）情况。下面就从这个模型出发进一步进行分析，即从这些交互中获取被操作的实体进行数据分析与数据建模，进而进行功能分析并确定系统的功能。

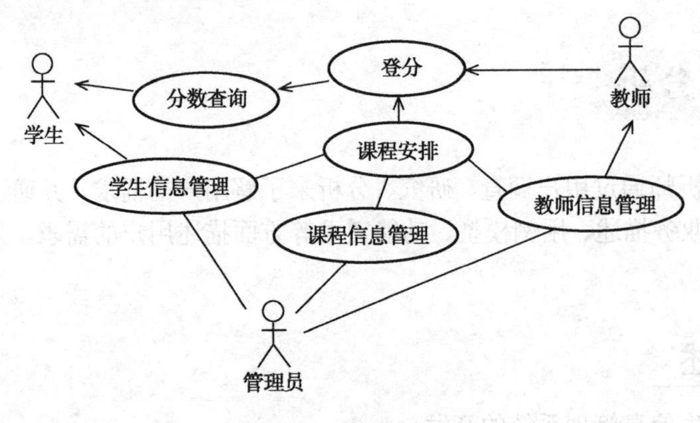

图 8-1　系统用例模型

8.2.3　数据分析

根据对业务的分析，该系统中被操作的实体主要有管理员、学生、教师、课程、学习成绩等，它们构成的数据模型如图 8-2 所示。

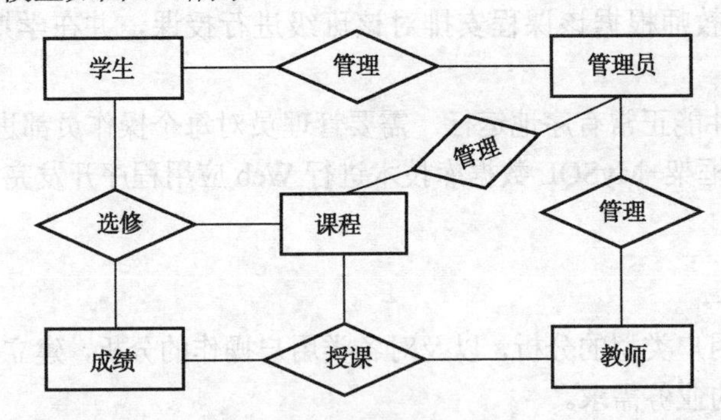

图 8-2　系统数据模型（E-R 图）

图 8-2 中各实体的属性如下。

- 管理员：编号、姓名、密码。
- 学生：学号、姓名、密码、性别、班级、出生日期。
- 教师：教工号、姓名、密码、性别、课程号、出生日期、职称。
- 课程：课程号、课程名、课程类型、授课教师。
- 学习成绩：学生、课程、学习评分。

图 8-2 反映了上述实体之间的关系，构成了系统的数据模型（E-R 模型）。数据分析及数据模型是后面数据库设计的基础。

8.2.4　功能需求

根据对功能进行的分析可知，学生、教师、管理员有不同操作权限和登录方法。学生有查询个人档案信息和成绩信息、修改个人档案、个人登录密码的权利；教师可以查询所授课程的学生信息，可以录入所授课程的成绩，查询、修改个人档案信息；管理员可以对学生、教师的档案进行审查，修改学生、教师的登录密码。

所以该系统需要完成如下功能。

1. 系统登录

在进入系统之前首先需要进行用户登录，用户只有在输入正确的用户名和正确的密码之后，才能进入系统。

用户登录窗体中放置了两个文本框，用来输入用户名和密码；两个按钮用来确定或者取消登录。提供一个验证用户登录类型的选项框，根据用户选择不同类型进入不同的用户界面。

2. 管理员管理

管理员是一个超级用户，管理员能管理学生、教师、管理员的用户信息，可以对他们的信息进行增、删、改等维护操作，可以对他们进行授权。

3. 学生管理

学生管理功能应满足学生查询、修改自己的个人基本信息，并进行成绩查询、密码修改。

4. 教师管理

教师管理功能应满足教师查询、修改自己的个人基本信息，能查询学生信息，并对自己所授课程的学生成绩进行录入，可以修改自己的密码。

5. 课程授课管理

管理员可以对课程信息进行管理，即对课程信息进行增、删、改操作，并可以对教师信息进行维护时给老师安排课程。一旦为教师安排了某门课程，则教师就可以为所授课学生的这门课程评分。

6. 成绩管理

教师给其上的课程的每个学生录入成绩。也可以查询、修改录入的学生成绩。录入成绩后，学生可以查询到自己所上课程的成绩。

这里只简单地罗列了功能需求。但是如果更详细地描述功能需求，则需要从输入（I）、处理（P）、输出（O）等方面对各个功能进行详细描述，也可以通过 IPO 表对其进行描述。

8.3 数据库设计

根据本章“8.2.3 数据分析”中的分析结果进行数据库设计。根据设计，本系统有以下 5 个数据库表。

（1）管理员表：admin。

（2）学生表：student。

（3）教师表：teacher。

（4）课程表：course。

（5）成绩表：score。

这 5 个数据库表的设计如表 8-1～表 8-5 所示。

表 8-1　管理员表（admin）的结构

字 段 名	字 段 类 型	是否允许为空	Default	主 键	Extras	备 注
id	Int(11)unsigned	No	Auto_Increment	Yes	unique	管理员编号
username	Varchar(20)	Yes	Null			用户名
password	Varchar(20)	Yes	0			密码
name	Varchar(20)	Yes	Null			真实姓名

表 8-2　学生表（student）的结构

字 段 名	字 段 类 型	是否允许为空	Default	主　键	Extras	备　注
id	Int(11)	No		Yes	unique	学号
name	Varchar(20)	Yes	Null			姓名
password	Varchar(20)	Yes	0			密码
sex	Int(11)	Yes	0			性别
clazz	Varchar(20)	Yes	Null			班级
birthday	Varchar(20)	Yes	Null			出生日期

表 8-3　教师表（teacher）的结构

字 段 名	字 段 类 型	是否允许为空	Default	主　键	Extras	备　注
id	Int(11)	No		Yes	unique	教工号
name	Varchar(20)	Yes	Null			姓名
password	Varchar(20)	Yes	0			密码
sex	Int(11)	Yes	0			性别
course_id	Int(11)	Yes	0			课程号
birthday	Varchar(20)	Yes	Null			出生日期
professional	Varchar(20)	Yes	Null			职称

表 8-4　课程表（course）的结构

字 段 名	字 段 类 型	是否允许为空	Default	主　键	Extras	备　注
id	Int(11)	No		Yes	unique	课程号
name	Varchar20)	Yes	Null			课程名
teacher_Id	Int(11)	Yes	0			教工号

表 8-5　成绩表（score）的结构

字 段 名	字 段 类 型	是否允许为空	Default	主　键	Extras	备　注
id	Int(11)	No		Yes	unique	
student_id	Int(11)	Yes	0			学号
course_id	Int(11)	Yes	0			课程号
score	Double	Yes	0.0			成绩

由于本案例是通过 Hibernate 框架进行数据库持久化操作，读者既可以选择用这些数据库表的设计创建 SQL 语言的 DDL 实现数据库，也可以通过这种数据库表结构的设计，设计注解方式的实体类及其之间的关系，然后通过 ORM 映射实现数据库的创建。本案例采用前一种方式，即创建数据库表。数据库表之间的关系如图 8-3 所示。

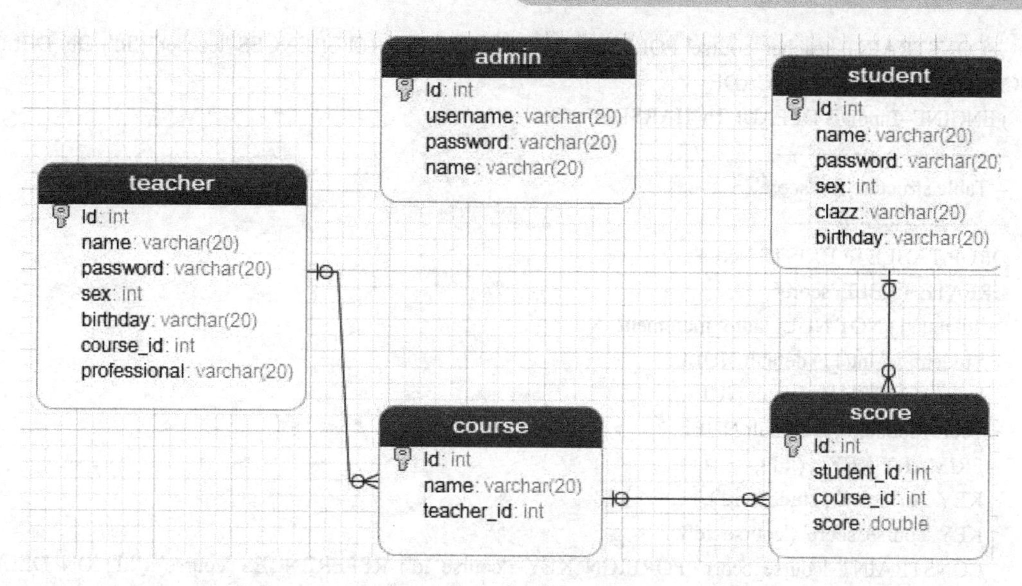

图 8-3　数据库表之间的关系

数据库创建的 DDL 脚本如下。

```
SET FOREIGN_KEY_CHECKS=0;
-- ----------------------------
-- Table structure for 'admin'
-- ----------------------------
DROP TABLE IF EXISTS 'admin';
CREATE TABLE 'admin' (
  'Id' int(11) NOT NULL auto_increment,
  'username' varchar(20) default NULL,
  'password' varchar(20) default NULL,
  'name' varchar(20) default NULL,
  PRIMARY KEY   ('Id')
) ENGINE=InnoDB AUTO_INCREMENT=2 DEFAULT CHARSET=utf8;

-- ----------------------------
-- Records of admin
-- ----------------------------
INSERT INTO 'admin' VALUES ('1', 'admin', 'admin', '超级管理员');

-- ----------------------------
-- Table structure for 'course'
-- ----------------------------
DROP TABLE IF EXISTS 'course';
CREATE TABLE 'course' (
  'Id' int(11) NOT NULL,
  'name' varchar(20) default NULL,
  'teacher_id' int(11) default NULL,
  PRIMARY KEY   ('Id'),
  KEY 'teacher_course' ('teacher_id'),
```

```
    CONSTRAINT 'teacher_course' FOREIGN KEY ('teacher_id') REFERENCES 'teacher' ('Id') ON DELETE
CASCADE ON UPDATE CASCADE
  ) ENGINE=InnoDB DEFAULT CHARSET=utf8;
  -- ----------------------------
  -- Table structure for 'score'
  -- ----------------------------
  DROP TABLE IF EXISTS 'score';
  CREATE TABLE 'score' (
    'Id' int(11) NOT NULL auto_increment,
    'student_id' int(11) default NULL,
    'course_id' int(11) default NULL,
    'score' double(6,1) default NULL,
    PRIMARY KEY  ('Id'),
    KEY 'stu_score' ('student_id'),
    KEY 'course_score' ('course_id'),
    CONSTRAINT 'course_score' FOREIGN KEY ('course_id') REFERENCES 'course' ('Id') ON DELETE
CASCADE ON UPDATE CASCADE,
    CONSTRAINT 'stu_score' FOREIGN KEY ('student_id') REFERENCES 'student' ('Id') ON DELETE
CASCADE ON UPDATE CASCADE
  ) ENGINE=InnoDB AUTO_INCREMENT=5 DEFAULT CHARSET=utf8;

  -- ----------------------------
  -- Table structure for 'student'
  -- ----------------------------
  DROP TABLE IF EXISTS 'student';
  CREATE TABLE 'student' (
    'Id' int(11) NOT NULL,
    'name' varchar(20) default NULL,
    'password' varchar(20) default NULL,
    'sex' int(20) default NULL,
    'clazz' varchar(20) default NULL,
    'birthday' varchar(20) default NULL,
    PRIMARY KEY  ('Id')
  ) ENGINE=InnoDB DEFAULT CHARSET=utf8;

  -- ----------------------------
  -- Table structure for 'teacher'
  -- ----------------------------
  DROP TABLE IF EXISTS 'teacher';
  CREATE TABLE 'teacher' (
    'Id' int(11) NOT NULL,
    'name' varchar(20) default NULL,
    'password' varchar(20) default NULL,
    'sex' int(11) default NULL,
    'birthday' varchar(20) default NULL,
    'course_id' int(11) default NULL,
    'professional' varchar(20) default NULL,
    PRIMARY KEY  ('Id'),
```

```
    KEY 'course_teacher' ('course_id'),
    CONSTRAINT 'course_teacher' FOREIGN KEY ('course_id') REFERENCES 'course' ('Id') ON DELETE
CASCADE ON UPDATE CASCADE
    ) ENGINE=InnoDB DEFAULT CHARSET=utf8;
```

8.4 软件设计

根据功能需求对软件进行设计，确定如图 8-4 所示的软件结构，其中显示了软件的功能模块组成及它们之间的关系。

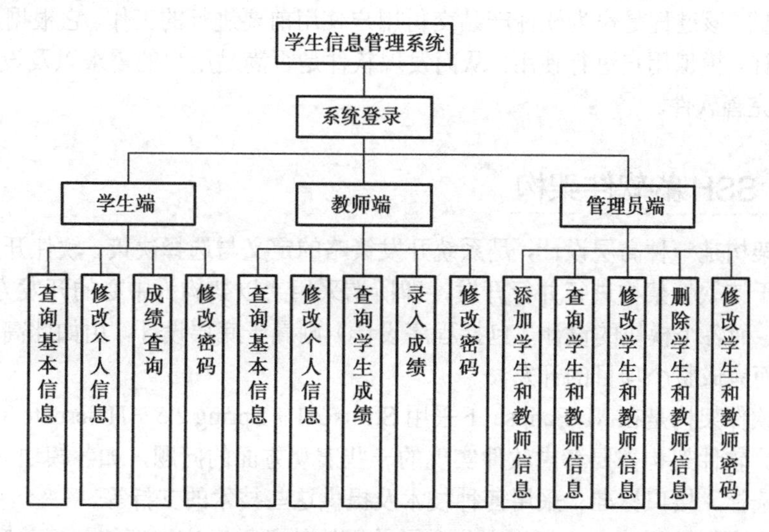

图 8-4 软件结构的设计

表 8-6 显示了项目的功能列表。在软件实现阶段将按照这个列表逐步实现。

表 8-6 软件模块设计列表

序 号	模块名称	模块功能
1	登录模块	用户登录与验证，根据角色类型进行操作界面分配
2	学生模块	学生登录后的操作，包括查询和修改自己的信息、查询学习成绩、修改密码等功能
3	教师模块	教师登录后的操作，包括查询和修改自己的基本信息、查看学生信息、给学生登分、修改密码等功能。同时给老师添加授课课程信息
4	管理员模块	管理员登录后的操作，包括新增、修改、删除学生、教师、课程等信息，教师课程安排以及修改密码等功能

8.5 项目实现

项目实现的内容包括项目开发环境搭建、软件架构、模块设计、程序编写及软件测试等过程，使软件从需求与设计阶段达到能使用的软件成品。

该案例的实现是使用之前介绍的 SSH 技术进行的。在 SSH 框架中，Spring 框架充当了管理容器的角色；Hibernate 用来做持久层，它将 JDBC 进行了良好的封装，程序员在与数据库进行交互时可以不用书写大量的 SQL 语句；Struts 2 框架用来实现视图层，它负责调用业务逻辑 service 层。

项目实现包括如下内容。

- 项目开发环境搭建是指搭建项目 SSH 开发的环境。这部分内容前面章节均已介绍，此处略。
- 软件架构就是在已搭建好的项目开发环境中，创建项目、给项目添加 SSH 各框架的支持并进行配置，开发公共模块，组织各业务模块等工作。
- 业务模块的实现。就是设计各业务处理模块 MVC 各层的程序，并进行程序实现。
- 软件测试。该过程是作为软件产品交付用户使用前要进行的工作。它根据用户的需求和软件设计，模拟用户进行使用，从而发现软件是否满足用户的需求以及设计的要求，以修改并完善软件。

8.5.1 基于 SSH 的软件架构

所谓软件架构是一种高层设计，是系统开发策略的定义与选择决策。软件开发时先确定软件架构，再基于该软件架构进行并行开发，即所谓采用“以架构为中心的开发方法”。软件架构是高层设计，而各个模块的设计（包括程序设计）则属于底层设计。由如此高层、底层的设计与实现，从而完成整个项目的开发。

该案例的软件架构是在 MyEclipse 下采用 Struts 2.1 + Spring 2.5 + Hibernate 3.2 框架对项目进行软件架构。软件架构需要考虑软件实现的一些宏观方面的问题，如各模块完成什么任务、接口与实现的选择、接口标准、采用何种技术及提供这些技术的支持等。

软件架构方案设计后确定“架构中包含了关于软件各元素应如何彼此相关等信息”，从而可以把不同模块及任务分配给不同的小组进行分头开发。而软件架构则在这些小组中扮演“桥梁”和“合作契约”的作用。

稳定的软件架构是未来软件顺利进行的基础。以架构为中心的开发有利于解决技术复杂性与管理复杂性问题，所以它有利于大规模软件的开发。

1. 创建项目，导入 SSH 所需的 JAR 包

在 MyEclipse 开发环境中创建一个 Java EE Web 项目，并给项目添加 SSH 所需要的 JAR 包，如表 8-7 所示。关于如何给项目添加 Struts 2、Hibernate、Spring 框架的支持，前面章节已经做了介绍。读者也可以直接添加根据本案例提供的 JAR 包。

表 8-7 需要的 JAR 包列表

JAR 包名称	作 用
antlr-2.7.6.jar	Hibernate 支持与解析 HQL 的包
aspectjrt.jar aspectjweaver.jar	Spring 支持面向切面编程 AOP 的包
cglib-nodep-2.1_3.jar	Spring 支持 cglib 动态代理，实现一种 AOP 方式的包
common-annotations.jar	commons 项目中（commons 项目就是 Java 中一些常用的公共的组件），支持 Spring 注解方式的包

续表

JAR 包名称	作用
commons-collections-3.1.jar	commons 项目中的子项目，是 Hibernate 中对 collection 集合的封装框架
commons-fileupload-1.2.1.jar	commons 项目中 Struts 2 上传文件包
commons-io-1.3.2.jar	commons 项目的 IO 子项目，Struts 2 IO 输入输出流处理包
commons-logging-1.1.1.jar	ASF 出品的日志包，Struts 2、Spring、Hibernate 框架使用这个日志包来支持 Log4J 和 JDK 1.4+的日志记录
dom4j-1.6.1.jar	Hibernate 对 DOM4J 的封装，是解析与读写 XML 文件的
ejb3-persistence.jar	Hibernate 框架进行持久化的支持包（支持实体类 Bean：@Entity 方式）
freemarker-2.3.13.jar	Struts 的 UI 标签模板引擎，用来生成文本输出（struts 2 在其基础上构建）
hibernate3.jar	Hibernate 3 的核心包
hibernate-annotations.jar	Hibernate 注解支持包
hibernate-common-annotations.jar	commons 项目 Hibernate 注解支持包
javassist-3.9.0.GA.jar	Struts 2 中编辑 Java 字节码的类库
jta-1.1.jar	JTA 规范，Hibernate 对事务的处理
junit4.5.jar	单元测试支持包
mysql-connector-java-5.1.5-bin.java	MySQL 连接驱动程序
ognl-2.6.11.jar	Struts 2 对象图导航语言支持
slf4j-api-1.5.8.jar	Hibernate 中一个日志系统的服务的 API，SLF4J 允许最终用户在部署其应用时使用其所希望的日志系统
slf4j-nop-1.5.8.jar	Hibernate 中对 slf4j-api-1.5.8.jar 的一个实现
spring.jar	Spring 核心包
struts2-core-2.1.6.jar	Struts 2 核心包
xwork-2.1.2.jar	Struts 2 支持包，由于 Struts 2 是 webwork 的升级版本，所以必定对其有所依赖（Struts 2 在其基础上构建）
commons-dbcp.jar commons-pool.jar	commons 项目中数据库连接对象池支持，即支持 BasicDataSource 来配置数据库连接（否则不需要引入）
struts2-spring-plugin-2.1.6.jar	Struts 2 与 Spring 集成时使用的，引入该 JAR 包后需要在 Struts.xml 中指定 Struts 的 ObjectFactory（可以是 Struts，也可以是 Spring），不然程序会报错

2. 创建数据库

根据本章“8.3 数据库设计”中的数据库设计 SQL 脚本，创建数据库 studentdb 及相应的数据库表。

3. 项目包结构的设计

包能在宏观上对项目中的程序文件进行有效组织。该项目实现的包结构和文件夹结构设计如表 8-8 所示。项目创建后根据该包结构的设计创建包，以存放不同的 Java 类程序文件，而文件夹可存放不同模块的 JSP 界面文件。

表 8-8　包与文件夹结构设计

序　号	包与文件夹名	说　明
1	com.ssh.action	控制层存放包，存放各模块的控制器
2	com.ssh.dao	数据处理层接口存放包
3	com.ssh.dao.impl	数据处理层实现类存放包
4	com.ssh.model	存放实体类存放包
5	com.ssh.service	存放模型层接口，即各模块业务处理接口存放包
6	com.ssh.service.impl	存放模型层实现类，即各模块业务处理接口的实现类存放包
7	根文件夹（WebRoot）	存放主界面 JSP 文件
8	behind 子文件夹	存放管理员后台管理模块 JSP 文件
9	student 子文件夹	存放学生模块 JSP 文件
10	Teacher 子文件夹	存放教师模块 JSP 文件

本案例采用接口与实现分离的策略，即在数据处理层（DAO）与模型层均分别设计了存放接口的包及存放实现类的包。这样有利于设计与实现细节分开，有利于团队分工。

对于视图层（主要是 JSP 文件），公共部分存放在根文件夹（WebRoot）中，各个模块的视图层文件存放在相应的子文件夹中。

4．整合 Spring 与 Hibernate

整合 Spring 与 Hibernate 需要在 Spring 的配置文件 applicationContext.xml 中进行。首先建立 Spring 的 applicationContext.xml 配置文件，然后在配置文件中配置 Hibernate 的数据库连接信息、Hibernate 声明式事务处理、Hibernate 与 Spring 的注解方式及 Spring 的相关信息等。applicationContext.xml 的主要代码如下。

```
<context:annotation-config />
    <!-- 扫描包 -->
    <context:component-scan base-package="com.ssh" />
    <!-- 配置数据源，这里为 DBCP 数据库连接池 -->
    <bean id="dataSource" class="org.apache.commons.dbcp.BasicDataSource">
        <property name="driverClassName" value="com.mysql.jdbc.Driver">
        </property>
        <property name="url" value="jdbc:mysql://localhost:3306/studentdb"></property>
        <property name="username" value="root"></property>
        <property name="password" value="root"></property>
    </bean>

    <!-- 声明式事务配置 -->
    <!-- 配置 session 工厂 -->
    <bean id="sessionFactory"
        class="org.springframework.orm.hibernate3.annotation.AnnotationSessionFactoryBean">
        <property name="dataSource">
            <ref bean="dataSource" />
        </property>
        <property name="hibernateProperties">
            <props>
```

```
                <prop key="hibernate.dialect">
                    org.hibernate.dialect.MySQLDialect
                </prop>
                <prop key="hbm2ddl.auto">update</prop>
                <!-- 在控制台输出 SQL 语句 -->
                <prop key="hibernate.show_sql">true</prop>
            </props>
        </property>
        <property name="annotatedClasses">
            <list>
                <value>com.ssh.model.Student</value>
                <value>com.ssh.model.Score</value>
                <value>com.ssh.model.Course</value>
                <value>com.ssh.model.Teacher</value>
                <value>com.ssh.model.Admin</value>
            </list>
        </property>
    </bean>

    <!-- 定义 HibernateTemplate -->
    <bean id="hibernateTemplate" class="org.springframework.orm.hibernate3.HibernateTemplate">
        <property name="sessionFactory" ref="sessionFactory" />
    </bean>

    <!-- 定义事务管理器 -->
    <bean id="txManager"
        class="org.springframework.orm.hibernate3.HibernateTransactionManager">
        <property name="sessionFactory" ref="sessionFactory" />
    </bean>

    <!-- 配置事务的传播特性 -->
    <tx:advice id="txAdvice" transaction-manager="txManager">
        <tx:attributes>
            <tx:method name="add*" propagation="REQUIRED" />
            <tx:method name="update*" propagation="REQUIRED" />
            <tx:method name="delete*" propagation="REQUIRED" />
            <tx:method name="*" read-only="true" />
        </tx:attributes>
    </tx:advice>

    <!-- 定义 AOP 指向的路径 -->
    <aop:config>
        <aop:pointcut id="bussinessService"
            expression="execution(public * com.ssh.service.*.*(..))" />
        <aop:advisor pointcut-ref="bussinessService" advice-ref="txAdvice" />
    </aop:config>
</beans>
```

上述代码还配置了 Hibernate 注解方式对应的实体类，代码如下。

```
<property name="annotatedClasses">
        <list>
            <value>com.ssh.model.Student</value>
            <value>com.ssh.model.Score</value>
            <value>com.ssh.model.Course</value>
            <value>com.ssh.model.Teacher</value>
            <value>com.ssh.model.Admin</value>
        </list>
    </property>
```

这些实体类的创建将在后面进行介绍。

5. 用 Hibernate 映射实体类

根据 5 个数据库表，即管理员表（adminer）、学生表（student）、教师表（teacher）、课程表（course）、成绩表（score），通过 Hibernate 映射创建 5 个实体类 Admin、 Student、Teacher、Course、Score，并统一存放在 com.ssh.model 包中。

然后在这些实体类引入 Hibernate 注解，并将这些类在 applicationContext.xml 配置文件的 session 工厂的配置中进行注解类的声明（见上面 applicationContext.xml 中的代码），从而把 Hibernate 交给 Spring 管理。

6. Struts 2 的配置及与 Spring 的整合

Struts 2 的配置及 String 与 Struts 2 的整合需要在 web.xml 配置文件中进行。修改 web.xml 加入 Struts 2 的 filter 如下。

```
<!-- 定义 Struts 2 的 StrutsPrepareAndExecuteFilter -->
    <filter>
        <filter-name>struts2</filter-name>
        <filter-class>
    org.apache.struts2.dispatcher.ng.filter.StrutsPrepareAndExecuteFilter</filter-class>
    </filter>
<!-- FilterDispatcher 用来初始化 struts 2 并且处理所有的 Web 请求。 -->
    <filter-mapping>
        <filter-name>struts2</filter-name>
        <url-pattern>/*</url-pattern>
    </filter-mapping>
```

再加入 Spring 的 listener（监听）。这样，webapp 一旦被启动，Spring 容器就会初始化。配置 Spring 的监听代码如下。

```
<!-- 配置 Spring 的监听 -->
<!-- 指定由 Spring 初始化加载 xml 配置文件，Spring 与 Struts 整合必备 -->
    <listener>
    <listener-class>org.springframework.web.context.ContextLoaderListener</listener-class>
    </listener>
    <!-- 指定 Spring 初始化文件路径位置 -->
    <context-param>
        <param-name>contextConfigLocation</param-name>
        <param-value>classpath:applicationContext.xml</param-value>
    </context-param>
```

注意：需要通过参数设置指定 Spring 的配置文件 applicationContext.xml 的位置。

配置 Spring 的过滤器以解决乱码问题，其代码如下。

```
<!-- 配置 Spring 的过滤器，解决乱码问题 -->
    <filter>
        <filter-name>encodingFilter</filter-name>
    <filter-class>org.springframework.web.filter.CharacterEncodingFilter</filter-class>
        <init-param>
            <param-name>encoding</param-name>
            <param-value>UTF-8</param-value>
        </init-param>
        <init-param>
            <param-name>forceEncoding</param-name>
            <param-value>true</param-value>
        </init-param>
    </filter>
    <filter-mapping>
        <filter-name>encodingFilter</filter-name>
        <url-pattern>/*</url-pattern>
    </filter-mapping>
```

如下 filter 的配置可解决代码加载延时问题。

```
<!-- 解决加载延时问题 -->
  <filter>
      <filter-name>openSessionInView</filter-name>
      <filter-class>org.springframework.orm.hibernate3.support.OpenSessionInViewFilter</filter-class>
      <init-param>
          <param-name>flushMode</param-name>
          <param-value>AUTO</param-value>
      </init-param>
  </filter>
  <filter-mapping>
      <filter-name>openSessionInView</filter-name>
      <url-pattern>/*</url-pattern>
  </filter-mapping>
```

注意：要严格按指定顺序配置 filter，需要加到 struts 2 的 filter 前面。通过上述 web.xml 中的配置信息，配置了 Struts 2 框架及与 Spring 的集成。这样 Struts 2 的 Action 可以由 Spring 产生，并实现了 Spring 框架与 Struts 2 框架的整合。

7. 业务处理公共 DAO（数据处理对象）的实现

基于 Spring 与 Hibernate 集成框架实现业务处理公共的数据处理对象 DAO。该 DAO 包括新增、删除、修改、查询等公共方法，该类可由 MyEclipse 自动生成。该公共业务数据处理类主要代码如下。

```
package com.ssh.dao.impl;
……
    /**
     * 持久化一个数据对象的方法
     *
     * @param object
```

```
     * @return
     */
    public Integer save(final T t) throws Exception {
        return (Integer) getHibernateTemplate().save(t);
    }

    /**
     * 删除一个数据对象的方法
     *
     * @param entity
     */
    public void delete(final Object entity) throws Exception {
        getHibernateTemplate().delete(entity);
    }

    /**
     * 更新一个数据的方法
     *
     * @param o
     */
    public void update(final Object o) throws Exception {
        getHibernateTemplate().update(o);
        getHibernateTemplate().flush();
    }

        /**
     * 获取一个对象的方法
     *
     * @param clazz
     * @param id
     */
    public T get(final int id) throws Exception {
        return (T) getHibernateTemplate().get(clazz, id);
    }

    /**
     * HQL 查询
     *
     * @param hql
     */
    public List<T> find(final String hql) throws Exception {
        getHibernateTemplate().setCacheQueries(true);
        return getHibernateTemplate().find(hql);
    }

其他公共方法
……
}
```

上述代码是一些公共处理方法，对应的参数往往是一个通用对象。即这里没有具体指明是那个类型的对象，在调用时可根据实际参数确定。所以这些方法具有通用性，各个业务模块在实现自己的 DAO 层时均可以继承它并进行具体的实现。

8.5.2　模块设计及 MVC 层的实现

上节对软件架构，即软件的公共部分进行了实现，接着实现业务处理。这些业务处理分为不同的单元，即在软件设计时确定的不同业务处理模块。在“8.4 软件设计”一节中确定了该项目要实现的 4 个业务处理模块，即系统登录、学生模块、教师模块、管理员模块。下面分别介绍这些业务处理模块的实现。

1. 系统登录

系统登录模块的 MVC 实现如表 8-9 所示。各 M、V、C 层程序存放在表 8-8 所列的包与文件夹中。

表 8-9　系统登录模块 MVC 设计与实现

模 块 名	视图层 （V）	控制器 （C）	模型层 （M）	备　注
系统登录	登录界面： login.jsp 退出界面： logout.jsp	LoginAction .java	接口 LoginService.java，其方法： checkStudentLogin(uname, pwd) checkTeacherLogin(uname, psd) checkAdminLogin(uname, psd) 实现类为：LoginServiceImpl.java	分别对管理员、学生、教师身份进行验证，验证后将跳到相应模块的主界面

表 8-9 列出了系统登录模块的程序设计 MVC 结构，具体程序的实现略。

2. 学生模块

学生模块的 MVC 实现如表 8-10 所示。学生模块包括学生个人信息查询、修改学生个人信息、成绩查询、密码修改等子模块。该模块的 MVC 各层程序存放在表 8-8 所列的包与文件夹中。

表 8-10　学生模块 MVC 设计与实现

<table>
<tr><th>子 模 块 名</th><th>视图层
（V）</th><th>控制器
（C）</th><th>模型层
（M）</th><th>备　注</th></tr>
<tr><td>学生个人信息查询</td><td>studentInfo.jsp</td><td rowspan="4">Student
Action.java</td><td rowspan="4">DAO 层的接口与实现类：
StudentDao.java 与 StudentDaoImpl.java
业务处理接口与实现类：
StudentService.java 与 StudentServiceImpl.java
它们的公共方法有：
add(Student):Integer 新增学生信息
dete(int):void 删除学生信息
getById(int):Student 获取学生信息
getStudents():List<Student>学生列表
getStudentScores(int):StudentScoresVO 查询分数
update(Student):void 修改学生信息
updatePwd(int,String):void 修改密码</td><td rowspan="4">相关实体类有：
Student.java
Score.java
StudentScores
VO.java
对应数据表有：
student
score</td></tr>
<tr><td>修改学生个人信息</td><td>updateStudent.jsp</td></tr>
<tr><td>成绩查询</td><td>scoreInfo.jsp</td></tr>
<tr><td>修改密码</td><td>updatePwd.jsp</td></tr>
</table>

表 8-10 列出了学生模块的程序设计 MVC 结构，具体程序的实现略。

3. 教师模块

教师模块的 MVC 实现如表 8-11 所示。教师模块包括成绩管理数据处理 DAO、教师个人信息查询、修改教师个人信息、成绩查询与登分、密码修改等子模块。该模块的 MVC 各层程序存放在表 8-8 所列的包与文件夹中。

表 8-11　教师模块 MVC 设计与实现

<table>
<tr><th>子 模 块 名</th><th>视图层
（V）</th><th>控制器
（C）</th><th>模型层
（M）</th><th>备　注</th></tr>
<tr><td>成绩管理 DAO</td><td>无</td><td>无</td><td>成绩管理 DAO 的接口与实现类：
ScoreDao.java 与 ScoreDaoDaoImpl.java
它们的公共方法有：
addScore (int,int,double):void
getScoreByid(Integer):Score
getScoreByTeacherId(Integer):List<Score>
updateScoreById(int,double):void</td><td>供教师对学生成绩管理使用。
相关实体类有：
Score.java
对应数据表有：
score</td></tr>
<tr><td>教师个人信息查询</td><td>teacherInfo.jsp</td><td rowspan="4">Teacher
Action.java</td><td rowspan="4">DAO 层的接口与实现类：
TeacherDao.java 与 TeacherDaoImpl.java
业务处理接口与实现类：
TeachertService.java 与 TeacherServiceImpl.java
它们的公共方法有：
addTeacher (Teacher):Integer 新增教师信息
deteTeacher (int):void 删除教师信息
getScoreById(int): Score 获取成绩信息
getTeacherById(int): Teacher 获取教师信息
getTeachers():List<Teacher>教师列表
getScoreByTeacherId(int):List<Score>老师的学生成绩列表
loadScores(int):List<ScoresVo>学生登分
updateScoreById(int,double):void 修改分数
update(Teacher):void 修改教师信息
updateTeacherPwd(int,String):void 修改密码</td><td rowspan="4">相关实体类有：
Student.java
Teacher.java
Score.java
ScoresVo.java
StudentScoresVO.java
对应数据表有：
student
teacher
score</td></tr>
<tr><td>修改教师个人信息</td><td>updateTeacher.jsp</td></tr>
<tr><td>成绩查询与登分</td><td>scoreInfo.jsp
addScore.jsp
editScore.jsp</td></tr>
<tr><td>修改密码</td><td>updatePwd.jsp</td></tr>
</table>

表 8-11 列出了教师模块的程序设计 MVC 结构，具体程序的实现略。

4. 管理员模块

管理员模块的 MVC 实现如表 8-12 所示。管理员模块包括学生信息管理、教师信息管理、管理员信息管理、密码修改等子模块。该模块的 MVC 各层程序存放在表 8-8 所列的包与文件夹中。

表 8-12 列出了管理员模块的程序设计 MVC 结构，具体程序的实现略。

表 8-12　管理员模块 MVC 设计与实现

子模块名	视图层（V）	控制器（C）	模型层（M）	备　注
学生信息管理	addStudentInfo.jsp editStudent.jsp studentList.jsp	AdminAction.java	DAO 层的接口与实现类： AdminDao.java 与 AdminDaoImpl.java 业务处理接口与实现类： AdminService.java 与 AdminServiceImpl.java 它们的公共方法有： getAdmin():List<Admin>获取管理员列表 另外，对学习信息、教师信息、密码修改等的操作方法，共享相应模块的模型层中的方法	相关实体类有： Student.java Teacher.jsp Admin.jsp 对应数据表有： student teacher admin
教师信息管理	addTeacherInfo.jsp editTeacher.jsp teacherList.jsp			
管理员信息管理	adminIndex.jsp adminInfo. jsp			
密码修改	updateStudentPwd.jsp updateTeacherPwd.jsp			

8.5.3　软件操作功能简介

项目在本地机安装部署后，启动浏览器，在地址栏输入如下地址： http://localhost:8080/chapter81/，则出现图 8-5 所示的登录界面。

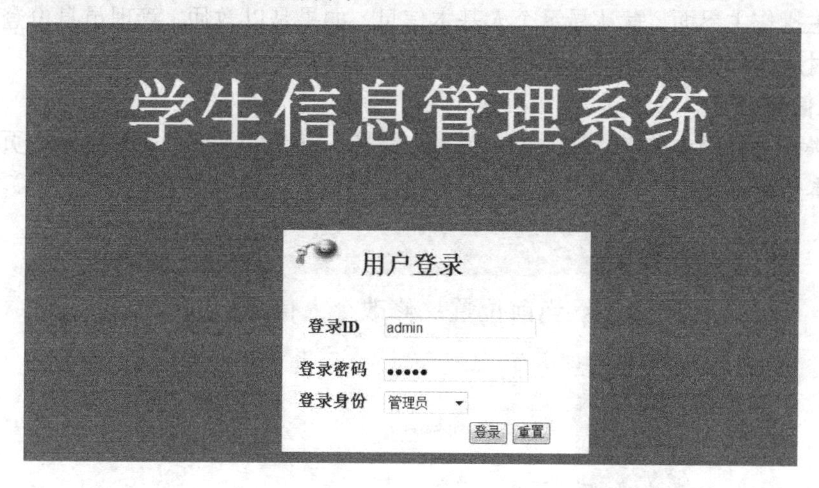

图 8-5　系统登录界面

1. 系统登录

在图 8-5 所示的登录界面，用户输入正确的登录 ID、密码，选择登录身份后单击“登录”按钮即可。登录身份有学生、教师、管理员 3 种角色，不同的身份登录成功后，出现的操作界面不同，即对应不同角色的操作功能。

初始操作可用管理员身份登录（用户名与密码均为 admin）。每个操作员（学生、教师）的登录 ID、密码需要管理员创建后才能登录，用户第一次登录后需要修改初始密码。操作员账号是系统初始化时创建的。

2. 系统操作主界面

如果以学生身份登录成功后，出现图 8-6 所示的学生操作界面。该界面有学生基本信息查询、基本信息修改、成绩查询等功能。学生可以在此进行与自己相关的功能操作。

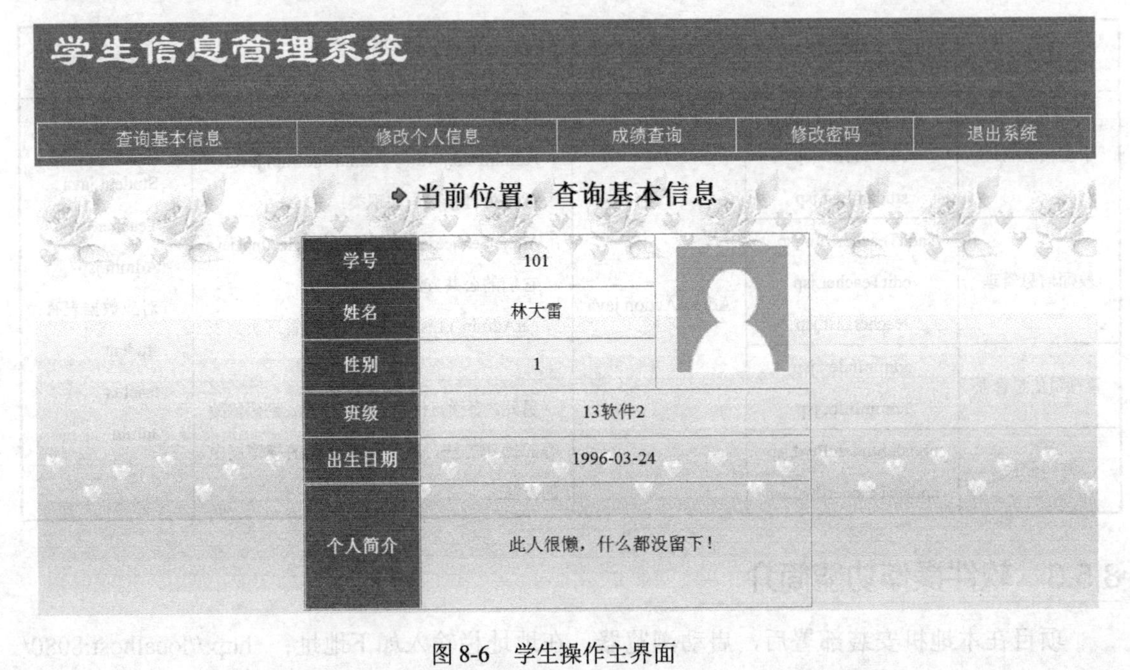

图 8-6　学生操作主界面

进入学生操作主界面，默认显示个人基本信息。如果是以教师、管理员身份登录，类似地出现与他们对应角色的操作功能。

3. 个人信息修改

在学生操作主界面中单击“修改个人信息”链接，可以进入到个人信息修改页面，修改除学号外的基本信息，单击“提交”链接提交修改的信息（具体操作如图 8-7 所示）。

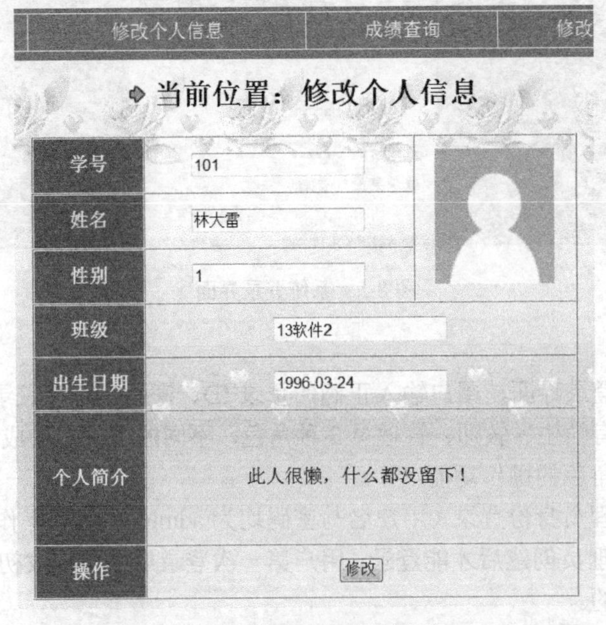

图 8-7　修改个人信息界面

教师也可以使用修改个人信息功能进行修改，此处介绍略。

4. 成绩登记

以教师身份登录系统，不但有查看个人基本信息、修改个人信息等功能，还有学生成绩查询及录入成绩功能。

单击“录入成绩”或“成绩查询”菜单命令，可以进入成绩录入或成绩查询页面，如图8-8所示。在此，教师可以登记本人所教课程所有学生的成绩，并对这些成绩进行维护。

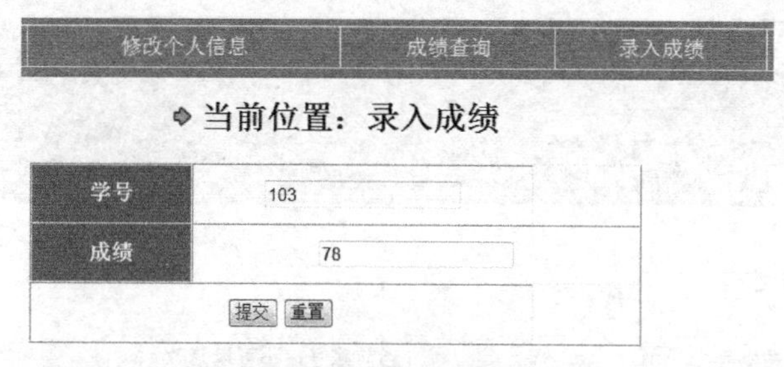

（a）教师给上自己课程的学生登分

本信息 | 修改个人信息 | 成绩查询 | 录入成绩

当前位置：成绩查询

学号	姓名	面向对象程序设计成绩	操作
101	林大雷	89.0	修改
102	萧炎亮	78.0	修改
103	叶凡凯	78.0	修改

（b）查询与修改学生的成绩

图8-8 教师录入、查询与修改学生成绩

与学生角色不同，教师可以修改学生成绩。单击图8-8所示的“修改”链接，跳转到单个学生的成绩页面，可修改学生该科目的成绩。教师也可以通过单击“录入成绩”链接进行学生成绩的录入。

5. 成绩查询

教师输入了学生成绩后，学生可以进行成绩查询。在图8-6中单击“成绩查询”链接可以进入到成绩查询页面，查看自己的考试成绩，如图8-9所示。

修改个人信息 | 成绩查询 | 修改

当前位置：成绩查询

学号	101
姓名	林大雷
科目	基于SSH框架项目开发
成绩	90.0
科目	面向对象程序设计
成绩	89.0

图8-9 个人成绩查询界面

注意：学生只可查到本人各科的考试成绩。

6. 密码修改

学生、教师角色均可以单击“修改密码”链接进入密码修改页面，修改密码时需输入原始密码，重复输入新密码，提交前会做验证，是否符合标准，否则提示用户重新输入。修改密码界面如图 8-10 所示。

当前位置：修改密码

登录帐号：	101	当前账号，不可以修改
旧密码：	••••	输入原始密码
新密码：	••••	输入新密码
确认密码：	••••	确认新密码
修改 重置		

图 8-10　密码修改界面

7. 管理员后台管理

管理员是超级用户，他登录后进入后台管理界面。管理员具有对学生、教师等用户进行管理的权限。管理员系统登录后出现图 8-11 所示的操作界面。

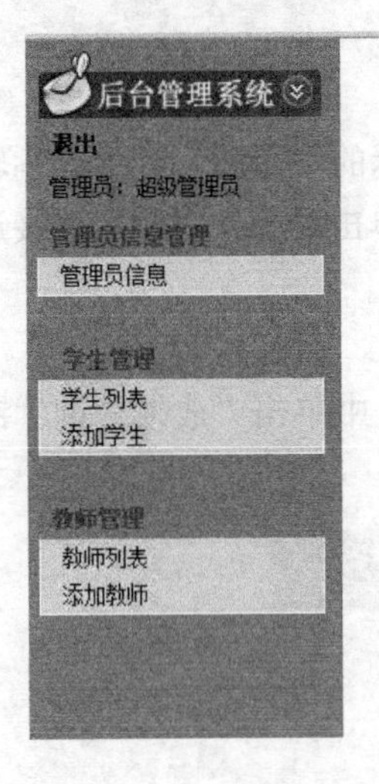

管理员信息列表

用户名：admin
密码：admin
备注：超级管理员

图 8-11　管理员后台管理界面

在后台管理中，有学生管理、教师管理等功能。

单击学生列表，可查看到所有学生的信息。在此，管理员可以新增、编辑、删除学生用户，并可以修改学生密码，如图 8-12 所示。

- 新增：单击“添加学生”链接，进入添加学生信息的录入框，录入学生信息。
- 编辑：单击“编辑”按钮，新建学生信息窗口，可修改学生的基本信息。

学生信息列表

※温馨提示：修改后的信息如没能正确反映请刷新后查看 删除

按学号查询

学号	姓名	性别	班级	出生日期	密码	操作		
101	林大雷	1	13软件2	1996-03-24	1111	编辑	删除	修改密码
102	萧炎亮	0	13软件1	1995-08-01	0000	编辑	删除	修改密码
103	叶凡凯	1	13软件1	1994-01-23	0000	编辑	删除	修改密码
104	李牧尘	0	13软件1	1997-12-05	1111	编辑	删除	修改密码
105	刘红枫	1	13软件2	1995-11-15	0000	编辑	删除	修改密码

图 8-12 学生信息查询与维护

- 删除：单击“删除”按钮，删除单个学生的所有信息。
- 修改密码：单击“修改密码”按钮，新建窗口，修改学生密码。

单击教师列表，可查看到所有教师的信息。在此，管理员可以新增、编辑、删除教师用户，并可以修改教师密码，如图 8-13 所示。

教师信息列表

※温馨提示：修改后的信息如没能正确反映请刷新后查看 删除

按工号查询

教工号	姓名	性别	出生日期	课程名	职称	密码	操作		
201	李青山	1	1965-01-01	面向对象程序设计	教授	0000	编辑	删除	修改密码
202	唐嫣然	1	1968-01-02	软件项目管理	教授	0000	编辑	删除	修改密码
203	萧玄茂	1	1978-01-01	基于SSH框架项目开发	高级教师	0000	编辑	删除	修改密码

图 8-13 教师信息查询与维护

- 新增：单击“添加教师”链接，进入教师信息录入页面，录入教师信息，如图 8-14 所示。其中录入教师课程信息，则指定了该课程是该教师授课，并且该课程的学生成绩由该教师录入与修改。当给教师添加授课信息时，如果该课程数据在数据库中是新的，则会自动增加一条该课程信息。
- 编辑：单击“编辑”按钮，新建教师信息窗口，可修改教师的基本信息，此处不能修改教师的课程信息。
- 删除：单击“删除”按钮，删除单个教师的所有信息，同时教师所授课的课程信息也同时被删除。
- 修改密码：单击“修改密码”按钮，新建窗口，修改教师密码。

管理员可以修改各个学生与教师用户的密码，以便某个用户忘记了密码后，可由管理员帮助其设置一个新的密码。各个操作人员完成操作后，可单击“退出系统”链接退出系统。

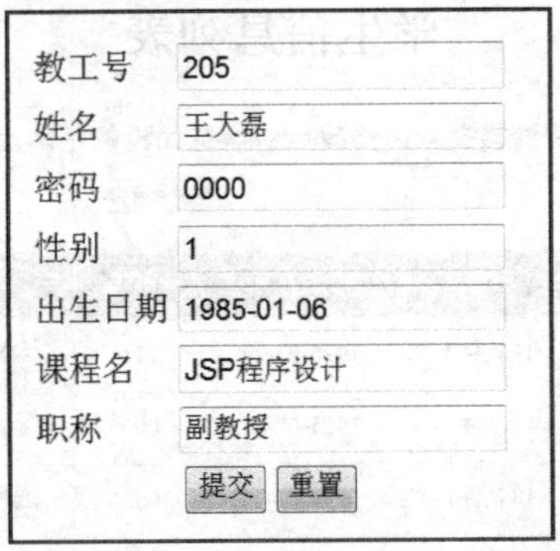

教工号	205
姓名	王大磊
密码	0000
性别	1
出生日期	1985-01-06
课程名	JSP程序设计
职称	副教授
	提交 重置

图 8-14　新增教师信息界面

小　结

本章通过一个综合的应用项目（一个简单的学生信息管理系统的开发）介绍了基于 SSH 框架的 Web 应用项目的实现过程。

该综合项目从需求分析出发，经历了业务描述、用例建模、数据分析、数据库设计、软件设计等过程，并介绍了项目实现。

在项目实现过程中，要经过搭建基于 SSH 的软件架构、包结构的设计以及业务模块的设计及 MVC 各层的实现。最后，本章简单地对软件的操作进行了说明。

通过本章的介绍，读者可以了解一个完整的基于 SSH 框架的开发过程。本章给出了其文档说明，该文档说明可以作为一般软件开发报告编写的范例。

综合实训

实训 1　编写一个仓库管理信息系统并参照本章编写该项目的开发文档。

实训 2　编写仓库管理系统的后台管理子系统，与实训 1 的仓库管理业务系统结合成一体，并编写其完整的开发文档。

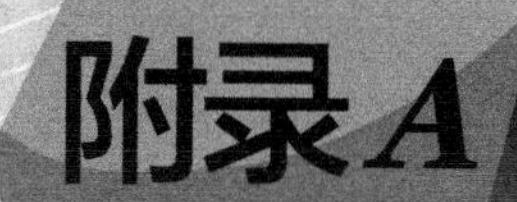

Java EE 应用开发环境的安装、配置与使用介绍

本教程讲授的是基于 Java EE 的 SSH 框架软件项目开发，书中各案例的开发与运行环境工具如下。

（1）JDK。

（2）Tomcat。

（3）MySQL。

（4）MyEclipse/Eclipse 集成开发环境。

“工欲善其事，必先利其器”，只有先搭建好项目的开发环境，才能运行与学习书中的案例，才能掌握书中传授的知识。下面介绍这些工具的安装与使用。

1. JDK 的安装与环境测试

JDK 是一种开发环境，用于使用 Java 编程语言生成应用程序、Applet 和组件。

JDK 包含的工具可用于开发和测试以 Java 编程语言编写并在 JavaTM 平台上运行的程序。

下载 JDK 安装包时，一般要求 JDK 1.2 或以上版本。本书选择的是 Java Platform,Standard Edition Development Kit（Java SE6 版本，如第 1 章中图 1-1 所示）。双击该程序包即可进行安装，如图 A-1 所示。

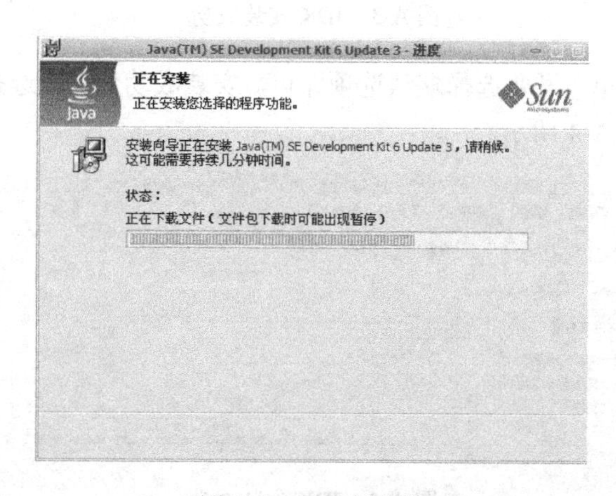

图 A-1　JDK 的安装

安装时可以选择 JDK 的安装目录，如图 A-2 所示，单击“更改”按钮可以选择要安装的目录。

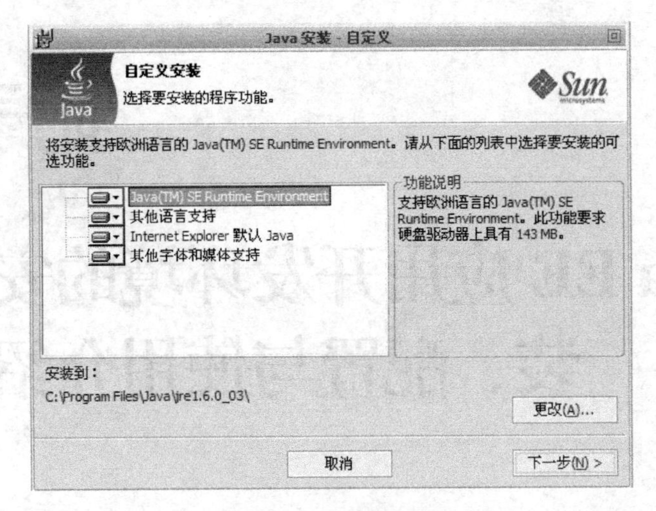

图 A-2　选择安装目录

图 A-3 显示 JDK 安装成功。

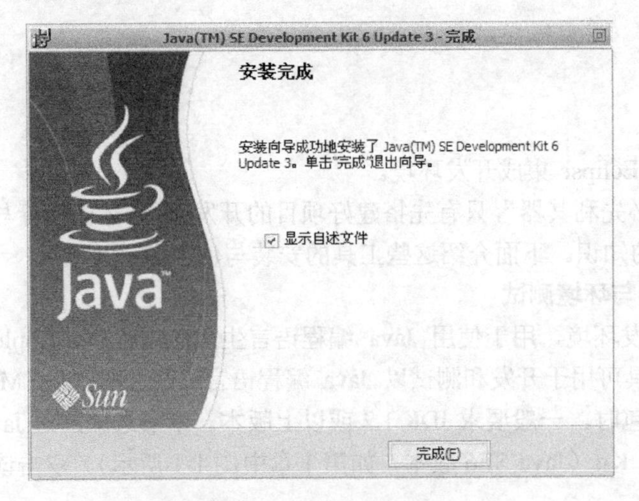

图 A-3　JDK 安装成功

JDK 的安装比较简单，只要选择默认选项即可。安装成功后，在选择的安装目录中会出现 JDK 的安装程序，如图 A-4 所示。

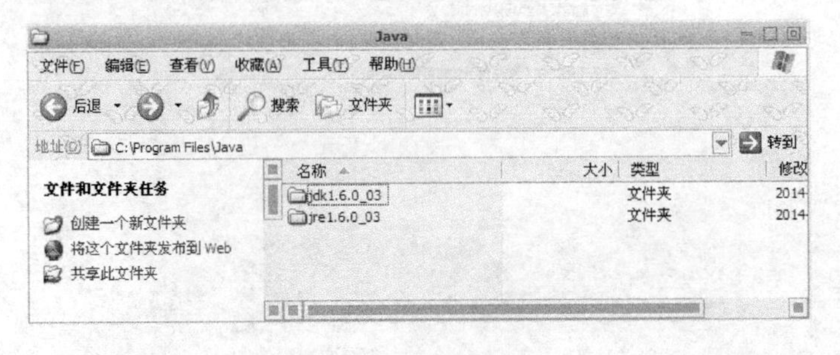

图 A-4　JDK 安装成功

在 JDK 的安装目录中有子目录 jdk1.6.0_03 和 jre1.6.0_03。

jdk1.6.03 目录包括以下内容。

（1）/bin 子目录中存放的是开发工具，即指工具和实用程序。可帮助您开发、执行、调试和保存以 Java 编程语言编写的程序。

（2）/jre 子目录是运行时环境，是 JDK 使用的 JRE（Java Runtime Environment）的实现。JRE 包括 Java 虚拟机（JVM）、类库以及其他支持执行以 Java 编程语言编写的程序的文件。

（3）/lib 子目录是附加库，由开发工具所需的其他类库和支持文件组成。

（4）/demo 子目录存放的是演示 APPLet 和应用程序，即 Java 平台的编程示例（带源代码）。这些示例包括使用 Swing 和其他 Java 基类以及 Java 平台调试器体系结构的示例。

（5）/sample 子目录存放的是样例代码，是某些 Java API 的编程样例（带源代码）。

（6）/include 子目录中存放的是 C 头文件，是支持使用 Java 本机界面、JVM 工具界面以及 Java 平台的其他功能进行本机代码编程的头文件。

（7）源代码（在 src.zip 中）组成了 Java 核心 API 的所有类的 Java 编程语言源文件（包括 java.*、javax.* 和某些 org.* 包的源文件，但不包括 com.sun.* 包的源文件）。此源代码仅供参考，以便帮助开发者学习和使用 Java 编程语言。这些文件不包含特定于平台的实现代码，且不能用于重新生成类库。

在 jre1.6.0_03 目录中是可单独下载的 JRE（Java Runtime Environment，JRE 运行时环境）产品。通过 JRE，可以运行用 Java 编程语言编写的应用程序。与 JDK 相似，JRE 包含 Java 虚拟机 (JVM)、组成 Java 平台 API 的类及支持文件。与 JDK 不同的是，它不包含诸如编译器和调试器这样的开发工具。

依照 JRE 许可证条款，可以随意地将 JRE 随应用程序一起进行再分发。使用 JDK 开发应用程序后，可将其与 JRE 一起发布，以便最终用户具有可运行软件的 Java 平台。

安装完成 JDK 后，可以通过编写一个 Java 程序并进行编译、运行测试 JDK 是否安装成功。

为了说明问题，特免去烦琐的 JDK 的参数配置，直接在其存放开发工具的文件夹（jdk1.6.0_03/bin）中用“记事本”编辑器编写“HelloWorld.java”程序，如图 A-5 所示。

HelloWorld.java - 记事本

文件(F)　编辑(E)　格式(O)　查看(V)　帮助(H)

```
public class HelloWorld{
   public static void main(String args[]){
      System.out.println("HelloWorld!");
   }
}
```

图 A-5　用记事本在 bin 中编写 Java 程序

然后在 jdk1.6.0_03/bin 文件夹中直接用 javac.exe 编译并用 java.exe 运行，如图 A-6 所示。

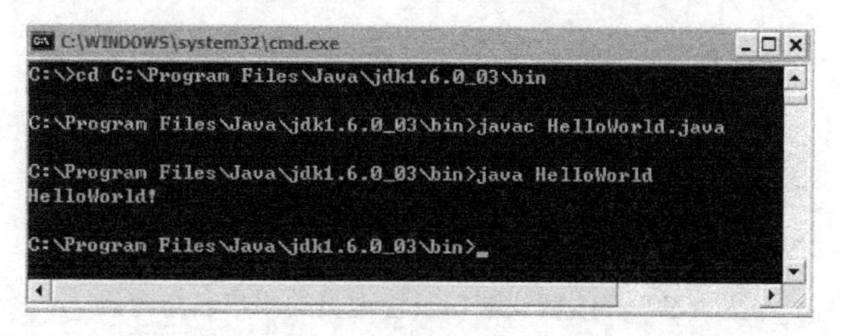

图 A-6　在 bin 文件夹中编译与运行成功

图 A-6 显示了 HelloWorld.java 运行显示的“HelloWorld!”字符串，说明 Java 开发与运行环境 JDK 安装成功了。因为今后会介绍在 MyEclipse 集成环境下开发 Java 程序，所以可以避免烦琐的 Java 开发环境的参数的配置，只需要了解自己的 Java 开发环境已经安装好就可以。

2. Tomcat 的安装与环境测试

Tomcat 是一种免费的开源代码的 Servlet 容器，Servlet 和 JSP 的最新规范都可以在 Tomcat 的新版本中实现。Tomcat 作为一个 Servlet 容器，可以处理客户端的请求，将请求传送给 Servlet 并把结果返回给客户端。下载成功的 Tomcat 安装程序如图 A-7 所示，双击该程序就可以进行安装了。

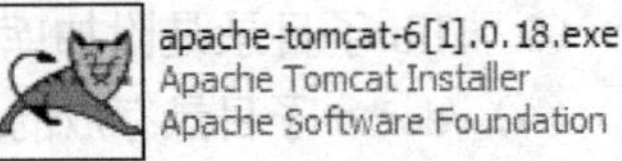

图 A-7 Tomcat 安装程序

Tomcat 的安装比较简单，只要选择默认选项即可。但是，可以改变 Tomcat 的安装目录，如图 A-8 所示。也可以修改默认端口及管理员的用户名与密码，如图 A-9 所示，Tomcat 的默认端口号是 8080。

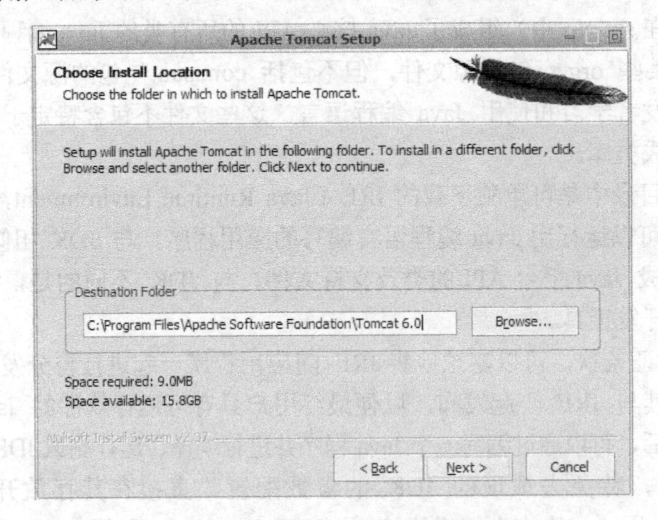

图 A-8 选择 Tomcat 的安装目录

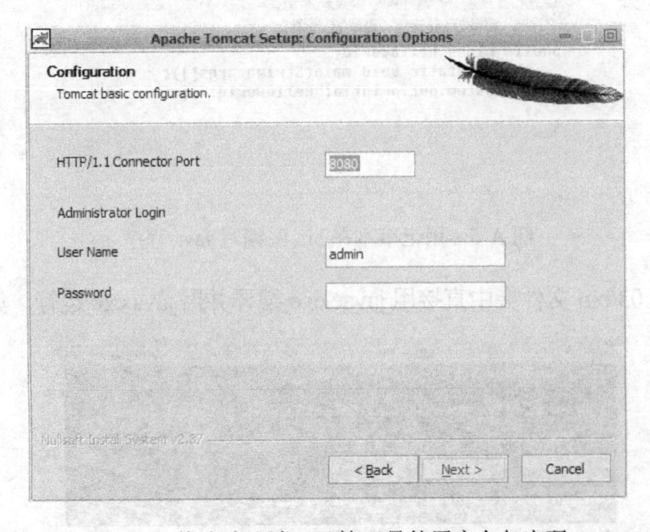

图 A-9 修改默认端口及管理员的用户名与密码

Tomcat 的运行需要 Java 运行环境（JRE）的支持。Tomcat 安装程序会自动找到计算机安装的 JRE 供选择，也可以进行修改选择其他的 JRE，如图 A-10 所示。

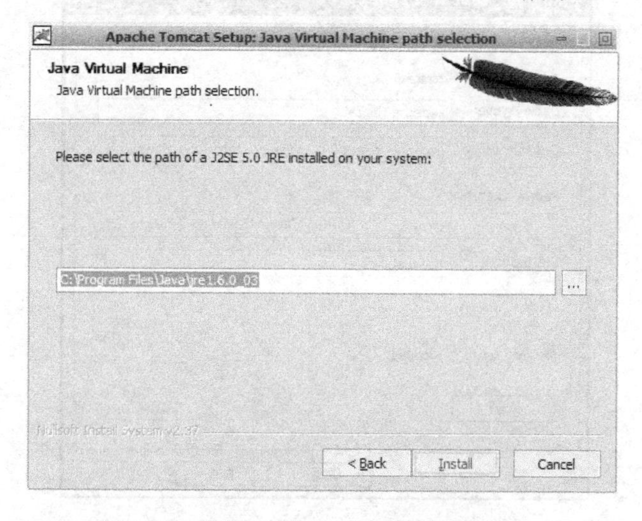

图 A-10　选择对应的 Java 运行环境（JRE）

安装成功后，在选择的 Tomcat 的安装目录中出现了 Tomcat 已经安装好的内容，如图 A-11 所示。

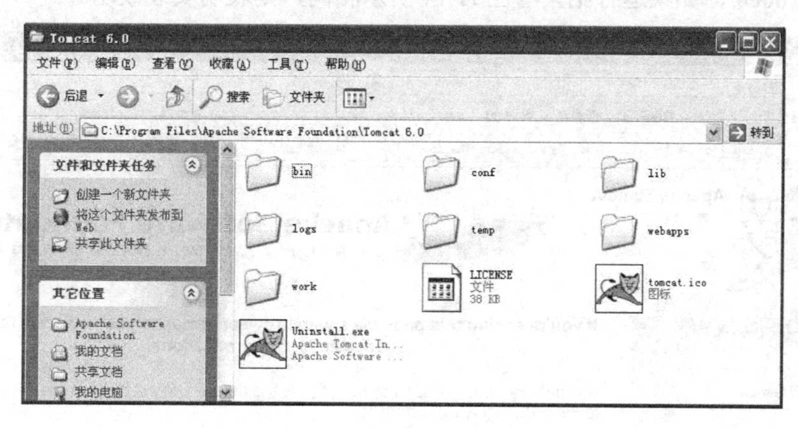

图 A-11　安装成功后的 Tomcat 目录

下面介绍 Tomcat 的启动及提供的 Web 服务。首先需要启动 Tomcat 服务，进入 bin 子目录，双击运行 tomcat6w.exe 程序（如图 A-12 方框中所示），会出现图 A-13 的运行界面。

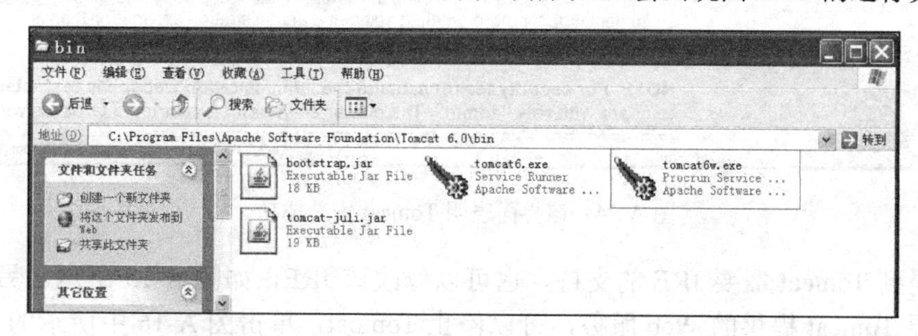

图 A-12　Tomcat 安装目录中 bin 子目录的内容

启动 Tomcat 的界面如图 A-13 所示，单击 Start 按钮就可以启动。

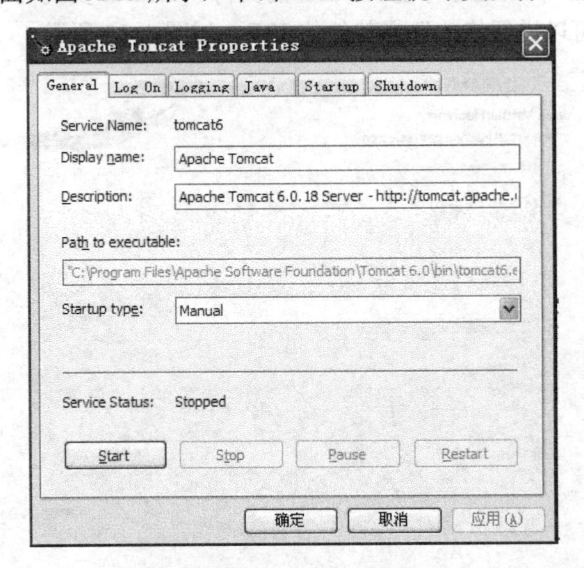

图 A-13　Tomcat 启动界面

为了测试 Tomcat 是否安装与启动成功，可以打开浏览器并在地址栏中输入地址：http://localhost:8080/，如果运行结果与图 A-14 所示相同，则表明安装成功。

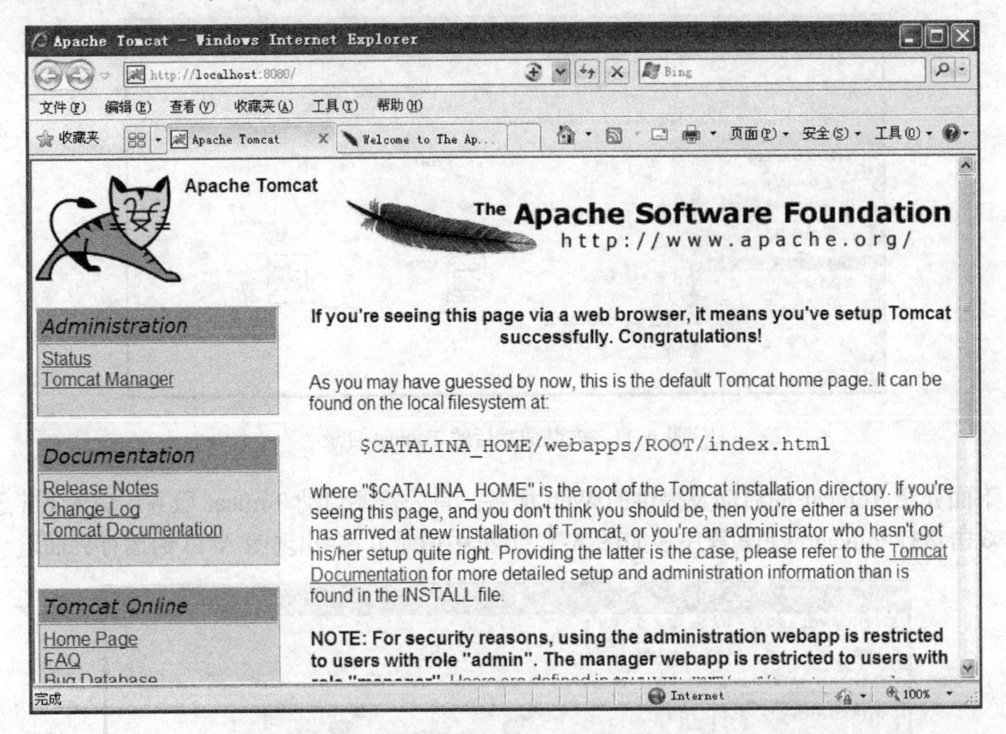

图 A-14　该界面表明 Tomcat 安装成功

前面提到 Tomcat 需要 JRE 的支持，也可以修改该 JRE，如图 A-15 所示。另外，如果已经不需要 Tomcat 提供的 Web 服务，可以停止 Tomcat，单击图 A-16 中所示的 Stop 按钮即可。

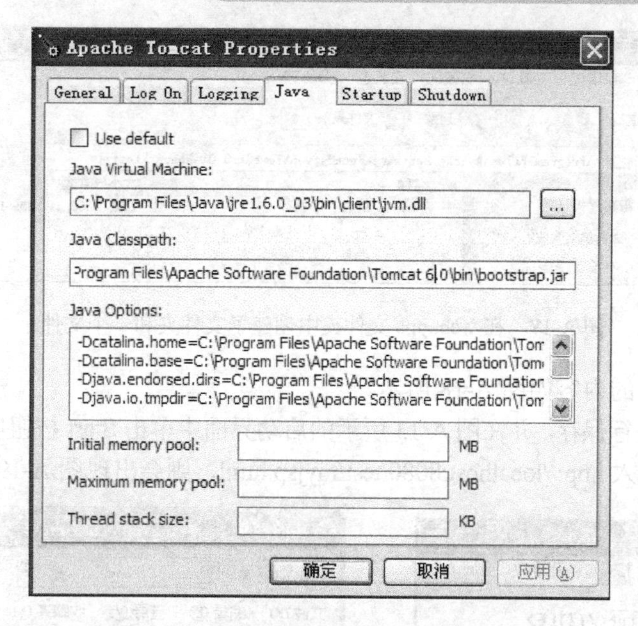

图 A-15　修改 JRE 对应的 Java 虚拟机

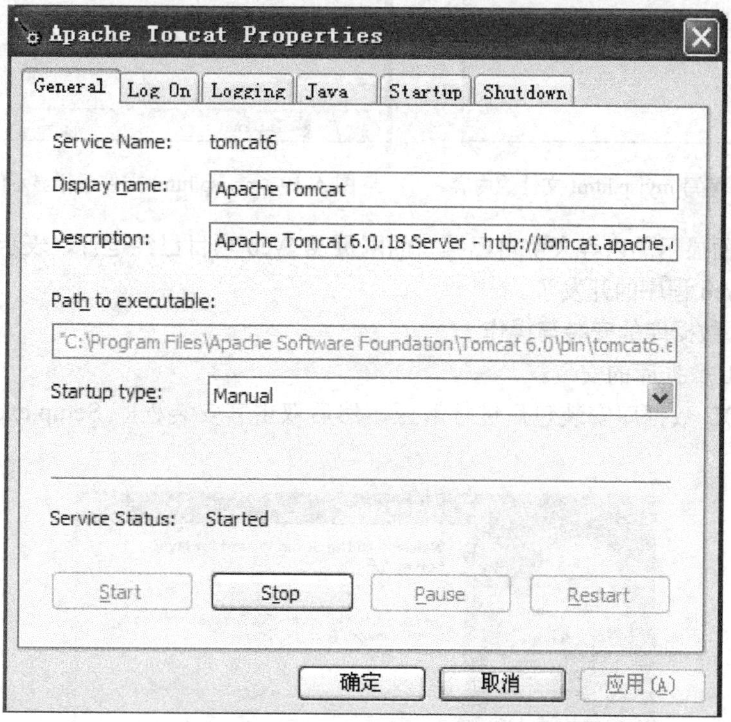

图 A-16　停止 Tomcat 服务

下面介绍如何在 Tomcat 中部署自己的 Web 应用程序。在图 A-11 中所示的 webapps 文件夹中创建一个自己的文件夹 test，并在其中用记事本创建一个 HTML 文件 myjsp.html。

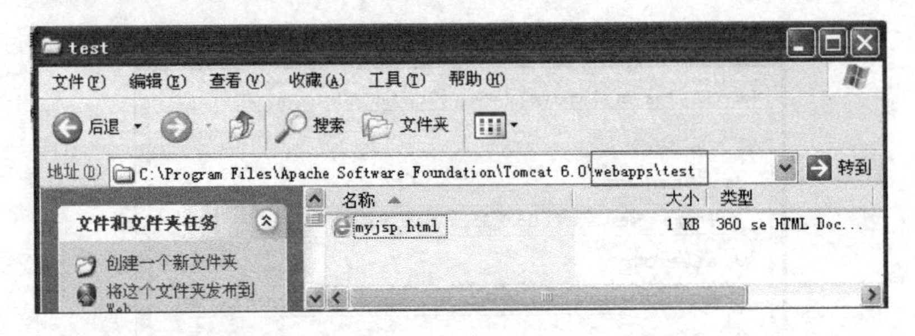

图 A-17　在 webapps 文件夹中创建子文件夹和一个文件

myjsp.html 文件的内容如图 A-18 所示。

文件编写好后进行保存，并在图 A-13 所示的启动界面中单击 Start 按钮启动 Tomcat。打开浏览器，在地址栏中输入 http://localhost:8080/test/myjsp.html，则会出现图 A-19 所示的运行界面。

图 A-18　编写 myjsp.html 文件的内容

图 A-19　myjsp.html 文件运行显示的内容

图 A-19 界面显示的内容表明自己编写的网页及 Web 项目已经运行，表示 Tomcat 安装成功，可以进行 Web 程序的开发了。

3. MySQL 数据库的安装与操作

（1）MySQL 数据库的安装。

下载 MySQL 数据库安装包后进行解压，然后双击其安装程序 Setup.exe 进行安装，如图 A-20 所示。

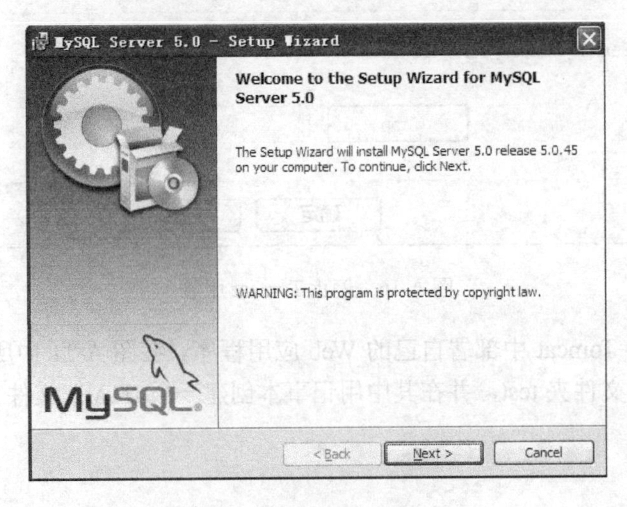

图 A-20　安装 MySQL

MySQL 数据库的安装比较简单，只要选择默认选项即可。但是，也可以进行定制安装，如修改 MySQL 数据库的安装目录，如图 A-21 所示。

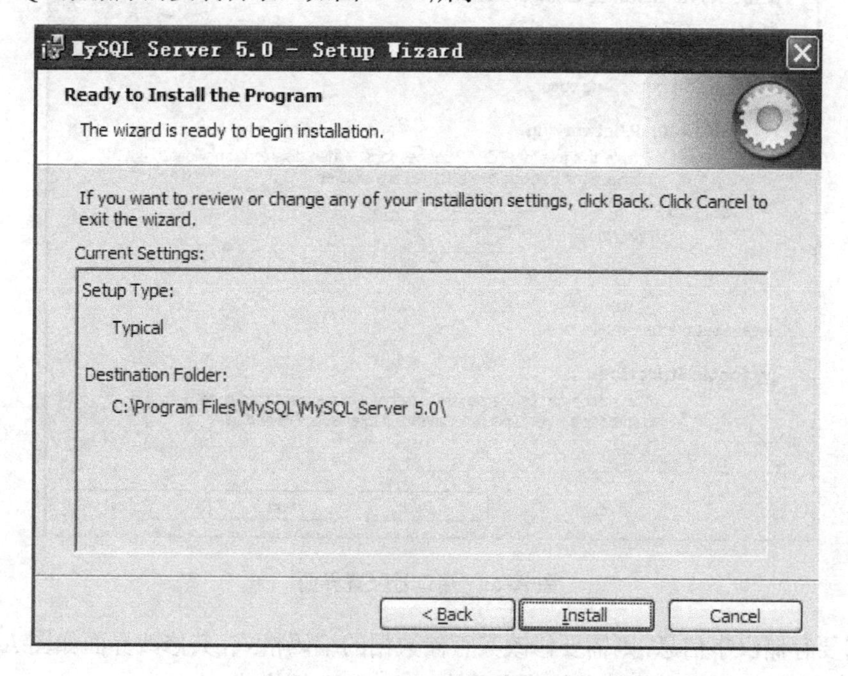

图 A-21　MySQL 的安装目录

图 A-21 中显示 MySQL 数据库安装在 C:\Program Files\MySQL\MySQL Server 5.0\目录中。安装完成后，系统提示进行 MySQL 的配置，按图 A-22 所示勾选对话框中的复选框，然后单击 Finish 按钮即可进行配置。也可以暂不配置，以后根据配置工具再进行配置或修改配置。

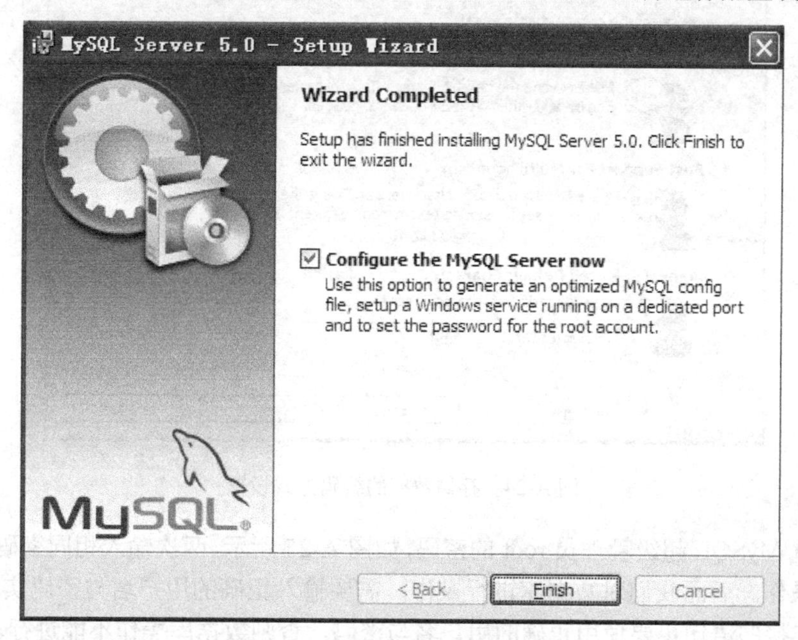

图 A-22　完成安装并进入配置界面

MySQL 数据库的配置均可以选择默认配置选项。但其端口号可在图 A-23 所示的界面进行修改。

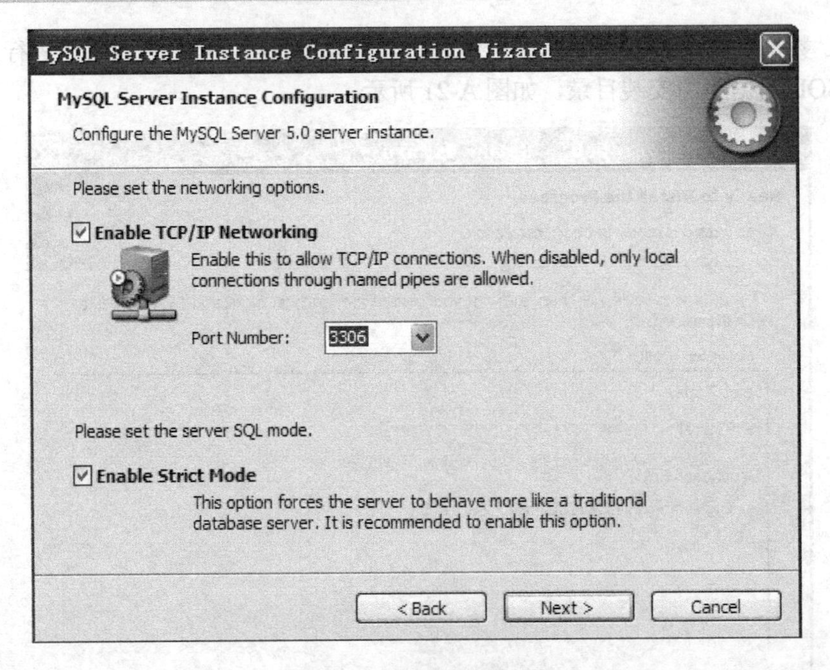

图 A-23　端口号配置界面

如果需要存储汉字信息，则需要修改其存储数据的编码格式，其修改界面如图 A-24 所示。为了能存储汉字信息，可以将编码格式设置为 gbk、utf8 等格式。

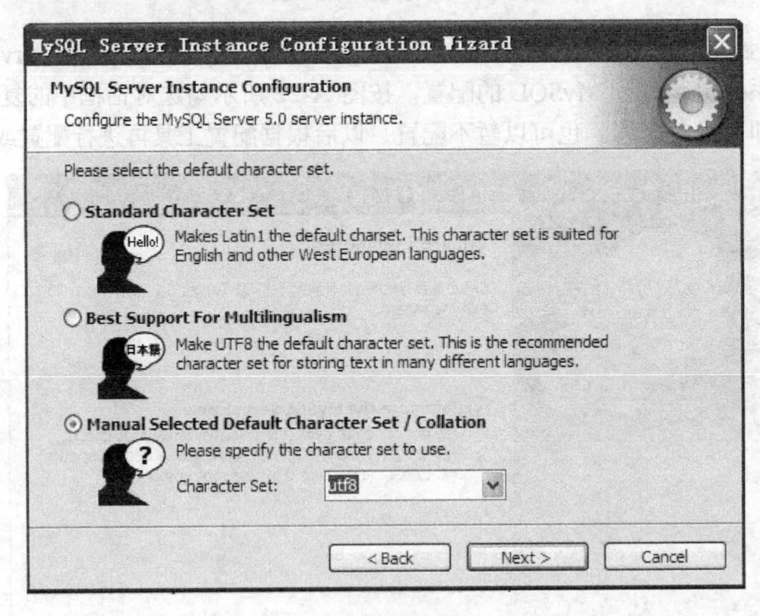

图 A-24　存储数据的编码方式设置

可以设置 MySQL 超级管理员 root 的密码，如图 A-25 所示，两次输入相同密码后单击 Next 按钮才能被操作。后面我们对数据库进行操作，需要输入正确的用户名与密码实现各项目时，创建数据库连接的语句也要使用正确的用户名与密码，否则数据库操作不能进行。

例如，在图 A-25 中，输入两次“root”，则在进行数据库连接时就可以使用用户名为“root”，密码为“root”进行数据库连接，只有正确进行数据库连接后才能对其进行操作。

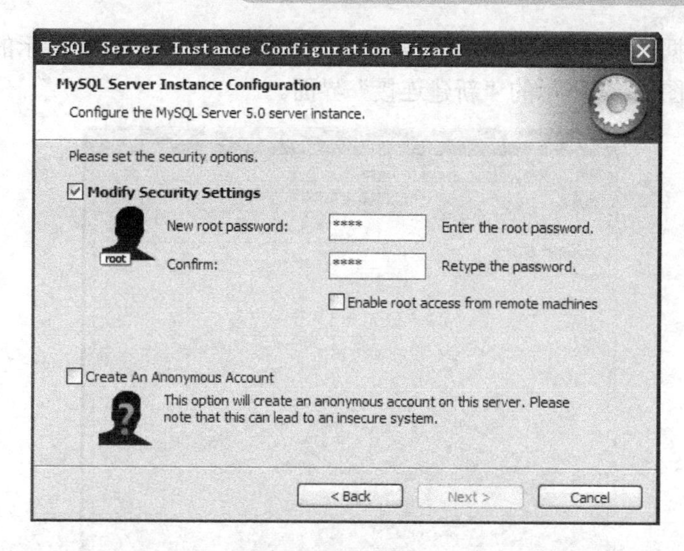

图 A-25　设置数据库超级管理员 root 的密码

安装完成后，MySQL 数据库服务器安装在 C:\Program Files\MySQL\MySQL Server 5.0\文件夹中。

（2）MySQL 数据库的操作。

要对 MySQL 数据库进行操作，可以通过其控制台命令，也可以用其客户端软件。不论是哪种方式，均需要通过正确的用户名与密码进行连接。

为了简单起见，我们选择用 MySQL 数据库的客户端演示其操作。MySQL 数据库的客户端软件非常多，操作均很方便，例如 MySQL-Front、Navicat for MySQL 等。下面通过 Navicat 演示 MySQL 数据的连接及对数据库表的创建操作。

Navicat 是一个强大的 MySQL 数据库管理和开发工具。Navicat 为专业开发者提供了一套足够强大的工具，新用户很快就能上手。Navicat 使用了极好的图形用户界面（GUI），可以让用户以一种容易的方式快速地创建、组织、存取和访问数据。

安装好的 Navicat for MySQL 运行界面如图 A-26 所示。如果 MySQL 数据库已经启动，则创建“连接”后可以对数据库进行各种操作。

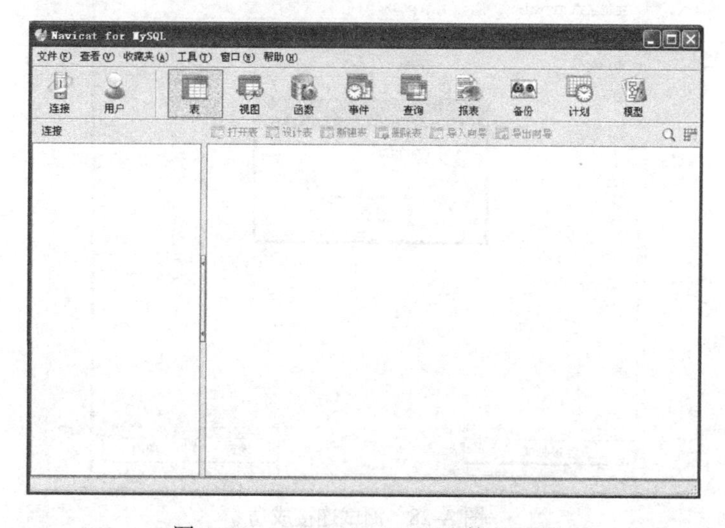

图 A-26　Navicat for MySQL 的主界面

对 MySQL 数据库进行操作时，首先要创建一个连接。在图 A-26 所示的界面中单击“连接”按钮，则出现图 A-27 所示的“新建连接”界面。

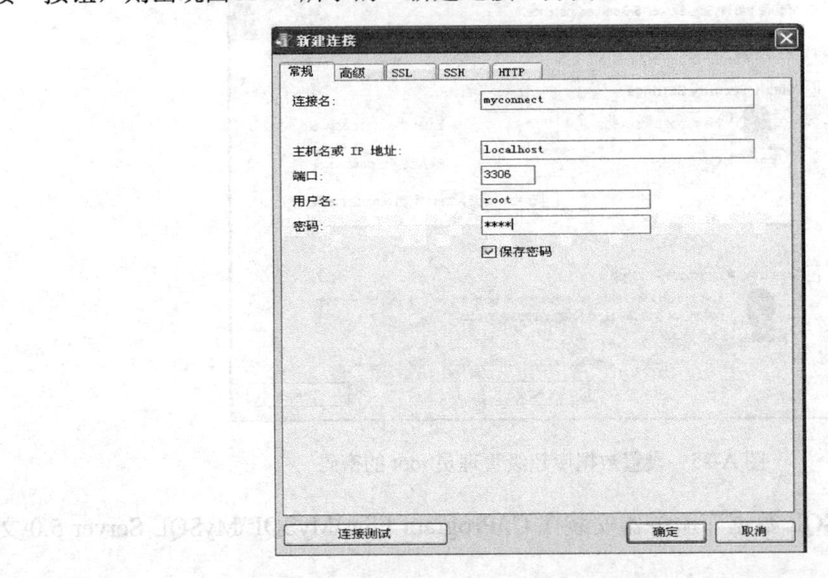

图 A-27 “新建连接”界面

在图 A-27 所示的界面中，输入一个连接名（如：myconnect）。输入主机名、端口、用户名、密码进行，如果正确则创建成功。可以通过“连接测试”按钮进行测试连接是否设置成功。

① 将主机的 IP 地址设置为：localhost，表示数据库安装在本机。

② 端口为默认的：3306。

③ 用户名与密码均为设置的 root。

上述参数设置完整后，通过连接测试则显示“连接成功”提示框，如图 A-28 所示。

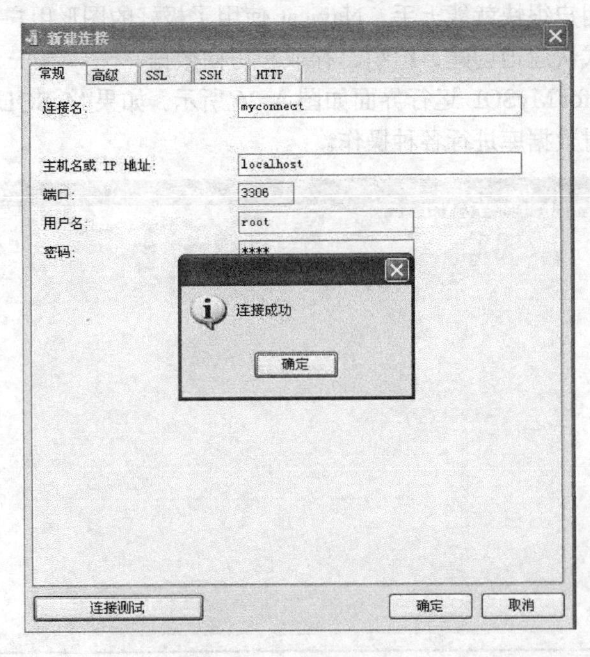

图 A-28 测试连接成功

连接成功后，则出现图 A-29 所示的操作界面。

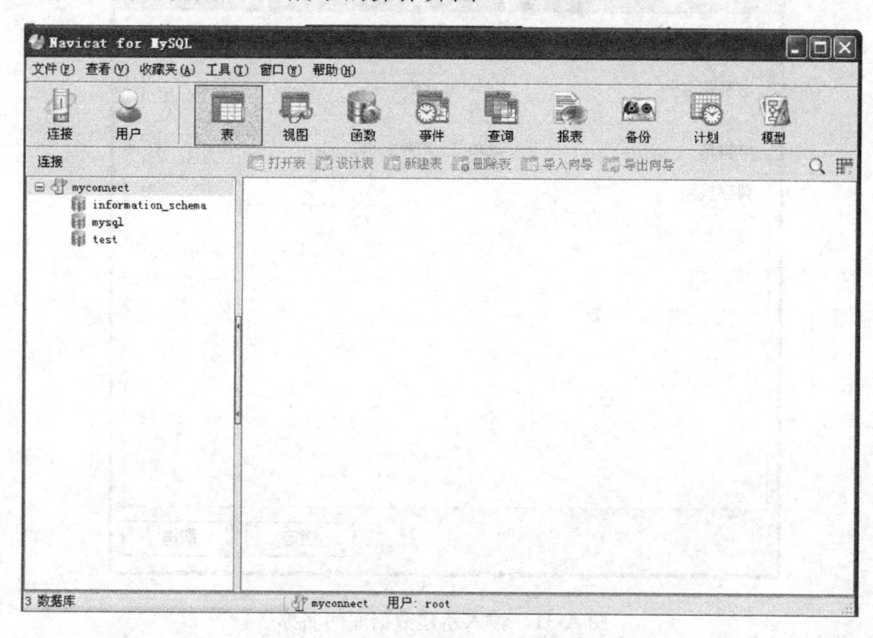

图 A-29　连接成功后的操作界面

在图 A-29 所示的操作界面中，对各种数据库的操作可以根据该连接进行。如果用鼠标右键单击该连接名，执行“新建数据库”命令，则可以创建一个新数据库，如图 A-30 所示。

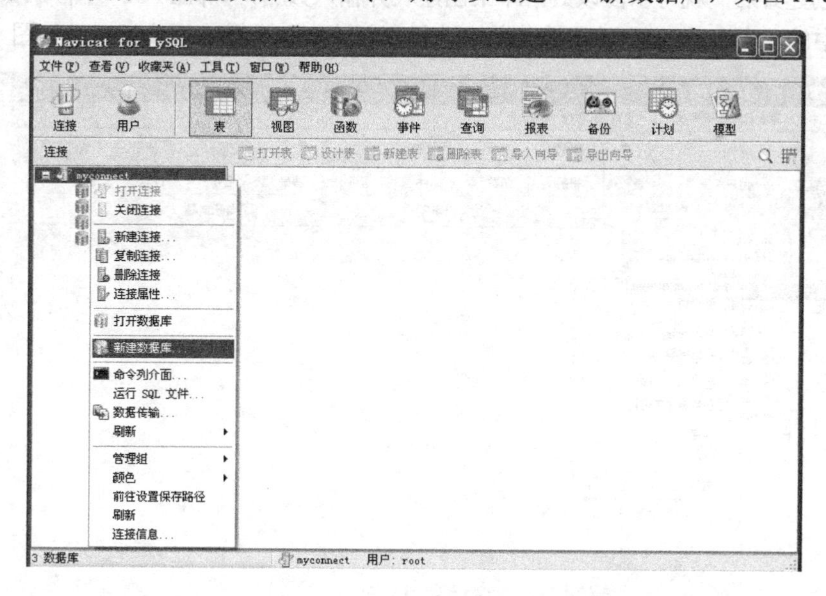

图 A-30　选择“新建数据库”命令

执行“新建数据库”命令会出现图 A-31 所示的界面。

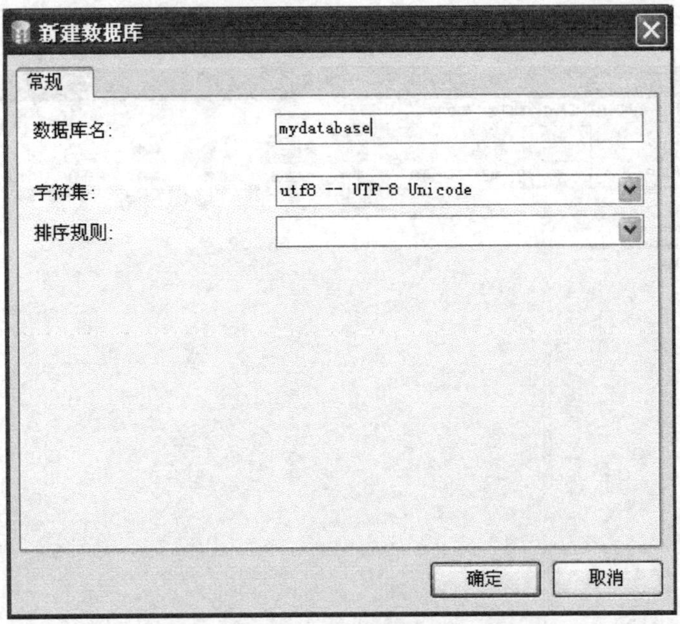

新建数据库
常规
数据库名: mydatabase
字符集: utf8 -- UTF-8 Unicode
排序规则:
确定 取消

图 A-31　输入新建数据库的名称

在图 A-31 所示的界面中，输入自己的数据库名（如：mydatabase），为了存储汉字信息，可以选择字符集为 utf8。

数据库创建好后，就可以在该数据库中创建表并输入数据，如图 A-32～图 A-36 所示。右键单击数据库中的“表”，在弹出的快捷菜单中选择“新建表”命令，创建新表，如图 A-32 所示。

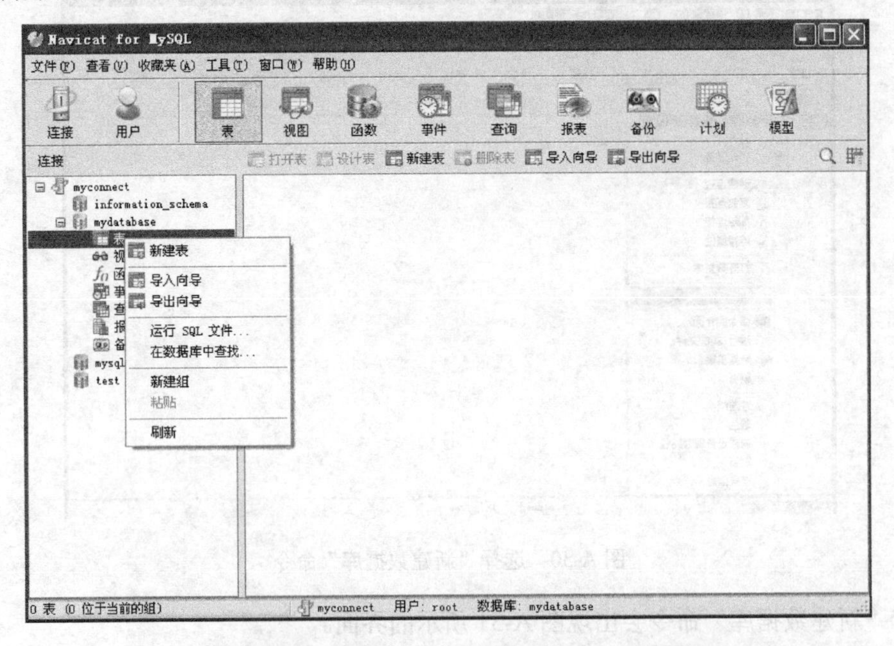

图 A-32　右键单击数据库中的“表”并选择“新建表”命令

接着出现图 A-33 所示的创建字段界面。当数据库表的各个字段创建好后，单击图 A-33 所示的“保存”按钮，则将创建的表与各字段进行保存。

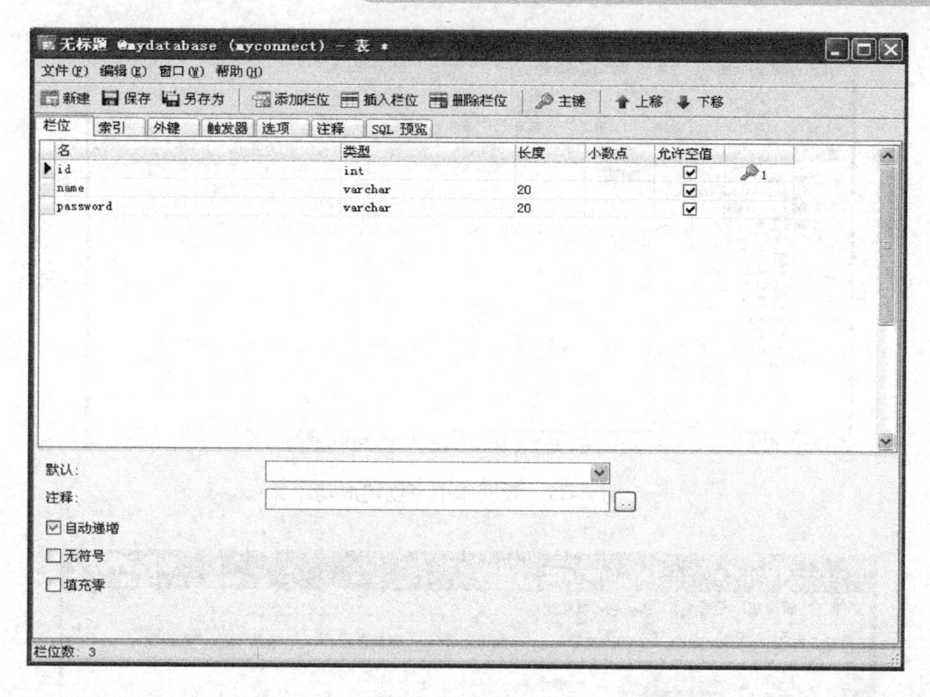

图 A-33　创建字段

单击“保存”按钮出现“输入表名”对话框，输入表名后单击“确定”按钮即可完成表的创建，如图 A-34 所示。在本演示案例中创建了用户表 user，其中包括 id（用户编号）、name（用户名）、password（密码）3 个字段。

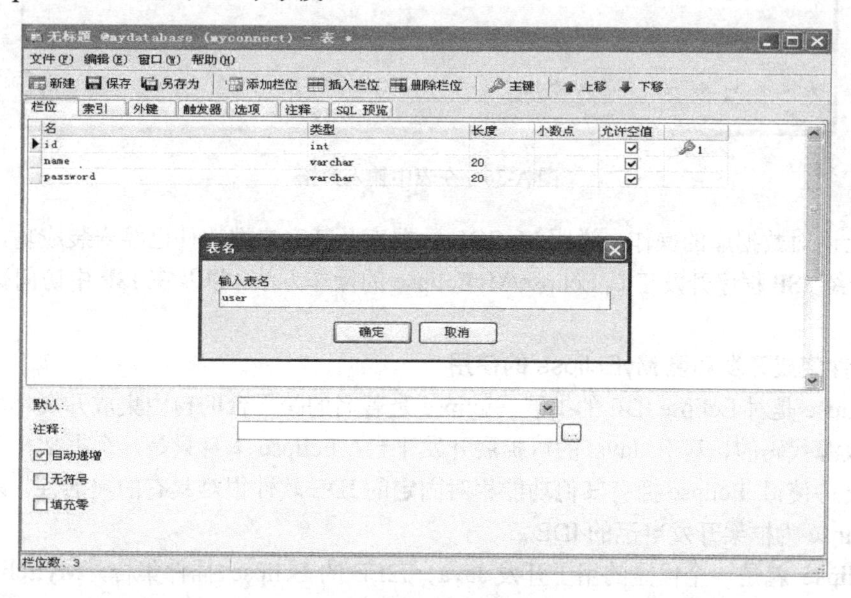

图 A-34　给表起名

user 表创建成功后的界面如图 A-35 所示。

表创建成功后，便可在 Navicat 中输入数据。在图 A-35 中，单击“打开表”工具按钮，则出现图 A-36 所示的操作界面，在其中输入两个用户信息。注意，数据的操作可用表格下端的操作工具按钮。

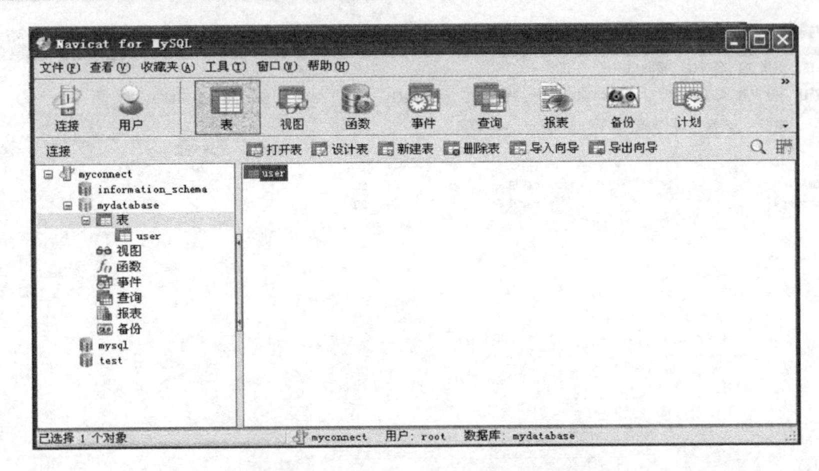

图 A-35　数据库中表创建成功

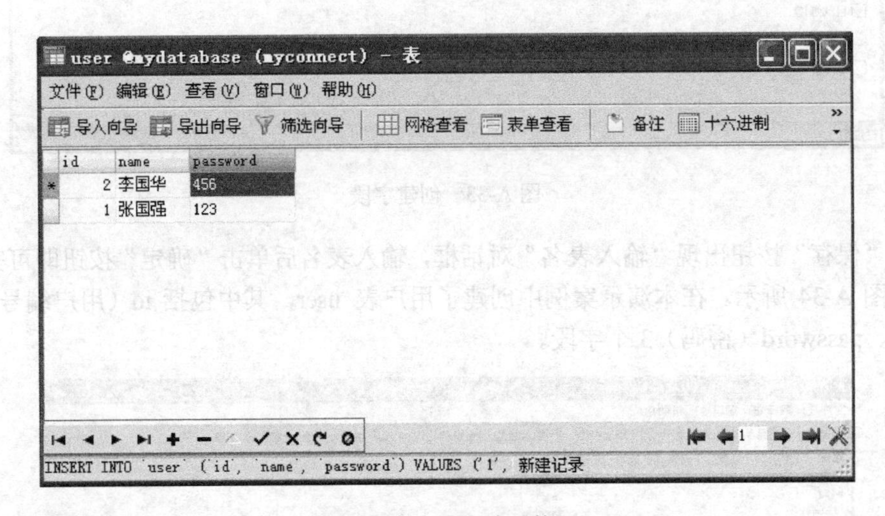

图 A-36　在表中输入数据

通过上述对数据库的操作，说明 MySQL 数据库及其客户端软件已经安装成功，可以使用了。下面介绍 JSP 程序开发工具 Eclipse/MyEclipse 的操作方法，以及在 JSP 中访问数据库的操作方法。

4. 软件集成开发环境 MyEclipse 的使用

MyEclipse 是对 Eclipse IDE 的扩展。Eclipse 是著名的跨平台的自由集成开发环境（IDE），是一个开放源代码的、基于 Java 的可扩展开发平台。Eclipse 本身只是一个框架平台，但是众多插件的支持使得 Eclipse 拥有其他功能相对固定的 IDE 软件很难具有的灵活性。许多软件开发商以 Eclipse 为框架开发自己的 IDE。

MyEclipse 就是一个优秀的用于开发 Java、J2EE 的 Eclipse 插件集合，MyEclipse 的功能强大，支持也广泛，特别是对各种开源产品的支持。MyEclipse 目前支持 Java Servlet、AJAX、JSP、JSF、Struts、Spring、Hibernate、EJB3、JDBC 数据库链接工具等多项功能。可以说 MyEclipse 几乎囊括了目前所有主流开源产品的专属 Eclipse 开发工具。

利用 MyEclipse 开发 Java Web 程序，首先需要配置 Java 运行环境 JRE 和 Tomcat 服务器，因为它有一个内置 JRE 和 Tomcat 服务器，所以在此只简单介绍一下外部 JRE 和 Tomcat 的配置。

（1）在 MyEclipse 中安装 JRE。

MyEclipse 运行的主界面如图 A-37 所示。本教程的开发案例是在 MyEclipse 8.5 下进行的。下面介绍在 MyEclipse 8.5 环境中安装外部 JRE 及编写和运行 Java 程序（其他版本的操作大同小异）。

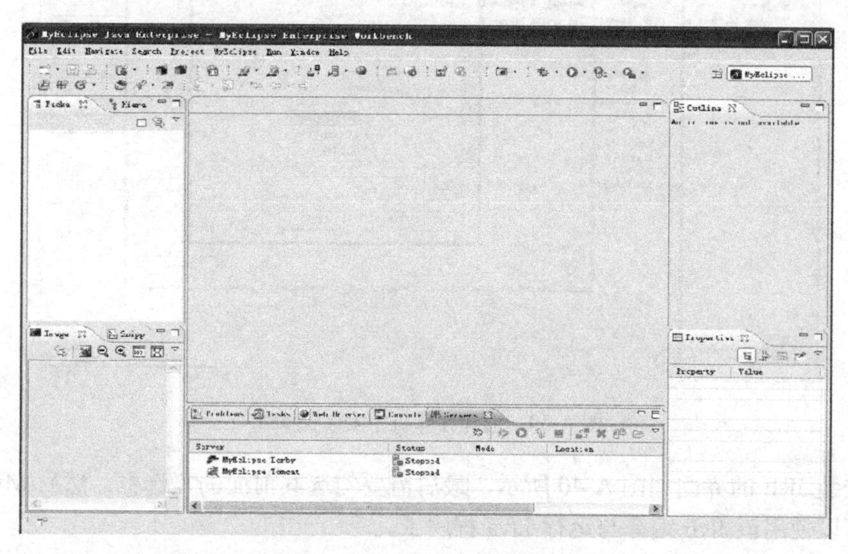

图 A-37　MyEclipse 运行主界面

在图 A-37 所示的 MyEclipse 的操作界面中，选择 Windows→Preferences→Java →Installed JREs 命令，出现图 A-38 所示的安装 JRE 界面。

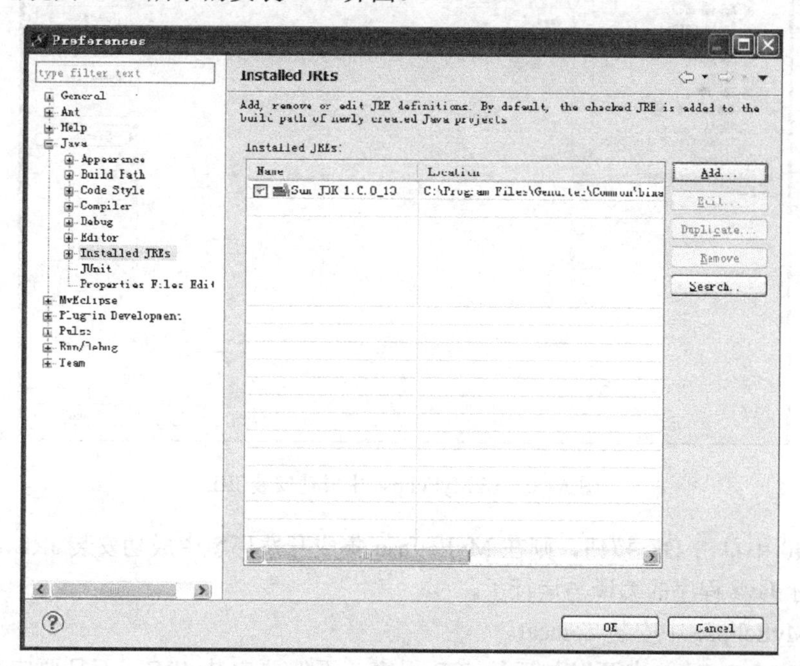

图 A-38　安装 JRE 界面

在图 A-38 所示界面中单击 Add 按钮便可以选择计算机中已安装好的 JRE，其操作如图 A-39 所示。

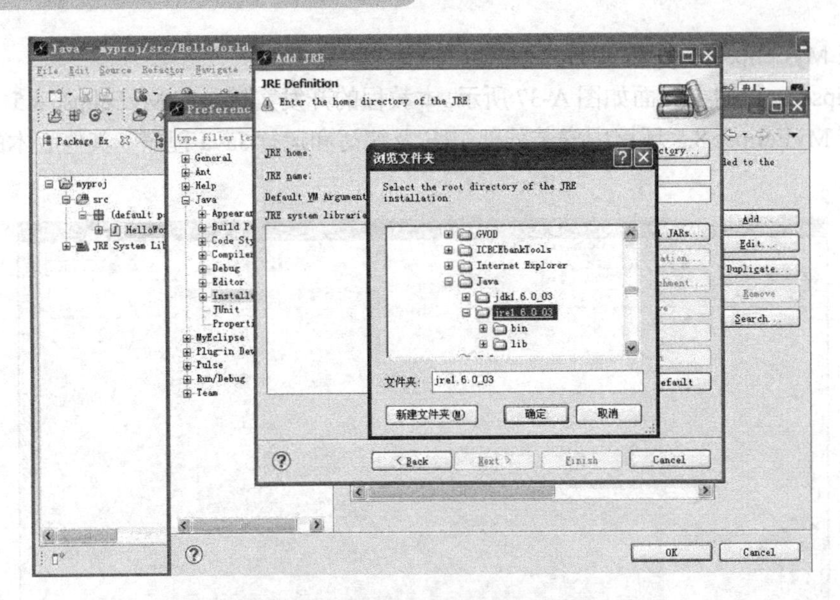

图 A-39　选择计算机中安装的 JRE

成功安装 JRE 的界面如图 A-40 所示，最后需要勾选其前面的复选框，然后 MyEclipse 开发环境就可以使用该 JRE 编译与运行 Java 程序了。

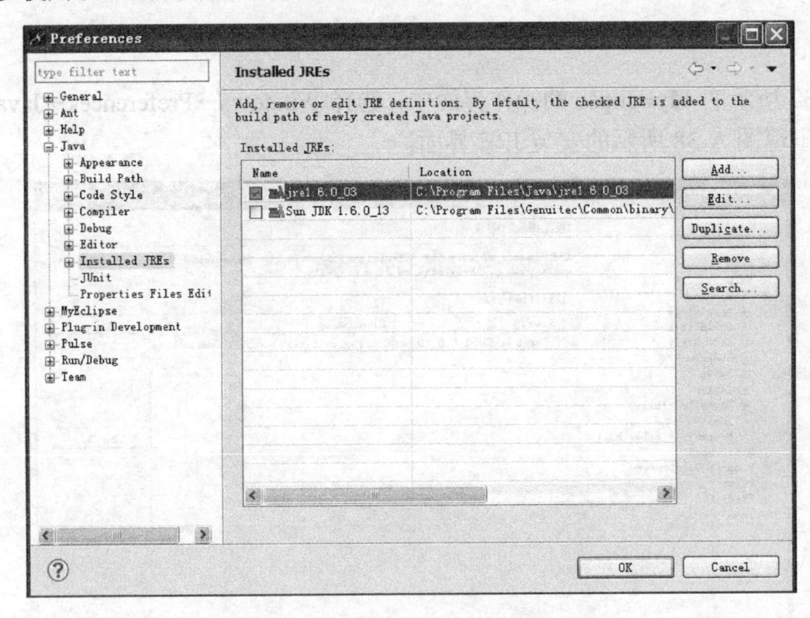

图 A-40　在 MyEclipse 中成功安装 JRE

在图 A-40 中单击 OK 按钮，则在 MyEclipse 集成开发环境中成功安装 JRE，至此就可以用该 JRE 进行 Java 程序的编译与运行了。

（2）在 MyEclipse 中安装 Tomcat。

如果要在 MyEclipse 中开发与运行 JSP 程序，不但要安装 JRE，而且要安装 Tomcat 服务器。

在 MyEclipse 的操作界面中，选择 Windows→Preferences→MyEclipse→Servers→Tomcat→Tomcat 6.x（假设你的 Tomcat 是第 6 版）命令，出现图 A-41 所示的界面。

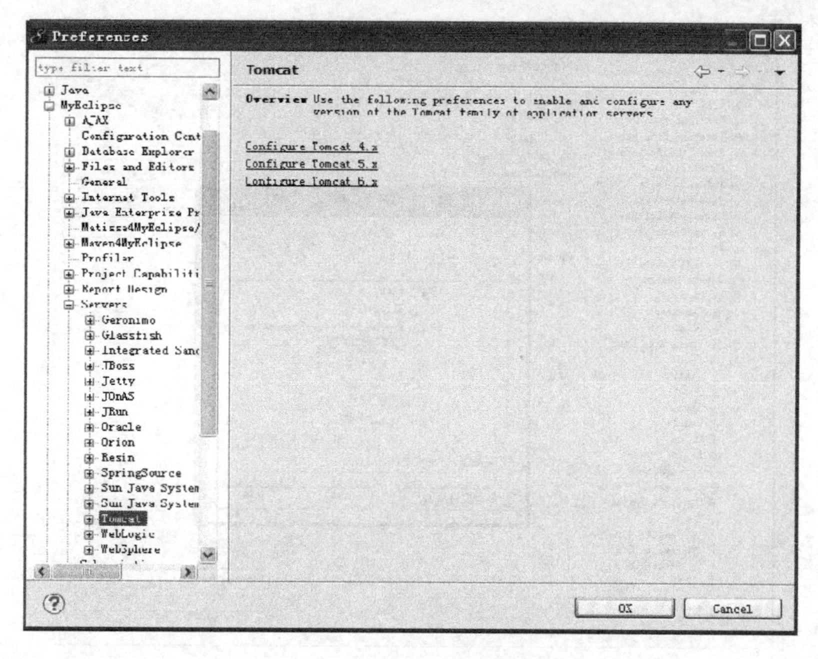

图 A-41 选择 Tomcat 配置界面

在图 A-41 中单击 configure Tomcat 6.x 链接，出现图 A-42 所示的配置界面。

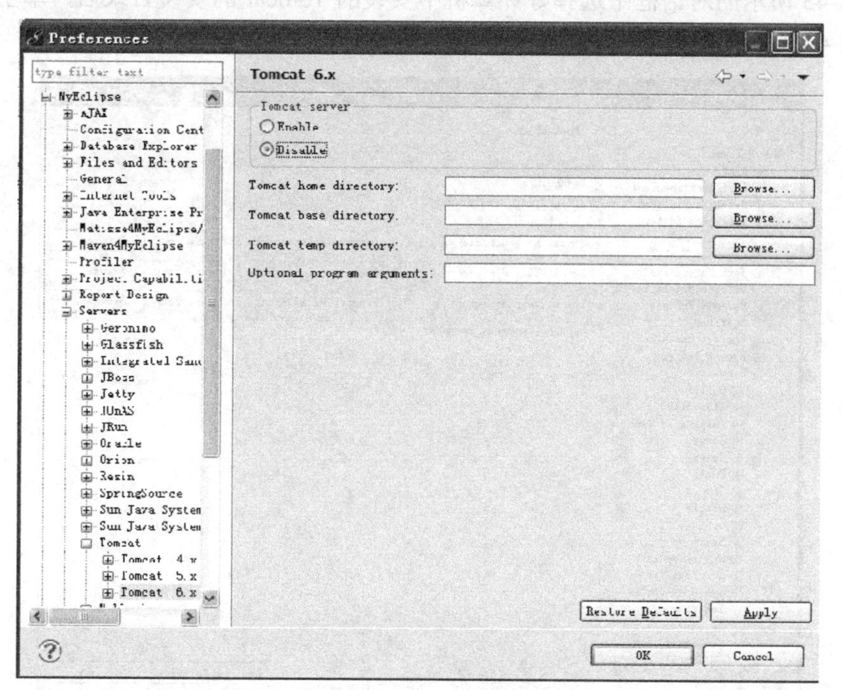

图 A-42 配置 Tomcat 6.x 的操作界面

在图 A-42 中单击 Browse 按钮，寻找计算机中已经安装好的 Tomcat 6 根目录，如图 A-43 所示，选择好后单击 OK 按钮，出现图 A-43 所示的界面。

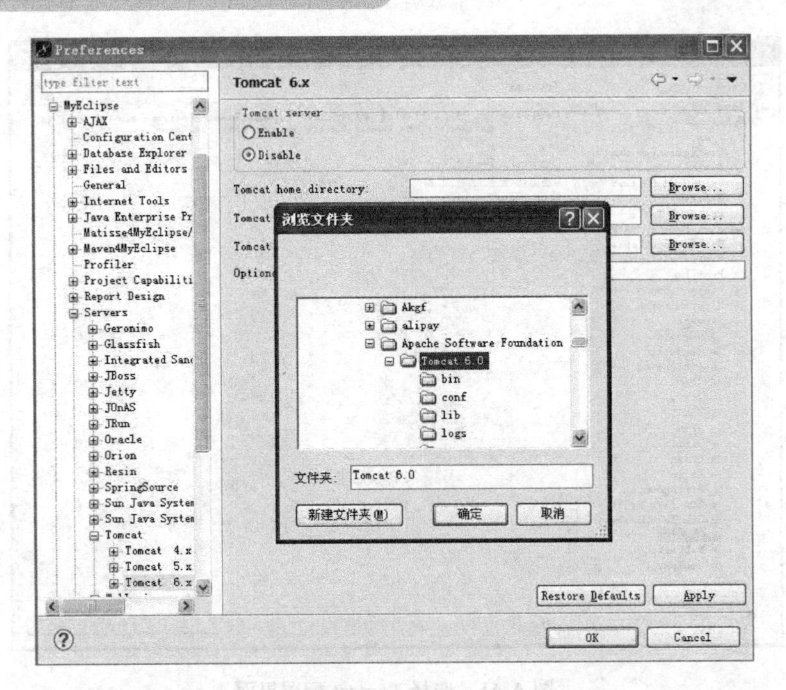

图 A-43　选择计算机中 Tomcat 6.x 的安装目录

在图 A-43 所示的对话框中选择好计算机中安装的 Tomcat 的安装目录后，单击 OK 按钮，则出现图 A-44 所示的配置界面。

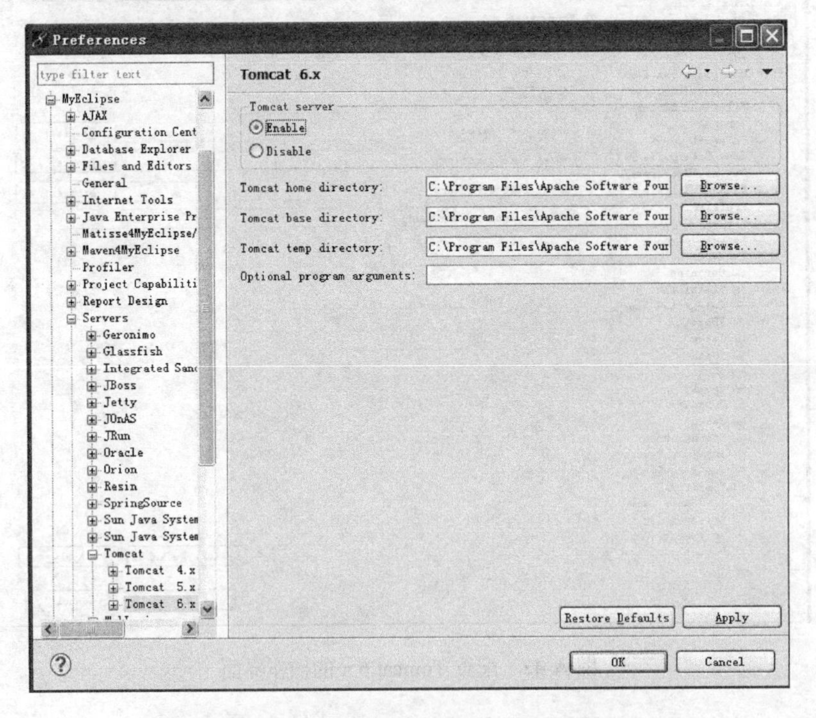

图 A-44　选择计算机中 Tomcat 6.x 的安装目录

在图 A-44 中单击 OK 按钮，则 Tomcat6.0 服务器安装成功，如图 A-45 所示。

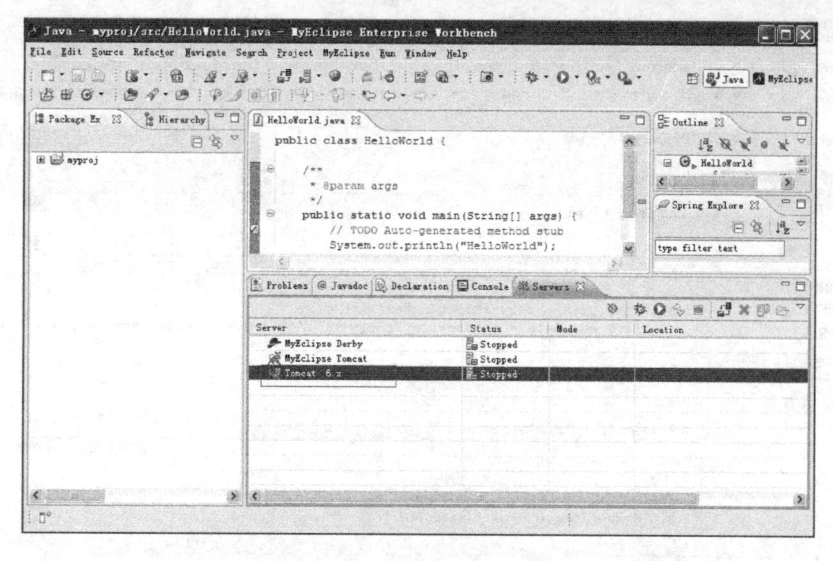

图 A-45　在 MyEclipse 中成功安装 Tomcat 6.x 服务器

当在 MyEclipse 中成功安装 Tomcat 服务器后，就可以在其中开发与运行 JSP 程序了。下面演示在上述安装好的环境下开发与运行 JSP 程序。

在 MyEclipse 集成环境中开发 JSP 程序时，首先要创建一个 Web 项目，其操作为在 MyEclipse 主界面中选择 File→New→Web Project 命令，则出现图 A-46 所示的创建 Web 项目界面。

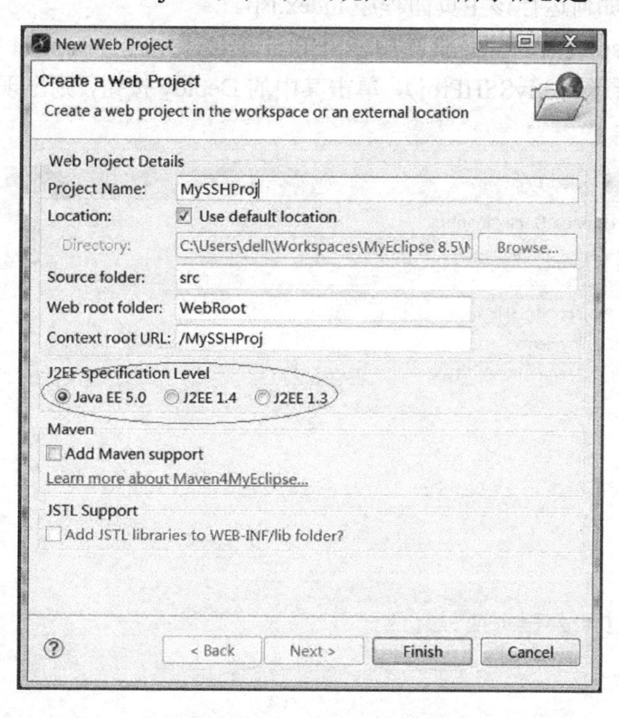

图 A-46　创建 Web 项目界面

在图 A-46 中输入项目名（如 MySSHProj），其他选项虽然重要，但可以选择默认值。单击 Finish 按钮则出现图 A-47 所示的界面，表示 Web 项目 MySSHProj 已经创建成功，我们可以在其中创建 JSP 程序、Java 程序等。

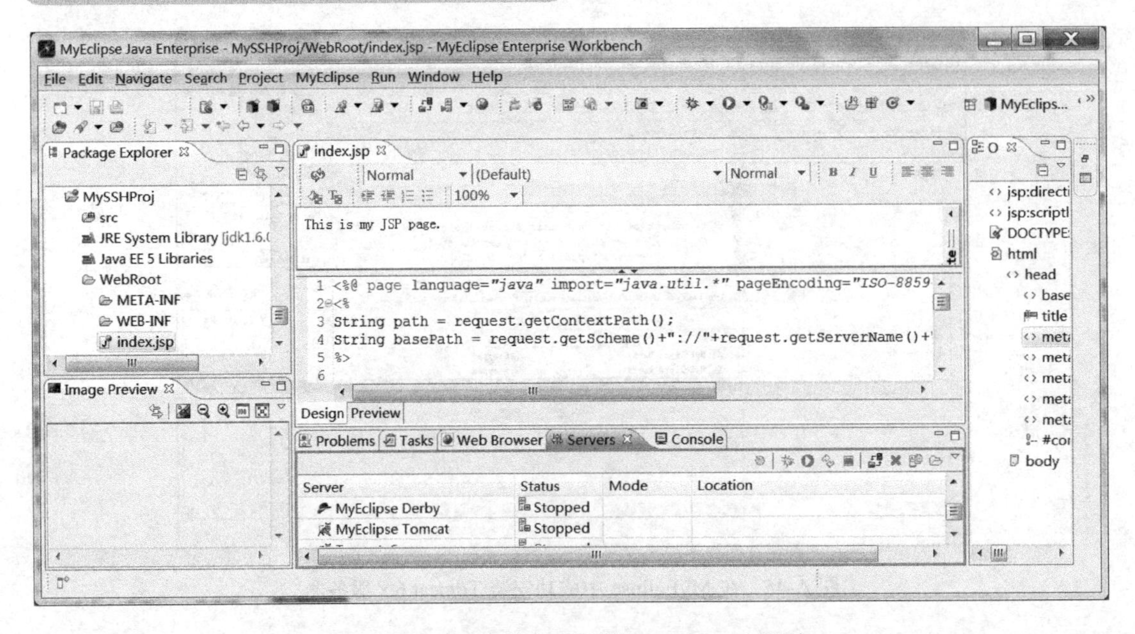

图 A-47　成功创建 Web 项目 MySSHProj 界面

在图 A-47 所示的界面中，包括 Web 项目名称、该 Web 项目默认的主页面 index.jsp 及其内容的显示。还包括 Tomcat 服务器启动按钮（它目前是 Stoped 停止状态），以及部署 Web 项目的按钮。下面演示如何运行该主页面程序 index.jsp。

要运行该 index.jsp 页面，需要部署 MySSHProj 项目，并启动 Tomcat 服务器。用鼠标选择项目名称（图 A-47 所示的 MySSHProj），单击其中的 Deploy 按钮，则出现图 A-48 所示的部署对话框。

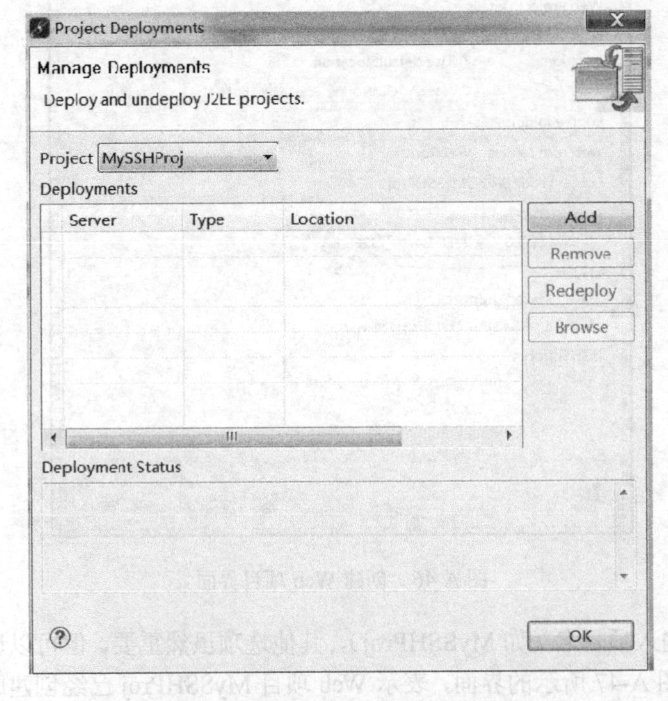

图 A-48　部署 Web 项目 myweb 的对话框

在图 A-48 中单击 Add 按钮选择部署到的 Tomcat 服务器，如图 A-49 所示。

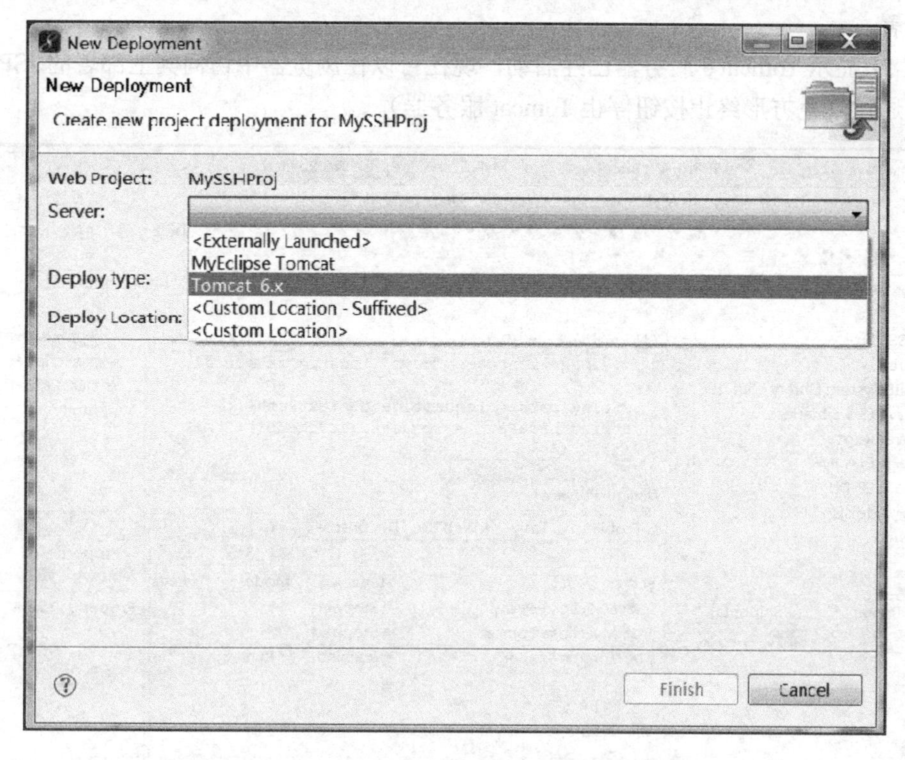

图 A-49　在 Server（服务器）选项中选择 Tomcat 6.x

在图 A-49 中选择 Tomcat6.x，将 myweb 项目部署到前面配置的 Tomcat 6.0 中，单击 Finish 按钮结束部署，部署成功的界面如图 A-50 所示。

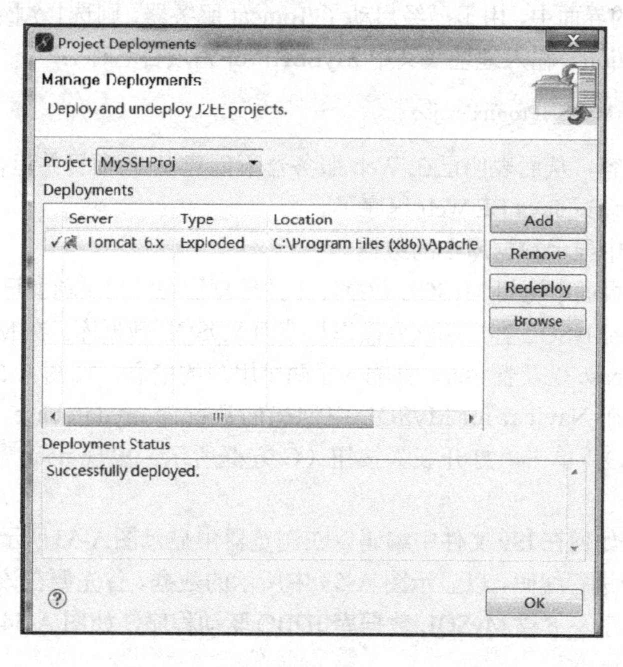

图 A-50　部署 Web 项目 myweb 对话框

在图 A-50 所示的界面中显示了项目部署成功。单击 OK 按钮则可完成项目在 Tomcat 服务器中的部署。

图 A-51 显示 Tomcat 6 服务器已经启动，现在可以在浏览器中访问其上部署的 JSP 网页程序（可以通过红色方形终止按钮停止 Tomcat 服务器）。

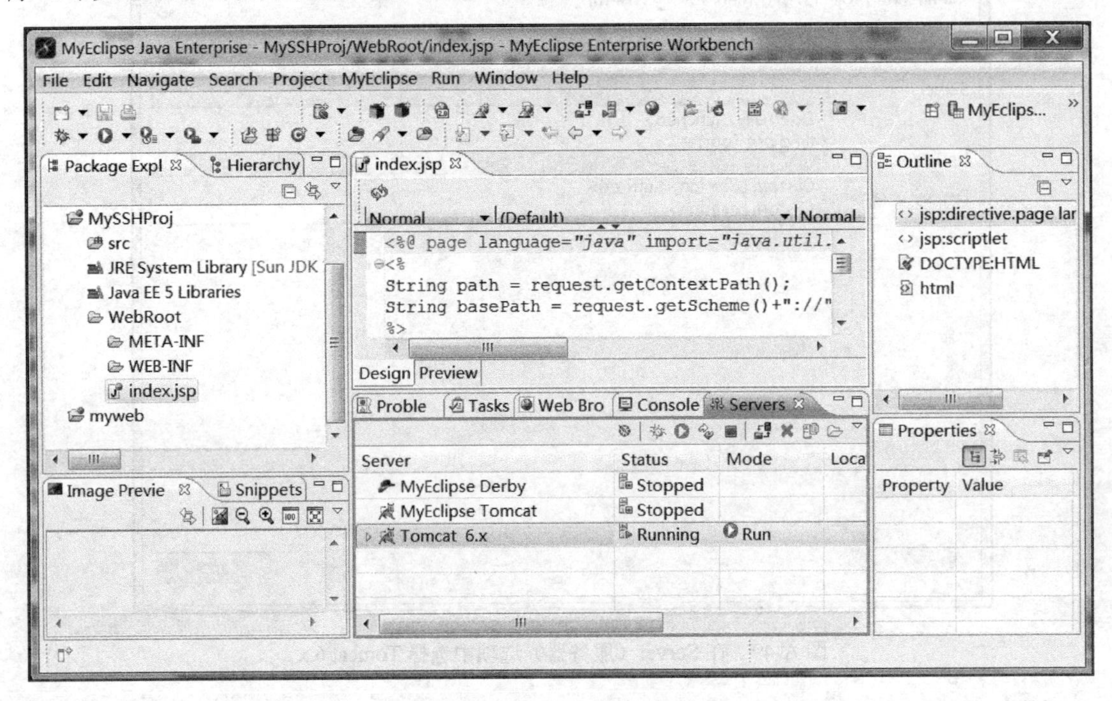

图 A-51　启动 Tomcat 服务器

在图 A-52 所示的界面中，由于已经启动了 Tomcat 服务器，则选择浏览器“Web Browser”页，在地址栏（Location）输入地址（其中 MySSHProj 为项目名称）：

```
http://localhost:8080/MySSHProj/index.jsp
```

则显示了该页面的内容，从而表明已在 Web 服务器下创建 Web 项目并运行成功。现在可以在该开发环境下开发与调试 Java EE Web 程序了。

5. 在 JSP 页面中显示数据库中的数据

下面介绍在 JSP 页面中访问 MySQL 数据库中的数据。在本附录前面已经介绍了 MySQL 的安装，并用 Navicat for MySQL 客户端软件操作与使用 MySQL 数据库。在 MySQL 数据库中已经创建了数据库 mydatabase 以及表 user，并输入了两个用户的信息，如图 A-53 所示。

图 A-53 显示了在 Navicat for MySQL 中创建的数据库 mydatabase（见 A 方框所示）、表 user（B 方框所示）；单击“打开表”按钮（C 方框所示）出现 user 表中的数据（见方框 D 所示）。

下面介绍并演示如何在 JSP 文件中编码以在浏览器中显示图 A-53 所示的数据。即将 myweb 项目中的 index.jsp 中进行编码，以显示图 A-53 中所示的数据。首先要在该项目中加载 MySQL 数据库 JDBC 驱动程序。下载 MySQL 数据库 JDBC 驱动程序，如图 A-54 所示。

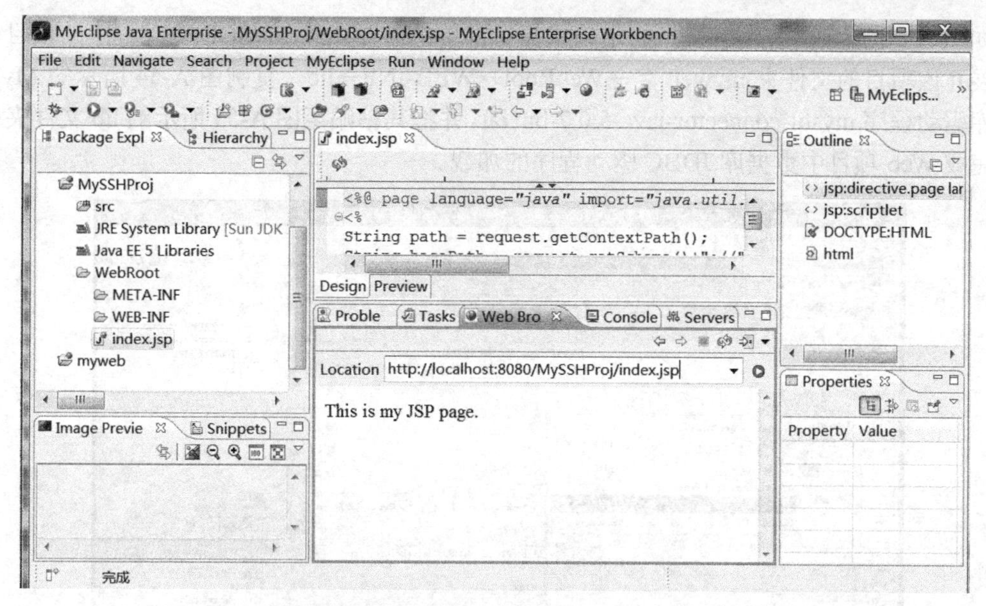

图 A-52　在浏览器中访问网页 index.jsp

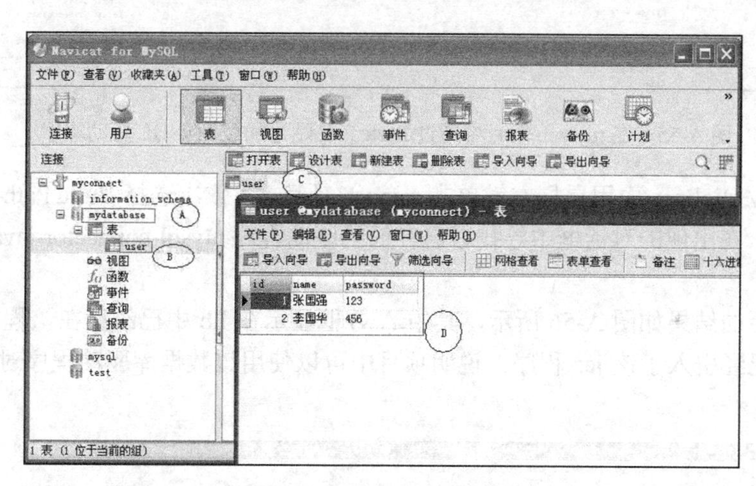

图 A-53　在 MySQL 数据库系统中创建的数据库与表

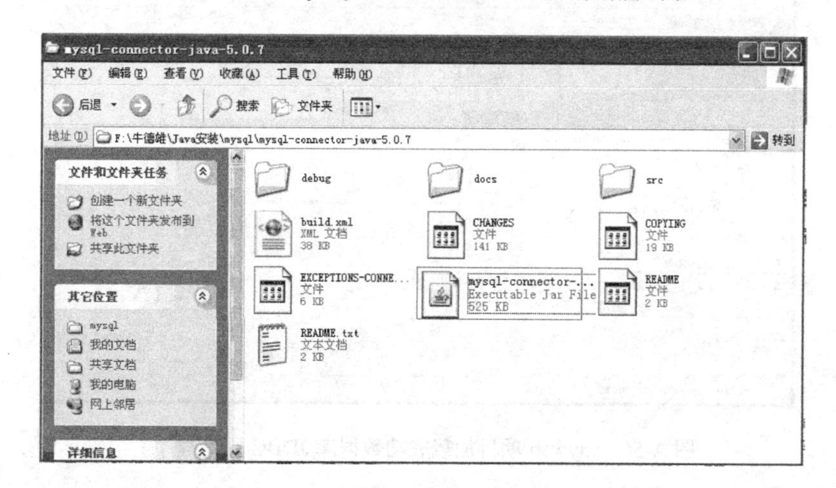

图 A-54　MySQL 数据库 JDBC 驱动程序（方框中）

如图 A-55 所示，在 MyEclipse 中用鼠标右键单击需要加载 MySQL 驱动程序的项目名，逐步展开该项目的文件夹 myweb 名→WebRoot→WEB-INF→lib。复制图 A-54 所示的 MySQL 数据库驱动程序 mysql-connector-java-5.0.7-bin.jar，并将其粘贴至图 A-55 所示的 lib 文件夹中，从而完成 Web 项目中数据库 JDBC 驱动程序的加载。

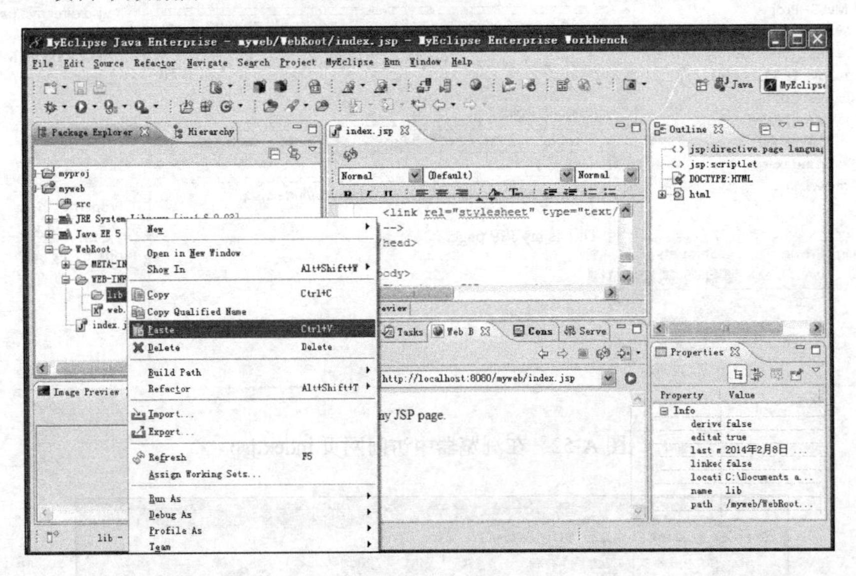

图 A-55　在 myweb 项目中通过 Paste（粘贴）加载 MySQL 驱动程序

也可以在 MyEclipse 中用鼠标右键单击 myweb 项目名，依次选择 Bulid Path->Add External Archives…命令，在出现的对话框中寻找自己存放的驱动程序 mysql-connector-java-5.1.5-bin.jar，打开即可。

加载成功后的结果如图 A-56 所示，其中 A 方框显示在 lib 中已经存在该程序，而 B 方框显示该项目中已经引入了该 jar 程序，说明项目中可以使用该数据库驱动程序对 MySQL 数据库进行访问了。

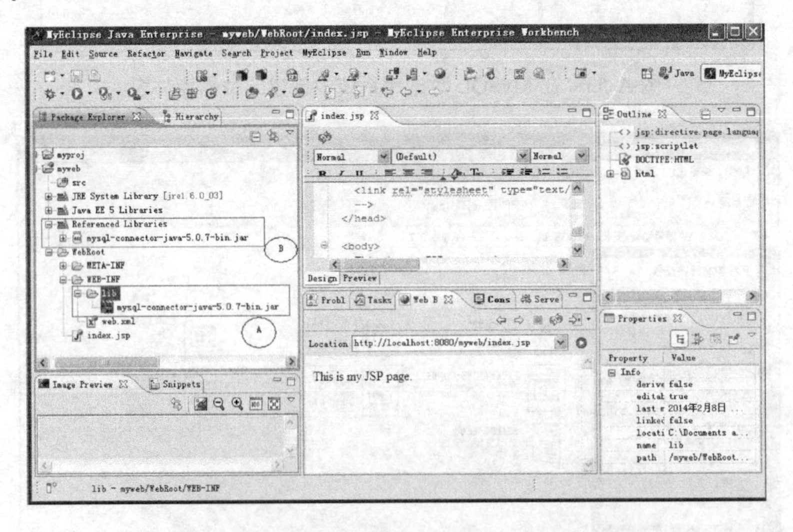

图 A-56　myweb 项目加载成功数据库 JDBC 驱动程序

下面在 myweb 项目的 index.jsp 文件中编码，实现对数据库的访问与显示。在本附录中介绍了该 JSP 文件的内容及运行结果。现在修改该文件内容，使其能访问并显示数据库表 user 中的数据。以下为修改 index.jsp 代码的内容。

```
<%@ page language="java" import="java.util.*,java.sql.*" pageEncoding="gbk"%>
<!DOCTYPE HTML PUBLIC "-//W3C//DTD HTML 4.01 Transitional//EN">
<html>
  <head>
    <title> 数据库中所有的用户显示</title>
   </head>
   <body>
    <%  try {
                Class.forName("com.mysql.jdbc.Driver");
                Connection conn = DriverManager.getConnection(
                        "jdbc:mysql://localhost:3306/mydatabase", "root", "1234");
                Statement stat = conn.createStatement();
                ResultSet rs = stat.executeQuery("select * from user");
                while (rs.next()) {
                    out.print(rs.getString("name") + " ");
                    out.print(rs.getString("password")+"<br>");
                }
            rs.close();
            stat.close();
            conn.close();
            } catch (Exception e) {
                e.printStackTrace();
            }
     %>
  </body>
</html>
```

上述代码方框中是新增的对数据库操作的代码。为简便起见，将部分原 index.jsp 中的代码删去。

将 index.jsp 代码修改成功后进行保存，启动 Tomcat 服务器，在浏览器的地址栏中输入地址：http://localhost:8080/myweb/index.jsp 运行 index.jsp 网页，显示的结果如图 A-57 所示。在图 A-57 中，B 方框显示了输入的地址，而 C 方框显示的是数据库中的数据。该界面显示的结果表示已在 JSP 中成功访问数据库。

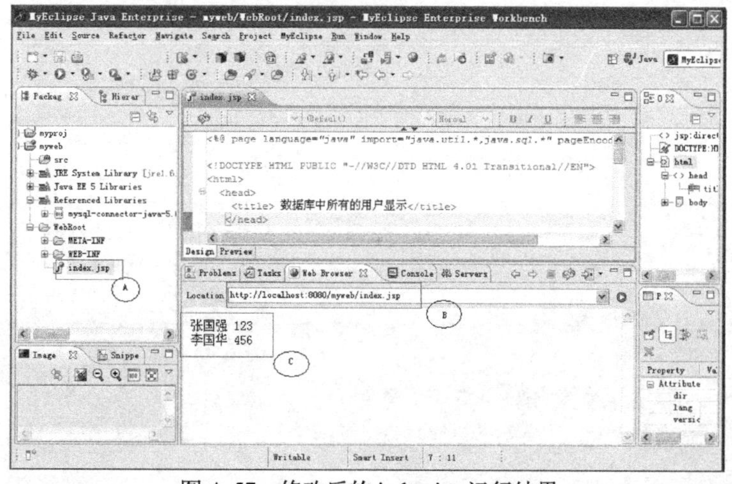

图 A-57　修改后的 index.jsp 运行结果

参考文献

[1] 沈泽刚，秦玉平. Java Web 编程技术. 北京：清华大学出版社，2010.

[2] 郑阿奇. Java EE 基础实用教程. 北京：电子工业出版社，2012.

[3] 杨种学，王小正. Java EE 项目实训教材——MVC 框架技术应用. 南京：南京大学出版社，2012.

[4] 牛德雄，陈华政等. 基于 MVC 的 JSP 软件开发案例教程. 北京：清华大学出版社，2014.

[5] 刘彦君，金飞虎. Java EE 开发技术与案例教程. 北京：人民邮电出版社，2014.

[6] 付京周. 精通 Hibernate3.0——Java 数据库持久层开发实践. 北京：人民邮电出版社，2007.

[7] 张红实. SSH 框架项目教程. 北京：水利水电出版社，2013.

[8]（加）贝让等，叶俊等译. iBATIS 实战. 北京：人民邮电出版社，2008.

[9] 贾蓓，镇明敏，杜磊. Java Web 整合开发实战——基于 Struts 2+Hibernate+Spring. 北京：清华大学出版社，2013.

[10] 高洪岩. 至简 SSH：精通 Java Web 实用开发技术. 北京：电子工业出版社，2009.

[11] 李刚. 整合 Struts+Hibernate+Spring 应用开发详解. 北京：清华大学出版社，2007.

[12] 吴亚峰，纪超. Java SE6.0 编程指南. 北京：人民邮电出版社，2007.

举报电话：（010）88254396；（010）88258888

传　　真：（010）88254397

E-mail：　dbqq@phei.com.cn

通信地址：北京市海淀区万寿路 173 信箱

电子工业出版社总编办公室

邮　　编：100036

反侵权盗版声明

举报电话：（010）88254396；（010）88258888

传　　真：（010）88254397

E-mail：　dbqq@phei.com.cn

通信地址：北京市海淀区万寿路173信箱

　　　　　电子工业出版社总编办公室

邮　　编：100036